国家科学技术学术著作出版基金资助出版

风电并网系统次/超同步振荡的分析与控制

谢小荣　刘华坤　著

科学出版社

北　京

内 容 简 介

风电次/超同步振荡是风电并网系统中风电机组及其电力电子控制与电网相互作用引发的一种新型稳定性问题，是我国大规模风电并网和外送面临的重大技术难题之一。本书是作者团队在风电次/超同步振荡分析与控制领域近十年来研究与实践工作的总结与提炼。全书共 8 章。第 1 章概述。第 2 章重点介绍阻抗(网络)建模方法。第 3 章聚焦基于阻抗网络模型的次/超同步振荡稳定判据和定量分析方法。第 4 章以冀北沽源风电系统为例，阐述双馈风电集群接入串补输电系统场景下次同步振荡的机理、特征与分析方法。第 5 章以新疆哈密风电系统为例，阐述直驱风电集群接入弱交流系统场景下次/超同步振荡的机理、特征与分析方法。第 6 章综述风电次/超同步振荡的防控方法。第 7 章介绍适用于双馈和直驱风电机组的阻抗重塑控制方法。第 8 章以冀北沽源风电系统为例，论述基于电压源变流器的网侧次/超同步阻尼控制方法。

本书可供电力系统领域的科学研究、运行管理和工程技术人员参考，也可作为电气工程专业的高年级本科生和研究生教材。

图书在版编目（CIP）数据

风电并网系统次/超同步振荡的分析与控制 / 谢小荣，刘华坤著. —北京：科学出版社，2022.4

ISBN 978-7-03-072047-4

Ⅰ. ①风… Ⅱ. ①谢…②刘… Ⅲ. ①风力发电-研究 Ⅳ. ①TM614

中国版本图书馆 CIP 数据核字（2022）第 057704 号

责任编辑：魏英杰 / 责任校对：崔向琳
责任印制：吴兆东 / 封面设计：陈 敬

科学出版社 出版
北京东黄城根北街 16 号
邮政编码：100717
http://www.sciencep.com

北京厚诚则铭印刷科技有限公司 印刷

科学出版社发行 各地新华书店经销

*

2022 年 4 月第 一 版 开本：720×1000 B5
2023 年 9 月第二次印刷 印张：16
字数：320 000

定价：128.00 元

（如有印装质量问题，我社负责调换）

序

21 世纪以来，风力发电在世界范围内呈爆发式增长态势，占发电装机总量的比例快速攀升。截至 2020 年底，我国风力发电装机已达总装机容量的 12.8%。为落实“双碳”目标要求，我国正在加速构建以新能源为主体的新型电力系统，作为新能源典型代表的风力发电将持续快速发展，并逐步成为发电装机与电量供应主体之一。

随着大容量变速恒频风电机组的并网运行，风电机组及其电力电子控制与交/直流电网之间动态相互作用引发了一种新型稳定性问题，即风电次/超同步振荡。该问题先后发生于美国得州，以及我国的冀北、新疆等多地的风电并网系统，造成大量风电机组脱网乃至损坏，引发严重的系统稳定性问题，引起国内外学术界和工业界广泛关注。风电次/超同步振荡问题产生机理复杂、参与设备多、涉及范围广，此前缺乏行之有效的建模、分析与控制方法，一度成为电力工业面临的重大理论和技术难题，严重威胁电网的安全运行并制约风电的充分消纳。

谢小荣教授团队从 2012 年开始风电次/超同步振荡相关的理论研究、技术攻关与工程实践，长期围绕我国实际风电振荡问题，密切跟踪国内外最新研究进展，从电路原理出发阐明了风电次/超同步振荡机理，创新性提出阻抗网络建模及稳定性分析技术，解决了大规模、高维度、黑/灰箱化复杂系统的高效建模与高维系统多模式振荡的定量分析难题，研发了适应工况多变条件下的机-网协同自适应振荡控制技术，有力地支撑了我国冀北沽源、新疆哈密等地区风电次/超同步振荡问题的防控。

该书是作者团队近十年研究成果与实践经验的总结与提炼，是一本系统全面介绍风电次/超同步振荡问题的著作，涵盖风电次/超同步振荡建模、分析与控制关键技术与工程实践。该书从冀北沽源和新疆哈密风电并网系统实际振荡案例出发，首先阐明次/超同步振荡的定义、形态和分类，构建了风电机组及其并网系统的耦合阻抗和阻抗网络模型，然后以频域阻抗特性为基础提出次/超同步振荡的稳定性分析理论，并分析了双馈风电集群接入串补输电系统和直驱风电集群接入弱交流系统两种典型场景下次/超同步振荡的机理、特征与关键影响因素，最后研发了风电机组的阻抗重塑控制技术和基于电压源变流器的次/超同步阻尼控制技术，为大规模风电并网系统次/超同步振荡的分析、评估与防控提供了理论、方法与技术。

该书理论联系实际，内容丰富，结构清晰，具有很强的可读性和实用性，为风电次/超同步振荡领域的后续研究奠定了良好的基础。

相信该书的出版是一个重要的开端，将拉开新型电力系统稳定性研究的帷幕，持续推动电气工程学科的创新发展。

2021 年 11 月于湖南长沙

前　言

风电是发展迅速的新能源电力之一。21 世纪以来，全世界的风电装机容量增长了 40 多倍，我国的风电装机容量更是增长了 800 多倍。2020 年底，我国风电总装机超过 280GW，成为继火电、水电之后的第三大电源。在“碳达峰、碳中和”战略下，风电仍将持续快速增长，推动以新能源为主体的新型电力系统的发展。

风电次/超同步振荡是风电并网系统中风电控制与电网相互作用引发的新型稳定性问题。2009 年于美国得州电网发生风电次/超同步振荡并被报道，随后在我国冀北沽源、新疆哈密等多个风电基地频繁出现并造成严重危害，成为制约大规模风电稳定运行和高效消纳的重大技术难题，受到学术界和工业界的广泛关注。早期对其机理的认识不够清晰，传统的建模、分析方法难以适用，没有现存的控制方法和可用的控制装备。作者团队自 2012 年进入并专注于该方向的研发。近十年来，一方面深入开展建模、分析与控制方面的理论研究，另一方面积极参与风电次/超同步振荡评估与防控的工程实践，通过理论与实践的相互印证，力争构建风电次/超同步振荡的理论体系，并推动关键装备技术的自主研发和实际工程难题的解决。

本书是作者团队近十年来围绕风电次/超同步振荡问题的研究和实践成果，阐明风电机组及其电力电子控制与电网动态相互作用导致负阻尼电磁振荡的机理，提出基于阻抗网络模型的稳定性判据和定量分析方法，研发风电机组阻抗重塑与电网主动阻尼相协同的控制策略，研制实用的机组侧和场站/电网侧次同步阻尼控制装置，为解决风电次/超同步振荡问题提供理论、方法和装备技术。全书依托工程实例展开论述，基于作者参与的多个大型风电基地次/超同步振荡评估与防控工程实践，介绍相关理论、方法、技术及其实际应用效果。

本书的研究得到国家电网和南方电网的大力支持，国网冀北电力科学研究院、中国电力科学研究院和全球能源互联网研究院等也给予了全力支持，在此表示衷心的感谢。在该领域多年的研究中，作者团队得到韩英铎教授和姜齐荣教授等的指导和帮助，张旭、马宁宁博士和 Jan Shair、刘威、占颖、满九方、刘朋印、李浩志、汪林光、马宁嘉、许诘翊、苏开元等多位研究生为此付出了辛勤的汗水。清华大学电机系的领导，以及作者的家人为本书的写作创造了条件并给予关心，在此一并向他们致以诚挚的谢意。特别感谢罗安院士、王成山院士和程浩忠教授对本书出版的大力推荐。

感谢国家自然科学基金委员会和电力系统国家重点实验室对本书研究工作提供的持续支持。感谢国家自然科学基金重点项目(51737007)、国家杰出青年科学基金(51925701)和国家科学技术学术著作出版基金对本书出版给予的宝贵资助。

限于作者水平，书中难免存在不妥之处，恳请读者指正。

作　者

2021 年 5 月于清华园

目 录

第1章 概 述

1.1 电力系统振荡问题回顾

现代电网本质上是一个“被强制”工作在50/60Hz(交流)和0Hz(直流)的电能系统。在讨论其振荡问题时，通常是指在工作频率之外“寄生”的或机械、或电磁、或其耦合的往复能量交换。当这种能量交换危及电力系统的正常运行时，将造成稳定性或电能质量问题。自电力系统诞生以来，振荡就是其动态或稳定性研究的一个重要侧面。

早在1919年，Carson就研究了输电网络的振荡问题[1]。1926年，Evans等提出机电振荡的概念[2]。1930年前后，Park等深入研究了同步发电机的低频振荡(low-frequency oscillation，LFO)现象。Butler等认识到旋转电机对电网中电抗与串补电容引起的次同步频率电流呈感应发电机效应(induction generator effect，IGE)，进而导致电气振荡或自激磁[3]。1970～1971年，美国Mohave电厂先后两次发生扭振互作用(torsional interaction，TI)引发的大轴损坏事件。它们与其后出现的暂态扭矩放大(transient torque amplification，TTA)统称为次同步谐振(sub-synchronous resonance，SSR)[4]。此后，又相继发现电力系统稳定器(power system stablizer，PSS)、直流换流站、静止无功补偿器(static var compensator，SVC)、变速驱动，以及其他宽频电力控制设备也会恶化旋转电机某些机械模态的阻尼，导致持续扭振。它们被统称为次同步振荡(subsynchronous oscillation，SSO)[5]。

经过长期的研究，LFO、SSR/SSO的机理和特性已得到较为充分的揭示。它们的共性特征是，具有较大物理惯性的旋转机组，特别是大型同步发电机组的主导和参与。但是，近年来，电力系统正在发生深刻变革。其突出特点和发展趋势之一是电力电子变流器的广泛接入，即在电源侧，变流式电源持续增长，例如2016年我国新增装机中，风电、光伏占比已超过燃煤机组，达到41.8%；在电网侧，基于变流器的特高压直流、柔性直流和柔性交流输电装备广泛应用；在用户侧，采用变流器的分布式发电、直流配网和微电网技术蓬勃发展。这些都显著改变了电力系统的动态行为，带来新的稳定性和振荡问题。尤其是近年来，风电等变流式电源引发的新型次/超同步振荡(sub-& super-synchronous oscillation，SSSO或S^3O)问题非常突出。变流式恒功率负载的负电阻特性、多变流器的锁相环(phase-locked loop，PLL)回路耦合、变流器控制参与电网侧串/并联谐振，以及静止同步补偿器(static synchronous compensator, STATCOM)、基于电压源变流器的高压直流(voltage source converter based high voltage direct current，VSC-HVDC)输电与弱交流电网的相互作用，曾激发频率从数赫兹到数千赫兹以上的宽频带振荡(wide-band oscillation，WBO)。此外，配供电系统中出现变流器参与的谐波放大或强制振荡(forced oscillation，FO)等问题，也引起学术界和工业界的广泛关注。

1.2　次/超同步振荡的定义、形态与分类

20 世纪 70 年代至今，作为电力系统稳定性的重要侧面，SSR/SSO 一直得到广泛的关注。随着电力系统的演变发展，SSR/SSO 的形态和特征随之处于不断变化之中。美国 Mohave 电厂发生的恶性 SSR 事件开启了机组轴系扭振与串补、高压直流等相互作用分析，进而引发 SSR/SSO 的研究高潮。90 年代初，柔性交流输电系统(flexible AC transmission systems，FACTS)技术兴起，推动了电力电子控制装置参与、影响，以及抑制 SSR/SSO 的研究。21 世纪以来，随着风电、光伏等新型可再生能源发电的快速发展，其采用的变流器接入电网的方式不但影响传统的扭振特性，而且与电网的互动正导致新的 SSR/SSO 形态。它们的内在机理和外在表现都跟传统 SSR/SSO 有很大的区别，难以融入电气与电子工程师协会(Institute of Electrical and Electronics Engineers, IEEE)在 20 世纪中后期逐步建立的术语与形态框架中，给该方向的研究和交流带来不便，因此亟须对 SSR/SSO 的定义、形态与分类开展分析。

1.2.1　以往定义、形态与分类方法回顾

1. 以往定义的历史回顾

20 世纪 30 年代的学者就认识到，同步发电机和电动机对于电网中电抗与串补电容导致的次同步频率电流呈现感应发电机特性，进而导致电气振荡或自激磁(self-excitation，SE)。但是，1970 年以前人们只是将发电机轴系看成一个单质块刚体，没有意识到机械扭振模式的参与。直到美国 Mohave 电厂先后发生两次大轴损坏事件，人们才认识到串补电网与汽轮机组机械系统之间相互作用可能产生扭振的风险。文献[6]首次提出 SSR、SSO、IGE 和 TTA 等概念。文献[7]提出扭振(模态)互作用的概念，并说明其为串补输电系统的三种稳定性问题之一，其他两种是机电振荡和电气自激(electrical self-excitation，ESE)，并首次讨论了暂态扭矩问题。

1974 年，IEEE 电力系统动态性能(power system dynamic performance，PSDP)分委会成立了一个专门的工作组来推动对 SSR 现象的认识。它在 1976 年首次发

布 IEEE 委员会报告[8]，并在 1979 年对该报告进行了第一次文献补充[9]，将 SSR 的形态划分为感应电机效应(induction machine effect，IME)和扭振(torsional oscillation，TO)。此后，每隔 6 年出版一次文献补遗[10,11]，总结相关理论、分析方法与控制手段的最新进展。1977～1980 年，美国西部电网的 Navajo 电厂[12]、San Juan 电厂[13]相继出现 SSR 问题。以此为契机，学术界对 SSR/SSO 开展了大量的理论与实证研究。1980 年，IEEE 委员会在其报告中明确了 SSR、自激(包括 IGE/IME 和 TI)和轴系扭矩放大(shaft torque amplification，STA)等术语定义[14]。

在发现串补电容导致 SSR 的同时，加拿大 Lambton 电厂发现 PSS 会恶化低阶扭振模态的阻尼，进而导致扭振。1977 年 10 月，在美国 Square Butte HVDC 系统调试中发现，直流换流站与相邻汽轮发电机组的低阶扭振模态相互作用，导致 HVDC-TI 现象[15]。针对这些新情况，IEEE 委员会在 1985 年第二次文献补充[10]和新版定义[16]中增加了装置型次同步振荡的分类，将直流换流器、SVC[17]、PSS、变速驱动，以及其他宽频电力控制设备与邻近的汽轮机组之间相互作用引发的 SSO 归为这一类别，并针对 HVDC、PSS 这一类控制参与的 SSO 问题首次提出控制相互作用(control interaction，CI)的概念，以及 SSR 仍然限于汽轮机组与串补输电系统的相互作用。

1991 年，第三次文献补充[11]中提到极长、高并联电容补偿线路也可能引发低阶 TI，并针对 HVDC 引发的 TI 提出次同步扭振互作用(sub-synchronous torsional interaction，SSTI)的概念。1992 年，IEEE SSR 工作组对 SSR/SSO 进行了概括性分类[18]，将 SSR 限定为串补电容与汽轮发电机组的相互作用，包括 IGE、TI 和 TA 三类。SSO 指汽轮发电机组与系统其他设备(PSS、SVC、HVDC[19]、电液调速、变速驱动变流器等)之间相互作用引发的机组轴系扭振。1997 年，第四次文献补充中阐明，轴系扭振同样存在于异步电机、柴油机组、同步电动机中[20]。关于水轮机组相关的 SSR/SSO 问题，文献[21]报道了具有低发电机-水轮机惯性比(generator-to-turbine inertia ratio，GTR)的水轮机组接入直流系统的 SSTI 问题。文献[22]指出，接入串补电网的水轮机组也会出现 IGE 现象，并可能由故障导致高幅暂态扭矩。

20 世纪末至今，在美国等西方国家，汽轮机组扭振相关的 SSR/SSO 理论与实践已逐渐成熟，且新增火电机组和串补装置减少，SSR/SSO 问题不再突出，因此相关研究减少。21 世纪以来，中国、印度、巴西等国家的串补和直流工程增多，导致 SSR/SSO 问题突出，因此启动了新一轮的理论和实践工作，并取得大量新的成果。同时，新型发电和输电技术，如可再生能源发电和柔性交直流输电技术的快速发展，带来新的 SSR/SSO 问题，并引起学术界和工程界的广泛关注。

20 世纪 90 年代兴起的 FACTS 技术推动了 SSR/SSO 两方面的研发工作。一是，包含新型串补技术的 FACTS 控制器，如晶闸管控制串联电容器(thyristor controlled series capacitor，TCSC)[23]、静止同步串联补偿器(static synchronous series

compensator, SSSC)、GTO 控制串联电容器(GTO controlled series capacitor, GCSC)和统一潮流控制器(unified power flow controller, UPFC)等对 SSR/SSO 特性的影响研究。二是，基于各种串、并联或混合 FACTS 控制器实现对 SSR/SSO 的阻尼控制。同时，直流输电技术的发展对 SSR/SSO 的影响特性也在发生变化。基于电容换相变流器(capacitor commutated converter, CCC)的 CCC-HVDC 仍跟传统线路换相变流器(line commutated converter, LCC)的 LCC-HVDC 一样，存在激发 SSO 或 SSTI 的风险[24]。基于电压源变流器(voltage source converter, VSC)的 VSC-HVDC 则仅在某些特殊工况下会导致邻近机组的电气阻尼降低，但导致 SSO 的总体风险大大降低[25]。人们对柔性交直流输电控制器的研究进一步扩展到一般性的 VSC[26]。研究表明，VSC 可能对邻近机组的阻尼产生影响，但其极性和大小与其具体的控制策略和参数密切相关。

随着风电、光伏等可再生能源发电的迅速发展，并通过电力电子变流器大规模集群接入电网，其参与或引发的新型 SSR/SSO 问题得到广泛关注。早期主要讨论自激磁感应发电机(self-excited induction generator, SEIG)和双馈感应发电机(doubly-fed induction generator, DFIG)型风电机组与串补/HVDC 相互作用引发 SSR/SSO 的风险[27]。分析表明，SEIG 以放射式接入高串补度电网末端时，会产生 IGE 和 TA 风险，但不会导致 TI[19]。DFIG 由于变流器控制，特别是电流内环控制的参与，会大大加剧 IGE 风险[28]。典型的例子是，2009 年 10 月，美国得州南部某电网因线路故障造成双馈风电机群放射式接入串补电网，引发严重的 SSR，进而导致大量机组脱网，以及部分机组损坏的事件。该新型 SSO 现象主要源于变流器控制与串补电网的相互作用，因此也被广泛称为次同步(控制)相互作用(sub-synchronous (control) interaction，记为 SSCI/SSI)[29,30]。2011 年始，我国河北省北部沽源地区(简称冀北沽源)风电场在正常工况下也多次出现类似的 SSR/SSCI/SSI 事件，表明在较低串补度和正常工况下，变流器控制也可能导致不稳定的 SSR 风险[31,32]。随后又开展了直驱风电机组是否会引发 SSR/SSO 的研究，但长期以来没有形成一致结论。文献[33]认为，直驱风电机组采用全变流器接口，因此对 SSTI 呈现固有的免疫特性。文献[34]发现，直驱风电机组对传统 SSO 的整体电气阻尼有负面效应。文献[35]指出，直驱风电机组与柔性直流相互作用可能引发次同步和谐波振荡问题。直至 2015 年 7 月 1 日，我国新疆哈密地区发生的大范围功率振荡事件证实了直驱风电机群与弱交流电网相互作用可能引发严重的次同步和(或)超同步振荡，并且当其振荡功率的频率接近火电机组扭振频率时，会激发严重的轴系扭振，危害电网和机组的安全运行[36]。

2. *以往形态与分类方法的回顾*

从既往研究来看，SSR/SSO 形态是多样化的，而且处在不断的动态发展中。

对其形态进行适当的分类有助于加深物理认识和建立共同的科研语境。20 世纪 70 年代末至 90 年代中期，IEEE PSDP 分委会对此开展了细致的工作，但进入 21 世纪以来，相关工作被短暂停顿。新型 SSR/SSO 现象的出现造成目前对其名称和分类上比较混乱的局面。IEEE 电力系统工程委员会、PSDP 分委会的 SSR 专门工作组于 1979 年发布的第一次文献补充[9]对 SSR 的形态进行了划分。此后经多次修正，最新的版本是 1992 年发布的[18]。IEEE PSDP-SSR 工作组对 SSR/SSO 的形态分类如图 1.1 所示。其中，SSR 为汽轮发电机组与串补电容的相互作用，包括 IGE、TI 和 TA 三个子类；SSO 为汽轮发电机组与系统的其他快速控制设备(如 PSS、SVC、HVDC、电液调速、变速驱动变流器)的互动。更普遍地，只要设备的控制或反应足够快，就能对次同步频率的功率或转速变化做出响应，即可能影响或引发 SSR/SSO。

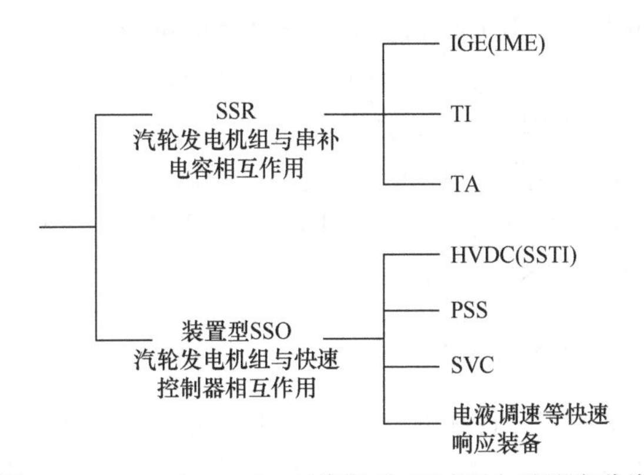

图 1.1 IEEE PSDP-SSR 工作组对 SSR/SSO 的形态分类

1.2.2 次/超同步振荡的概念及基于相互作用机理的分类方法

风电等变流器式电源参与或引发的次同步功率振荡现象出现后，原有的分类方法变得不再适用，因此我们尝试提出一种新的 SSSO 形态的分类思路。在此之前，首先说明为什么引入 SSSO 的概念。

1. SSSO 概念的引入

通过回顾历史可知，如果不限定 SSO 的设备类型，则 SSR 也可归为一种特殊的 SSO。因此，在学术界和工业界，经常也有不对 SSR 做特殊区分而统称为 SSO 的情况。采用次同步这一称谓，主要是因为发生该现象时，电网中会产生频率低于工频 50Hz 或 60Hz (f_1) 的次同步频率(f_s)的电压和电流，而同步发电机转子侧也会对应感应出互补频率(工频减去次同步频率，$f_c = f_1 - f_s$)的电压和电流，从而导致定/转子侧的电/机械功率出现频率为 f_c 的次同步频率波动分量。这也是 SSO 名称的由来。实际上，当发生 SSO 时，根据同步发电机的电磁感应关系，电枢会同时产生频率为 $2f_1 - f_s$ 的超同步频率(甚至更高频率)电压和电流分量，但是由于旋转电机的气隙结构和电网感抗对超同步频率分量有较强的抑制作用，超同步频率的电压/电流分量几乎可以忽略，更兼该超同步频率的电压和电流导致功率波动的频率仍然为次同步，因此并无必要使用超同步振荡的概念。对于风电、光伏等通过电力电子变流器接入电网的新型电源而言，情况会发生重大变化。它们具有更快的响应速度、更广的控制带宽，能对次同步、超同步，甚至高频信号做出响应，甚至不利的放大效果。在这种场景下，由于超同步电压和电流并非总是受到抑制，可能出现超同步信号占优的振荡现象，因此为了体现这种差别，本书引入 SSSO 和次/超同步(控制)相互作用(sub-& super-synchronous(control) interaction，记为 S^3CI/S^3I)的概念。当然，超同步这个词本身也可以理解为超过同步频率的所有情况，包括超过二倍工频的谐波和间谐波，但是出于以下两方面的考虑，本书的超同步主要指工频和二倍工频之间的情况。

① 本书侧重于研究风电并网系统的正序次同步频率及其互补的介于 f_0 和 $2f_0$ 的超同步频率分量之间的耦合互动关系。

② 对于超过 $2f_0$ 的振荡现象，通常还有另一个术语，即谐波谐振/振荡(harmonic resonance/oscillation，HR/HO)，但这并非本书的研究范畴。从概念的范畴来看，S^3CI/S^3I 自然包括 SSCI/SSI，SSSO 也包括 SSO 和 SSR。

2. 基于相互作用机理的分类方法

SSSO 是电力系统中元件相互作用的结果，通常包括两个关键要素，即振荡模式的主导来源和发电机/变流器与电网(机/器-网)间的相互作用方式。根据前者，可将电力系统中出现的各种 SSSO 在形态上分为三大类，进一步可依据后者细分。图 1.2 所示为建议的 SSSO(SSR/SSO)形态分类方法。

第一类形态源于旋转电机的轴系扭振。其中旋转电机包括大型汽轮机组、水轮机组、1-3 型(Type1-3)风电机组和大型电动机。系统中的串联电容、高速控制装备/器(包括 SVC、LCC-HVDC、VSC-HVDC、PSS、电液调速)，以及进行投切操作的开关等，对机械扭振做出反应，可能导致机组在对应扭振模式上的阻尼转矩减弱，甚至变负，造成振荡的持续，甚至放大。

第二类形态源于电网中电感(L)和电容(C)构成的电气振荡。交流串补电网、各种滤波电路，以及并联补偿都存在构成 L-C 振荡的电路元件。仅从电网来看，网络元件具有正电阻特性，不会导致该 L-C 振荡的持续或发散，但旋转电机(包括同步/异步发电/电动机)或者电力电子变流器在特定工况下可能对该振荡模式呈现感应发电机/负电阻效应。当负电阻超过电网总正电阻时，就可能导致 L-C 振荡发散。当然，电机或变流器也会改变等值电感/电容参数，从而在一定程度上改变振荡频率。

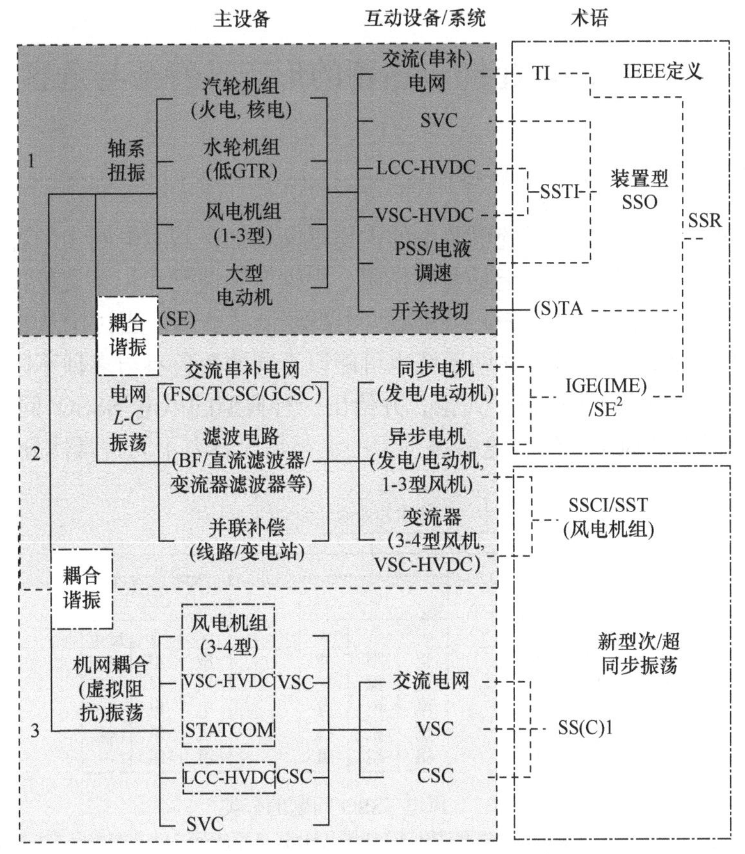

图 1.2 建议的 SSSO(SSR/SSO)形态分类方法

第三类形态源于电力电子变流器之间或其与交流电网相互作用产生的机网耦合振荡。与第一、二类形态不同，这一形态往往难以从机组或电网侧找到初始的固有振荡模态。如果基于阻抗模型来解释，它也可以看作是多变流器与电网构成的虚拟阻抗在特定频率上出现串联型(阻抗虚部过零)或并联型(导纳虚部过零)谐振的现象。

在实际系统中，三种形态的振荡是可以共存的。在特定情况下，两种形态振荡的频率相互接近(或互补)时，甚至会出现风险更大的共振现象。例如，第一种形态的机组扭振频率与第二种形态的电气振荡频率接近互补时，会导致严重的共振发散现象，对应 IEEE 定义的 TI 型 SSR。图 1.2 同时展示了推荐分类方法与之前 IEEE 分类方法，以及新型 SSSO 概念的关系。可见，新分类方法能兼容此前的形态分类，具有很好的包容性和可扩展性。

1.3　风电次/超同步振荡的形态、特征与危害

1.3.1　风电次/超同步振荡的形态

随着风电在现代电力系统电源中的占比逐渐增加，其对电网中的各种振荡现象均会产生一定的作用，甚至是主导作用。根据实际情况和相关文献报告，风电相关的电力系统振荡包括 LFO、SSSO、中高频谐波振荡。当讨论从数赫兹到 2 倍工频间的 SSSO 时，风电并网系统也可能以不同的角色参与多种不同类型的振荡。文献[37]～[40]对此进行了讨论，并给出一种典型的风电 SSSO 问题分类(图 1.3)。不同类型的风电机组在这些振荡中的参与情况各有不同，具体分析如下。

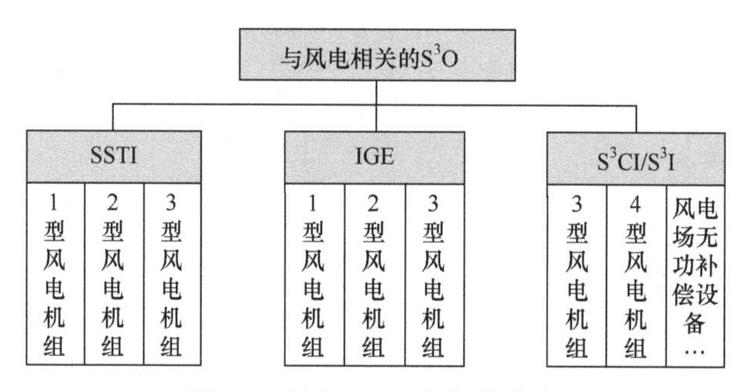

图 1.3　风电 SSSO 问题的分类

1 型(Type 1)为定速风电机组；2 型(Type 2)为滑差控制变速风电机组；3 型(Type 3)为双馈感应发电机组(doubly-fed induction generator，DFIG)；4 型(Type 4)为直驱型或全功率变频风电机组(如直驱永磁同步发电机(permanent magnet synchronous generator，PMSG))

当 1-3 型风电机组接入串补电网时，如果串补电网的电气谐振频率恰好与风电机组轴系机械系统的自然扭振频率互补(即两者之和为工频)，那么这些风电机组存在 SSTI 风险[39]。在实际工程中，风电机组轴系的自然扭振频率往往很低，一般情况下仅为几赫兹，甚至零点几赫兹。由于电网的串补度一般不会非常高(通常小于 50%)，因此风电机组轴系的扭振频率往往远离串补电网电气谐振频率的互补值。1-3 型风电机组虽然理论上存在发生 SSTI 的风险，但可能性极小。4 型风电机组通过背靠背变流器并网，其轴系机械系统与电网的动态相互作用非常弱，因此一般可不考虑其因电网扰动发生 SSTI 的风险[41,42]。另外，值得一提的是，风电机组自身激发 SSTI 的风险通常不高，但当其接入包含传统汽轮机组的串补电网时，对后者 SSTI 的影响有时候不可小觑，值得关注。

基于感应发电机的 1-3 型风电机组与串补电网相互作用可能导致 IGE 风险。对于 1-2 型风电机组，如果在次同步频率范围内，风电机组转子的等效负电阻大

于风电机组电枢电阻和网络电阻之和，则可能导致不稳定的 IGE 现象，表现为风电机组输出功率中的次同步分量随时间逐渐振荡发散[30]。对于 3 型风电机组，其转子侧变流器(rotor-side converter, RSC)控制在一定条件下会主动参与风电机组与串补电网之间的动态相互作用，进一步恶化振荡阻尼，使系统更容易发生 IGE 问题[31]。对于 4 型风电机组，由于背靠背变流器之间直流电容的解耦作用，它对 IGE 具有免疫能力[41,42]。

3-4 型风电机组变流器和风电场基于电力电子技术的无功补偿设备(如 STATCOM)，其控制器与带(或不带)串补的电网之间动态相互作用，可能引发 S^3CI/S^3I 型的 SSSO 问题。在这种情况下，变流器控制器主动参与该互作用进而主导 SSSO 模态的产生，并可能贡献大量负阻尼，使系统出现不稳定的振荡[43]。由 3 型风电机组导致的次同步频率 IGE 问题中也包含风电机组变流器的控制动态。在一些文献中，它们也被称为 SSCI。在更一般的 S^3CI/S^3I 现象中，频率并不限于次同步，也有可能是超同步。实际上，S^3CI/S^3I 还可以描述其他基于变流器的电力设备引发的振荡问题，如基于 VSC 的直流系统和 STATCOM 等。

对于一般由旋转电机动态决定的 SSTI 和 IGE 现象，与传统的汽轮发电机组相关的 SSR/SSO 现象没有本质区别，因此不作为本书的研究重点。本书主要关注有电力电子控制参与或主导的 S^3CI/S^3I 及其引发的新型 SSSO，包括风电机组接入交流串补网络时变流器控制参与的 IGE 或 S^3CI，也包括风电机组或风电场中其他设备变流器接入非交流串补网络，甚至直流输电系统时更一般的 SSSO 现象。

1.3.2 风电次/超同步振荡的主要特征

由 S^3CI/S^3I 引发的风电 SSSO 具有以下主要特征。

① 与传统的旋转电机机械轴系扭振主导的 SSO 不同，新型 SSSO 是(多)变流式风电机组之间或其与交/直流电网之间的控制相互作用引起的，电力电子控制动态往往起到主导作用。

② 振荡频率涵盖次、超同步频段(数赫兹～2 倍工频)，与机械扭振和电网电气振荡的频段重叠，具有激发邻近旋转设备轴系扭振和电网电气谐振的风险。

③ 振荡特性的影响因素复杂，振荡频率通常不固定，往往随机网工况变化而呈现大范围的时变特征。

④ 风电机组变流器过载能力小，控制信号易限幅，导致振荡往往始于小信号负阻尼发散，而终于非线性持续振荡。

1.3.3 风电次/超同步振荡的危害

持续或突发的 SSSO 将对风电机组和电网系统产生较大的危害，具体包括以下几个方面。

1. 对风电机组自身的危害

对风电机组自身的危害包括两个方面。一是 SSSO 将导致非工频电压/电流分量增加，电力电子器件的应力增大，会降低设备寿命，甚至损坏机组，例如美国得州的振荡事件曾造成风电机组撬棒电路损坏。二是 SSSO 将恶化风电机组运行性能，甚至引起保护动作，造成风电机组脱网，例如冀北沽源的振荡事件曾造成辖内大量风电机组解列，严重影响风电机组的发电效率和可再生能源的充分消纳。

2. 对电网设备和负荷的危害

SSSO 导致电网中出现间谐波，其频率通常较低并与多种因素有关，频率呈时变特性，将恶化电能质量，导致电网设备(如变压器)和电力负荷(如电动机)异常振动、噪声增大、损耗/发热增加等，危及设备安全或损伤设备寿命。

3. 可能激发邻近机组轴系扭振或设备耦合谐振

我国风火打捆外送的输电方式很普遍，在风电场附近往往安装有大型汽轮发电机组，一旦风电机组的次同步功率振荡的频率与汽轮机组轴系某一扭振频率吻合，将会激发强烈的轴系扭振，造成疲劳寿命损伤，轻则引起保护跳机，重则损伤设备。另外，当振荡频率与电网其他设备(如变压器、并联电抗器)固有频率接近时，也可能激发更严重的耦合谐振(如铁磁谐振)，危及设备安全和系统稳定。

4. 对系统安全稳定性的威胁

前三种情况均可能造成设备损伤或脱网，导致电力系统损失电源或输变电设备，特别是当激发严重的机-网耦合谐振时，往往导致多个设备故障，严重威胁系统整体的安全稳定性，甚至引发严重的停电事故。

1.4 风电次/超同步振荡研究内容概述

自 21 世纪初风电 SSSO 问题得到学术界和工业界的广泛关注以来，相关研究主要集中在以下几个方面。

① 机理。机理研究主要探讨风电机组及其控制器与电网其他部件之间相互作用进而激发 SSSO 的内在原理、系统条件和外在表现，以及对这种稳定性侧面的物理诠释。经过此前长时间的研究，目前形成一些基本观点，例如风电并网系统的 SSSO 是多机组/变流器与网络元件(机/器-网)之间控制相互作用形成的负阻尼电磁振荡，可采用类电网参数谐振的原理统一诠释。

② 建模与分析。为定量分析具体风电并网系统的 SSSO 风险和特性，需要构建参与元件及其互连整体的数学或仿真模型，并采用相应解析或模拟计算方法，获得振荡的定量和定性特征，如频率、阻尼、稳定性、参与因子、灵敏度等。

③ 控制或抑制。研究采用一定的预防性调控方法和事后阻断措施，改变机/器-网互动的特性，从而达到防范和抑制 SSSO 的目的。该方法和措施可应用于机/器侧和网侧，适合系统多变的运行方式和扰动场景。

④ 监测与溯源。SSSO 是系统整体动态特性，往往涉及多台机组和变流器。其产生的次/超同步电压、电流和功率会在电网中大面积分布，具有广域性，部分还有突发性的特征，因此有必要设置一定的监测手段，包括布置分散式传感器、集中式分析仪，并借助通信互连起来，从而对 SSSO 的发生和发展进行动态检测、实时评估和及时预警。进一步通过信号分析，定位振荡发生的源头或关键元件，从而为系统运行方式调整、保护与控制方案实施提供依据。

⑤ 保护。电力系统现有的保护体系虽然已经比较完备，但不能很好地适应系统发生 SSSO 的场景，因此需要新原理的保护判据和设备。其目的是在发生严重 SSSO 时正确切除风电机组和其他电网设备，保护设备安全，避免系统性稳定风险。

1.5　主要挑战与本书特色

1.5.1　面临的主要挑战

针对风电并网系统的新型 SSSO 问题，国内外学者已开展了大量的研究工作，但大多偏重对风电机组变流器自身及其接入简单等值电网的研究，相关方法和结论是否适用于包含大规模风电的实际复杂交/直流系统，尚待检验。随着大量真实振荡事件的发生，工业界和学术界均迫切希望构建针对实际电力系统 SSSO 的建模、分析与控制理论及方法体系。为实现这一目标，我们认为需要解决好以下三个方面的挑战。

1. 大规模、高维度、黑/灰箱化复杂系统的高效建模

不同于单机组/风电场接入等效阻抗串联交流电源的理想场景，实际风电并网系统具有如下复杂的特征。

① 包含大量异构的风电机组，它们的型号各异、生产厂家不同，导致电路结构、控制策略和机电参数差异很大，且分布在非常广阔的地域空间，捕捉千差万别且不确定的风速，导致大量文献中推荐的风电机组等值和聚合方法均难以适用。

② 很多风电机组和其他电力电子变流器(如用于 HVDC 的 VSC)的生产厂家

为保护商业机密，并不愿意提供设备的内部详细信息，导致大量设备的内在结构和控制策略未知，即所谓“黑/灰箱化”问题，使构建传统的机理模型十分困难。

③ 实际的复杂系统不仅包含风电机组，还包括多种类型的电源(如传统同步发电机、光伏)和输电设备(如传统交流串补线路、VSC-HVDC)。它们的控制带宽不同，响应特性各异，时间尺度千差万别，如何采用统一的模型结构和建模方法获取元件及其互联整体的模型以满足 SSSO 研究的需要成为关键性难题。

④ 风电机组的单机容量相对较小，大规模风电并网系统发电设备的数量急剧增长。考虑每台风电机组的模型阶数不低于传统的大容量火电机组，那么系统整体模型的维数增加 2 个数量级以上。以新疆哈密这种千万千瓦风电基地为例，模型阶数可达数十万量级。再考虑运行方式的时变性和不确定性(因为受风速影响)，系统的 SSSO 建模和分析将面临突出的“维数灾”问题。

应该说，目前大多数文献提出的建模方法并不能全面地应对上述问题。它们往往需要首先对实际系统进行简化或等值，然后沿用传统的建模方法，如建立小范围线性化状态空间模型或搭建非线性电磁暂态仿真模型，未考虑或忽略了风电机组的异构性、电网结构的复杂性和运行工况的时变性。基于此类简化或等值模型的研究虽然可以用于机理诠释和稳定性趋势分析，但能在多大程度上反映原复杂系统的 SSSO 特性则有待验证。

频域阻抗模型在应对高阶复杂系统和黑/灰箱设备建模时具有一定的优势，因此近期得到广泛的关注和快速发展。已有研究在不同坐标系(如静止 *abc* 坐标和同步旋转 *dq* 坐标)下建立了多种风电机组和电网设备的阻抗模型。但是，由于假设不同，例如是否考虑逆变器的交-直流侧动态互动性、控制外环、*dq* 轴不对称性、频率之间的耦合性等，同类设备的阻抗模型相差很大，工程分析难以适从，因此亟须研究阐明这些阻抗模型之间的关系和差异，确立适用于 SSSO 分析的高效高精度阻抗建模方法。此外，现有的阻抗建模方法大多仅建立简化系统(如单机/风电场-无穷大系统、放射状网络)的阻抗模型，较少考虑多样化异构设备经复杂网络互连的组合建模问题，因此亟须提出多阻抗模型全局互连与聚合的高效方法。

2. 高维系统多模式振荡的定量分析

各种传统分析方法在小型或简化系统中的应用已经得到充分展示，但将其应用于实际复杂系统的 SSSO 研究时，则往往面临以下诸多挑战。

① 系统高维度导致精确求解困难。例如，对于数千上万阶的状态矩阵，准确快速求取特征值就变得十分困难，而基于逐步积分的时域仿真亦面临计算资源需求急剧增长、计算耗时难以忍受等问题。

② 多时间尺度振荡模式并存导致计算的数值问题突出，定量分析困难。由于电力电子控制的频带宽，振荡模式的频率变化范围大，既有短时间常数的快变模

式，也有大时间常数的慢变模式，可能使状态矩阵的条件数极大、时域仿真的数值稳定性下降，导致计算的精度和效率下降，难以实现 SSSO 稳定性的准确高效分析。

③ 工况多变和不确定性使此前基于典型运行方式的分析难以适用。此前的小信号近似线性化分析(如特征值法和阻抗法)都是基于特定工况的，而数量庞大的小容量风电机组的接入，以及风速等不确定性的影响，导致 SSSO 分析很难像传统的 LFO 分析那样找到一些典型或极端的运行方式，仅在该方式下开展研究即可涵盖其他情况。如何考虑系统工况的变化并使分析结果能覆盖各种不确定性，仍然是一个开放的问题。

④ 难以得到定量或解析的结果。无论是理论分析还是工程评估，都希望得到关于振荡稳定性的定量和确切的结果或结论。例如，像 LFO 分析那样，给出振荡模式的频率、阻尼及其可观性、可控性、参与因子、灵敏度等量化指标。对于实际复杂系统的 SSSO 而言，达到这一目标尤为困难。对于状态空间建模和特征值分析来说，主要体现在黑/灰箱设备建模难、状态空间模型阶数过高导致精确求解特征值难、工况多变导致模型重构和模式快速求解难等方面。对于时域仿真分析来说，主要体现在模型阶数过高和时间尺度过宽导致数值求解的稳定性差、精度低、速度慢，同时难以从大量的输出曲线中去获取振荡的定量指标(如参与因子、可观/可控性)。对于阻抗模型及其分析法来说，此前大量的研究仅基于单一聚合或少量风电机组经辐射式线路接入电网中的场景，并且 Nyquist 判据也仅提供定性的振荡稳定性(即稳定或不稳定)结果，不能给出频率、阻尼等定量信息，因此还有待深入开展工作，将阻抗法推广到实际复杂风电并网系统。

3. 工况多变与不确定性条件下的高效、鲁棒和自适应控制

自然界中的风速具有随机性和波动性，并且随地域变化呈现出显著的空间分布特性。这就导致风电机组的输出功率具有明显的时变性。随着风速变化，风电机组可能出现频繁的投/切操作，造成运行方式和电网拓扑的频繁变化。相应地，系统 SSSO 特性(典型的如主导振荡频率)也会处在经常的变动之中，因此如何在系统工况和振荡频率时变条件下实现自适应和/或鲁棒控制成为抑制 SSSO 的关键难点。在此前的研究中，大多仅考虑几种典型运行工况，没有充分考虑运行方式多变和不确定性的特点，使相应的控制方法在实际系统中的可用性和有效性有待检验。

次/超同步振荡是风电机组群与电网相互作用的结果，是一种整体性动态，但单台风电机组容量有限，其对整体性振荡动态的可观性和可控性都受到一定限制。当采用机组侧控制时，如何克服这种可观性和可控性局限，使多台机组分散的控制形成合力，进而实现对系统整体 SSSO 的高效镇定，是设计机组侧控制必须解

决的关键性难题。

对于网侧 SSSO 控制来说，需要解决的关键问题是，适应 SSSO 时变性、不确定性和大小扰动耦合性的控制器选点、容量优化与鲁棒控制设计。同时，需要考虑，如何使其与机组侧分散控制协同起来适应系统工况和振荡模式的时变性，提高控制的全局性能。

1.5.2 本书的重点与特色

本书针对大规模风电并网系统中真实暴露的新型 SSSO 问题，通过系统的研究，重点解决三方面的关键问题。一是，风电机组、交/直流电网及其耦合整体的动态行为描述，即建模问题。二是，风电机组间及其与交/直流电网间相互作用的机理与特性，即分析问题。三是，风电 SSSO 问题在多变场景下的可靠镇定，即控制问题。

本书的特色是以认知、剖析和改造风电并网系统的次/超同步控制相互作用为核心，试图构建一套频域与时域理论相结合的建模、分析与控制方法，推动解决工程实际问题。具体来说，包括以下几个方面的创新性工作。

1. 次/超同步互补频率耦合的阻抗(网络)建模方法

本书以频域阻抗(网络)模型作为分析与控制研究的基础。具体思路是，从小扰动和频域角度，将风电机组及其变流器和其他电网部件建模为可反映其内在动态与外在互动特性的端口复阻抗(矩阵)，即阻抗模型，并将其互连起来构成系统整体的阻抗网络，从而实现对大量异构变流器和大规模电网的整体建模，进而抽离出关注的次/超同步模态幅频与相频特性。与以往的阻抗模型相比，它具有以下特点。

① 克服已有阻抗建模方法的不合理假设(如忽略逆变器的交-直流侧动态耦合、控制外环和 dq 轴不对称性)，详细考虑变流器在关注频率范围内的全部有效信息，包括内/外环控制及 dq 轴参数不对称性、PLL 动态、直流侧动态等。

② 考虑次/超同步频率之间的动态耦合关系，构建刻画互补频率耦合效应的阻抗矩阵模型，揭示单维阻抗模型不能解释 SSSO 固有的并存耦合关系。

③ 研究阻抗模型在不同坐标系之间的无损转换方法，为构建整体模型奠定基础。

④ 在频域上采用部件连接方法(component connection method，CCM)将所有风电机组和其他电网部件的阻抗模型根据电网拓扑互连，构建结构保留的系统整体阻抗网络模型，以便准确反映多机-大网之间的互动关系，克服简化等值模型不能刻画实际电网结构及被等值系统内部动态的不足。

⑤ 在阻抗模型机理构建方法之外，提出阻抗模型的扰动测辨方法，克服工程

研究中面临的黑/灰箱化设备建模难的问题。

2. 基于阻抗网络模型及其聚合频率特性的定量分析理论

本书将此前应用于单一或少量变流器-辐射式电网的阻抗分析法推广到大规模风电并网系统，阐明风电 SSSO 的电路机理，构建基于阻抗网络模型及其聚合频率特性的定量分析理论，高效解决实际复杂系统 SSSO 风险的精确评估难题。其特点如下。

① 提出类电阻-电感-电容(RLC)串联谐振的电路机理，诠释风电机组及其电力电子控制与电网动态相互作用导致负阻尼电磁振荡的机理，为工程上理解、分析和解决这一新型稳定性问题提供新思路。

② 提出基于阻抗网络模型的频域模式分析方法，获取复杂高维系统的 SSSO 模式及其可观/可控性。

③ 提出阻抗网络聚合的原则和方法,实现对大规模广域复杂电力系统的空间降维。

④ 构建基于聚合阻抗频率特性的振荡模式识别准则和稳定性判据,解决高维系统多模式振荡的判稳难题。

⑤ 提出振荡模式邻域聚合 RLC 电路等效法，得到 SSSO 特征的量化指标，实现对振荡特性(频率、阻尼、可观/可控性、灵敏度等)的定量分析。

3. 机侧阻抗重塑与网侧主动阻尼相协同的控制方法

针对风电 SSSO 工况多变和频率时变条件下的抑制难题，提出机组侧阻抗重塑与电网侧主动阻尼协同的控制策略，构建基于阻抗模型全工况优化的控制参数设计方法，研制网侧次同步阻尼控制装置，为解决风电 SSSO 问题提供新的方法和装备。其创新点如下。

① 在风电机组侧，提出阻抗重塑控制方法，通过嵌入式抑制滤波器和附加控制环节，重塑风电机组的频域阻抗特性，增强机组自身的阻尼能力。

② 在电网侧，提出基于主动能量吸收抑制原理的网侧次同步阻尼控制方法，研制网侧次同步阻尼控制装置。

③ 构建基于阻抗模型全工况优化的控制参数设计方法，协调优化控制的布点、容量和参数，提高控制效能，实现工况多变与不确定性条件下 SSSO 的高效与鲁棒镇定。

4. 理论与实践相结合，致力于解决实际问题

以作者参与的大型风电基地(如冀北沽源和新疆哈密)为对象，诠释理论成果在现实系统中的应用，用工程效果证实理论与方法的正确性和有效性。

参 考 文 献

[1] Carson J R. Theory of the transient oscillations of electrical networks and transmission systems. Proceedings of the American Institute of Electrical Engineers, 1919, 38(3): 407-489.
[2] Evans R D, Wagner C F. Studies of transmission stability. Journal of the American Institute of Electrical Engineers, 1926, 45(4): 374-383.
[3] Butler J W, Concordia C. Analysis of series capacitor application problems. Electrical Engineering, 1937, 56(8): 975-988.
[4] Badr M A, El-Serafi A M. Effect of synchronous generator regulation on the subsynchronous resonance phenomenon in power systems. IEEE Transactions on Power Apparatus and Systems, 1975, 95(2): 461-468.
[5] Svante S, Karl M. Damping of subsynchronous oscillations by an HVDC link: an HVDC simulator study. IEEE Transactions on Power Apparatus and Systems, 1981, 100(3): 1431-1439.
[6] John W B, Saul G. Subsynchronous resonance in series compensated transmission lines. IEEE Transactions on Power Apparatus and Systems, 1973, 92(5): 1649-1658.
[7] Colin E J B, Donald N E, Charles C. Self excited torsional frequency oscillations with series capacitors. IEEE Transactions on Power Apparatus and Systems, 1973, 92(5): 1688-1695.
[8] IEEE. A bibliography for the study of subsynchronous resonance between rotating machines and power systems. IEEE Transactions on Power Apparatus and Systems, 1976, 95(1): 216-218.
[9] IEEE. First supplement to a bibliography for the study of subsynchronous resonance between rotating machines and power systems. IEEE Transactions on Power Systems, 1979, 98(6): 1872-1875.
[10] IEEE. Second supplement to a bibliography for the study of subsynchronous resonance between rotating machines and power systems. IEEE Transactions on Power Apparatus and Systems, 1985, 104(2): 321-327.
[11] IEEE. Third supplement to a bibliography for the study of subsynchronous resonance between rotating machines and power systems. IEEE Transactions on Power Systems, 1991, 6(2): 830-834.
[12] Farmer R G，Schwalb A L, Katz E. Navajo project report on subsynchronous resonance analysis and solutions. IEEE Transactions on Power Apparatus and Systems, 1977, 96(4): 1226-1232.
[13] Wilfred W, Murray E C. Static exciter stabilizing signals on large generators-mechanical problems. IEEE Transactions on Power Apparatus and Systems, 1973, 92(1): 204-211.
[14] IEEE. Proposed terms and definitions for subsynchronous oscillations. IEEE Transactions on Power Apparatus and Systems, 1980, 99(2): 506-511.
[15] Bahrman M, Larsen E V, Piwko R J, et al. Experience with HVDC-turbine-generator torsional interaction at square butte. IEEE Transactions on Power Apparatus and Systems, 1980, 99(3): 966-975.
[16] IEEE. Terms, definitions and symbols for subsynchronous oscillations. IEEE Transactions on Power Apparatus and Systems, 1985, 104(6): 1326-1334.
[17] Rostamkolai N, Piwko R J, Larsen E V, et al. Subsynchronous interactions with static VAR compensators-concepts and practical implications. IEEE Transactions on Power Systems, 1990,

5(4): 1324-1332.

[18] IEEE. Reader's guide to subsynchronous resonance. IEEE Transactions on Power Systems, 1992, 7(1): 150-157.

[19] Singh B, Singh M, Tandon A K, et al. Transient performance of series-compensated three-phase self-excited induction generator feeding dynamic loads. IEEE Transactions on Industry Applications, 2010, 46(4): 1271-1280.

[20] Iravani M R, Agrawal B L, Baker D H, et al. Fourth supplement to a bibliography for the study of subsynchronous resonance between rotating machines and power systems. IEEE Transactions on Power Systems, 1997, 12(3): 1276-1282.

[21] Choo Y C, Agalgaonkar A P, Muttaqi K M, et al. Subsynchronous torsional behaviour of a hydraulic turbine-generator unit connected to a HVDC system//Power Engineering Conference, Sydney, 2008: 1-6.

[22] Johan B, Per S, Urban L. Torsional stability of hydropower units under influence of subsynchronous oscillations. IEEE Transactions on Power Systems, 2013, 28(4): 3826-3833.

[23] Piwko R J, Wegner C A, Kinney S J, et al. Subsynchronous resonance performance tests of the Slatt thyristor-controlled series capacitor. IEEE Transactions on Power Delivery, 1996, 11(2): 1112 -1119.

[24] Muller H, Balzer G. Analysis of subsynchronous oscillations at capacitor commutated converters//Power Tech Conference Proceedings, Bologna, 2003: 1-8.

[25] Prabhu N, Padiyar K R. Investigation of subsynchronous resonance with VSC-Based HVDC transmission systems. IEEE Transactions on Power Delivery, 2009, 24(1): 433-440.

[26] Harnefors L. Analysis of subsynchronous torsional interaction with power electronic converters. IEEE Transactions on Power Systems, 2007, 22(1): 305-313.

[27] Pourbeik P, Koessler R J, Dickmander D L, et al. Integration of large wind farms into utility grids(part 2-performance issues)//IEEE PES General Meeting, Toronto, 2003: 1520-1525.

[28] Fan L, Kavasseri R, Miao Z, et al. Modeling of DFIG-based wind farms for SSR analysis. IEEE Transactions on Power Delivery, 2010, 25(4): 2073-2082.

[29] Jain A, Garg K. Variable renewable generation and grid operation//International Conference on Power System Technology, Hangzhou, 2010: 1-8.

[30] Irwin G D, Jindal A K, Isaacs A L. Sub-synchronous control interactions between type 3 wind turbines and series compensated AC transmission systems//IEEE PES General Meeting, Detroit, 2011: 1-6.

[31] 王亮, 谢小荣, 姜齐荣, 等. 大规模双馈风电场次同步谐振的分析与抑制. 电力系统自动化, 2014, 38(22): 26-31.

[32] Liu H, Xie X, Zhang C, et al. Quantitative SSR analysis of series-compensated DFIG-based wind farms using aggregated RLC circuit model. IEEE Transactions on Power Systems, 2017, 32(1): 474-483.

[33] Ma H T, Brogan P B, Jensen K H, et al. Sub-synchronous control interaction studies between full-converter wind turbines and series-compensated AC transmission lines//IEEE PES General Meeting, San Diego, 2012: 1-5.

[34] Alawasa K M, Mohamed Y A I, Xu W. Modeling, analysis, and suppression of the impact of full-scale wind-power converters on subsynchronous damping. IEEE Systems Journal, 2013, 7(4): 700-712.

[35] Amin M, Molinas M, Lyu J. Oscillatory phenomena between wind farms and HVDC systems: the impact of control//IEEE 16th Workshop on Control and Modeling for Power Electronics, Vancouver, 2015: 1-8.

[36] Liu H, Xie X, He J, et al. Subsynchronous interaction between direct-drive PMSG based wind farms and weak AC networks. IEEE Transactions on Power Systems, 2017, 32(6): 4708-4720.

[37] Adams J, Carter C, Huang S. ERCOT experience with subsynchronous control interaction and proposed remediation//IEEE PES Transmission and Distribution Conference and Exposition, Orlando, 2012: 1-5.

[38] Leon A E, Solsona J A. Subsynchronous interaction damping control for DFIG wind turbines. IEEE Transactions on Power Systems, 2015, 30(1): 419-428.

[39] Badrzadeh B, Sahni M, Muthumuni D, et al. Sub-synchronous interaction in wind power plants-part I: study tools and techniques//IEEE PES General Meeting, San Diego, 2012: 1-9.

[40] Sahni M, Badrzadeh B, Muthumuni D, et al. Sub-synchronous interaction in wind power plants-part Ⅱ: an ERCOT case study//IEEE PES General Meeting, San Diego, 2012: 1-9.

[41] Li P H, Wang J, Xiong L Y, et al. Robust nonlinear controller design for damping of sub-synchronous control interaction in DFIG-based wind farms. IEEE Access, 2019, 10(7): 16626-16637.

[42] Nath R, Grande-Moran C. Study of sub-synchronous control interaction due to the interconnection of wind farms to a series compensated transmission system// IEEE PES Transmission and Distribution Conference and Exposition, Orlando, 2012: 1-6.

[43] Cheng Y, Huang S, Rose J, et al. ERCOT subsynchronous resonance topology and frequency scan tool development//IEEE PES General Meeting, Boston, 2016: 1-5.

第 2 章　风电次/超同步振荡分析的模型和参数

2.1　模型构成与建模概述

2.1.1　模型构成

总结近年来风电并网系统发生的实际 SSSO 事件，考察振荡发生时的电网结构和运行方式，可大致确定风电 SSSO 分析涉及的典型设备及其连接关系(图 2.1)，包括以下设备和子系统。

① 风电机组及风电场[1-3]。风电机组包括同/异步发电机、风电变流器及其控制系统、风机叶片及桨距角控制系统、机械轴系系统、箱式变压器等。风电场由多台同构或异构发电机通过线缆和变压器连接形成。

② 火电厂。火电厂包括同步发电机组及厂用电系统。每台同步机组由发电机及激磁系统、汽轮机及调速系统、机械轴系系统等子系统构成。

③ 主电网。主电网包括交流线路、直流系统(常规直流、特高压直流和柔直)、串联电容补偿装置、断路器、隔离刀闸等。

④ 外部电网。外部电网是跟主电网相连但对 SSSO 动态影响较小的部分，包括其内部交/直流网络及各类型电力负荷。

⑤ 调控中心。调控中心是负责发电计划安排、运行方式调整、安全校核、实时运行监视和故障处置等工作的各级电网调度控制中心。

需要指出的是，实际电力系统是由数量庞大的各类型电力设备拼接而成的，并不局限于图 2.1 所示的系统。为简化建模分析过程，本章仅选取对风电 SSSO 问题影响较大的部分设备进行建模和分析。

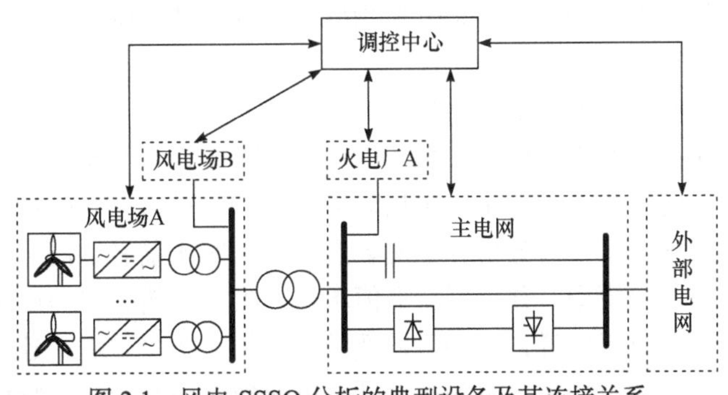

图 2.1　风电 SSSO 分析的典型设备及其连接关系

针对风电 SSSO 问题，建模研究需要关注以下方面。

(1) 建模关注动态的时间尺度

近年来，国内外多个风电并网系统发生 SSSO 事故。故障录波分析发现，除工频信号外，交流电流/电压录波曲线中还包含数赫兹至两倍额定频率范围内的非工频振荡分量。此频段对应的时间尺度为 10^{-2} 秒～数秒，横跨电磁暂态和机电暂态范畴。与汽轮机组轴系动态主导的传统 SSR/SSO 问题不同，风机机组参与的 SSSO 频率随系统运行方式的变化呈现时变特性，并且风电机组中电力电子变流器具有复杂的控制逻辑，包括内环、外环、PLL 等多时间尺度控制环节。因此，为准确刻画和科学描述风电 SSSO 动态，需建立时间尺度涵盖毫秒～数十秒级的电磁暂态模型。

(2) 需详细建模的设备或部件

现代电力系统中接入了多种类型的风电机组，主要分为恒速恒频风电机组和变速恒频风电机组。每种机组的物理结构和控制系统各不相同，运行特性各异。目前已获得广泛应用的是变速恒频风电机组，包括双馈或 3 型(Type3)、直驱或 4 型(Type 4)。这两种类型的风电机组均采用电力电子变流器增加功率控制的灵活性和快速性。研究发现，变流器控制对次/超同步动态具有重要的影响，为准确把握风电 SSSO 特性，风电机组的发电机组、变流器及其控制系统等部件均需进行详细的动态建模。此外，风电场近区的交流线路、变压器、串联电容补偿、汽轮发电机组和直流输电系统等也应根据研究的需要详细建模。

(3) 建模过程中必要的等值或简化

对于传统汽轮发电机组而言，即使考虑多质量块机械轴系，一台数百兆瓦机组模型的阶数也只有 10～20。对于一台容量仅为数兆瓦的风电机组而言，其动态模型的阶数也超过 10 阶。一个百万千瓦级的大型火电厂通常只有数台汽轮机组，而一个同等容量的风电基地则安装上千台风电机组。为避免维数灾难题，在分析风电 SSSO 时，往往需要对目标系统进行必要和适当的等值或简化。例如，对接入同一母线的同型风电机组进行等值、对影响 SSSO 特性较小的部分主电网进行简化，其目的是在不影响目标动态分析精度的前提下适当降低模型阶数，提高分析效率。

(4) 时域或频域建模分析方法的选择

风电 SSSO 往往始于小信号失稳，因此适用于工作点小扰动分析的方法均可应用于该问题的建模与分析，主要包括时域方法和频域方法。时域建模分析方法包括基于状态方程的特征值分析和电磁暂态仿真。对于前者，需首先建立目标系统的小信号状态方程模型，并采用特征值求解、模式分析、参与因子计算等研究系统的稳定特性。对于后者，可基于成熟的电磁暂态仿真软件，建立目标系统的详细电磁暂态模型，对特定工况和扰动开展电磁暂态仿真分析。频域方法往往基于复频域和实频域传递函数分析，包括经典的频率扫描法和基于阻抗(网络)模型的分析方法等。前者通过扰动信号注入的方式逐个频率点扫描出目标元件/系统的阻抗-频率特性曲线，进而评估系统的振荡特性和失稳风险。后者通过建立目标系统的小信号频域阻抗模型，借助频域判稳方法，如 Nyquist 判据、零极点法、劳斯判据等分析系统的稳定性特征和主要影响因素。

对于线性系统而言，时域方法和频域方法得到的稳定性结论应该是一致的。在实际操作中两种方法的侧重点和实现难度有一定的区别。例如，基于状态方程模型的特征值分析法，侧重于状态变量参与和影响振荡模式的特征分析；基于传递函数的频域分析则采用元件的外部输入-输出特性(传递函数)分析动态行为，侧重于观察各个元件在不同频率上的响应特性及其参与引发振荡的作用。前者的建模难点在于，往往需要对象内部的动态结构和详细参数，不太适用于黑/灰箱系统。后者恰好可以克服这一困难，但对于分析结果的解析，却往往由于采用外特性模型而难以定位到元件的内部参数或状态。时域方法在电力系统动态建模与分析中的应用非常广泛，这里不再赘述。

2.1.2　建模方法概述

实际电力系统是一个具有多时间尺度动态的高维非线性系统。对于不同时间尺度或频段的动态，研究采用的模型和方法会有很大的不同。电力系统动态分析非常重要的一点是，抓住所关注动态的物理本质，并据此选择合适的数学模型和分析方法。

电力系统不同时间尺度动态的建模概述如图 2.2 所示。电力系统动态分为机电动态和电磁动态。其中，电磁动态可细分为次/超同步频段电磁动态(数赫兹至二倍工频以下)和中高频段电磁动态(二倍工频至数千赫兹)。对应地，动态模型包括刻画机电暂态的机电暂态模型、刻画次/超同步频段动态的电磁暂态模型和刻画中高频电磁动态的电磁暂态模型。

① 机电动态主要指因机械转矩、功率与电磁转矩、功率之间不平衡引起的电机转子机械运动过程。机电暂态模型是考虑机电动态时间尺度的一组非线性微分方程，主要用于研究电力系统受到大扰动后的暂态稳定性和受到小扰动后的静态稳定性。前者主要指电力系统在遭受诸如短路故障、元件故障跳闸等大扰动作用下保持同步稳定运行的能力。后者主要指电力系统在遭受诸如机组出力或负荷波动等小扰动作用下具有足够的阻尼转矩，可维持在其原有工况下长期运行、不会发生单摆失步或多摆振荡发散的能力。

② 次/超同步频段的电磁动态主要是指电力设备之间及其与电网之间在数赫兹至二倍工频以下的动态相互作用。为探讨该问题，需考虑对次/超同步频段动态影响较大的元件模型及参数，建立对应的次/超同步频段电磁暂态模型。它通常也

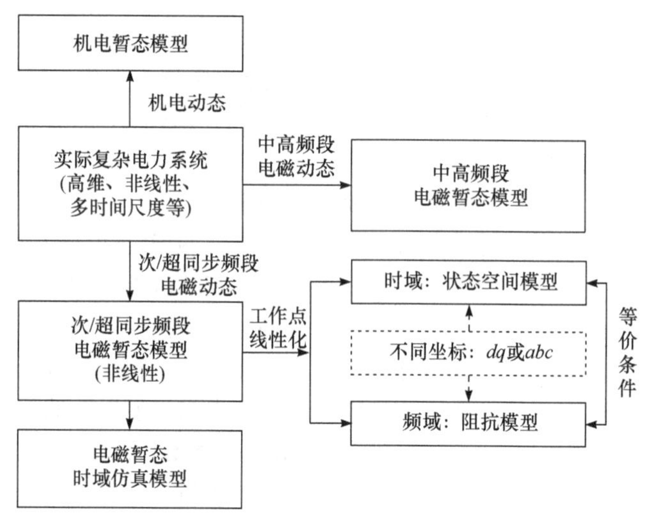

图 2.2　电力系统不同时间尺度动态的建模概述

是一组非线性微分方程，但阶数一般会比机电暂态模型高得多。通过在工作点附近将该模型进行小范围线性化，可得到系统的小信号线性系统模型，如时域中的状态方程模型和频域中的阻抗(网络)模型。小信号模型可以在 *abc* 静止坐标系或 *dq*0 同步旋转坐标系下构建，并在必要时进行坐标转换。如果对象系统是完全可观可控的，则时域的状态方程模型与频域的传递函数(网络)模型可实现等效转化。对于小信号线性模型可采用成熟的线性系统理论开展定量分析，探讨振荡的起因、机理及主导影响因素等。此外，分析结果还可与时域电磁暂态仿真相互验证。

③ 中高频段的电磁动态主要是指电力设备之间及其与电网之间在二倍工频至数千赫兹的动态相互作用。为准确刻画中高频动态，建模时需考虑分布式电感、电容、控制延时的影响，以及模型参数的频变效应，得到的系统模型往往具有更高的阶数。

需要注意的是，以上基于时间尺度对动态的划分并不能表明，一个实际电力系统的动态行为仅限于一个频段。恰恰相反，实际发生的振荡其频率可能涵盖从数赫兹到数千赫兹的宽广范围。本书主要聚焦风电并网系统的新型 SSSO 问题。

为了探究风电 SSSO 的机理与特性，已有的研究大多采用简化建模分析的思路。例如，将研究对象简化为单一聚合风电机组或包括多个同型风电机组的风电场经辐射式线路与理想电源相连的单机(场)-无穷大系统模型，不考虑风电机组或变流器的异构性和电网结构的多样性，然后建立简化系统的小信号状态方程模型和电磁暂态仿真模型，开展稳定性分析。这些基于简化模型的研究对于初期理解 SSSO 的机理和特性发挥了积极的作用，但难以适用于实际的复杂系统。实际电力系统的情况要复杂得多，其建模和分析面临如下诸多挑战。

① 实际风电系统含有大量异构的风电机组，它们由不同的生产厂家制造，具有不同的系统结构和控制策略，且分布于非常广阔的地域。这与传统的同步发电机具有标准模型结构且仅由数家制造商提供的情况差异巨大。

② 为了保护商业秘密，生产厂家往往不愿意提供或无法提供风电机组内部完整的结构和参数，导致机理性建模困难，仅可作为黑/灰箱处理。

③ 实际的风电并网系统中不仅包含数量庞大的风电机组，还可能包括多种类型的传统电力设备(如汽轮发电机组和常规高压直流输电)和新近出现的输电设备(如 FACTS 控制器和柔性直流输电)，导致模型的阶数急剧增长。不同设备的模型结构和表现形式千差万别，给构建系统整体模型并开展量化分析带来极大的挑战。

④ 实际电力系统往往有成千上万个节点和复杂的网络结构，并且随着运行方式的调整，其拓扑处在不断地变化之中，导致设备及其模型之间的连接关系时变，大幅增加建模与分析的难度。

相比已广泛使用的状态方程-特征值分析等时域方法，基于频域阻抗(网络)模型的建模和分析方法在应对黑/灰箱设备和高阶系统时有独特的优势，在分析含高比例可再生能源和电力电子设备的电力系统动态时受到广泛的青睐。本书后续将以频域阻抗(网络)模型为主探讨 SSSO 的定量分析，并重点探讨其在大型风电并网系统中的应用。

2.2　频域阻抗模型

2.2.1　阻抗模型概述

1. 阻抗模型定义

对于一般的包含电阻、电感和电容的单端口电路，端口电压(相量)与电流(相量)之比称为(等效)阻抗。对于直流电路而言，阻抗就是电阻。对于交流电路而言，阻抗包括电阻、感抗和容抗的组合，并且与频率强相关。

图 2.3 所示为电阻及其伏安特性曲线。图 2.3(a)所示为包含线性电阻的直流电路。在任意时刻，其两端的电压和电流服从欧姆定律，即

$$u = Ri \tag{2-1}$$

式中，u 为电阻两端的电压；i 为流过电阻的电流；R 为电阻的阻值，对于物理电阻，R 是正实常数。

图 2.3(b)所示为线性电阻的伏安特性曲线。如果电压和电流之间不是线性关系，则电阻元件的伏安特性表现为一条斜率变化的曲线。对于纯电阻电路而言，无论电路内部如何复杂，都可以简化整合为图 2.3(a)所示的等效电阻电路。

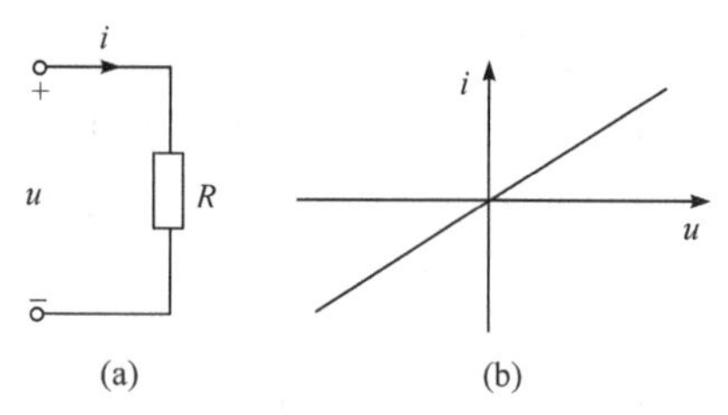

图 2.3　电阻及其伏安特性曲线

对于交流电路而言，电压和电流都是时变的交流量，在电路分析时常采用相量表示。一端口 N_0 的阻抗与导纳如图 2.4 所示。当无源端口电路 N_0 在角频率为 ω 的正弦电压激励下处于稳定状态时，其端电压相量与电流相量的比值定义为 N_0 的(复)阻抗 Z，即

$$Z=\frac{\dot{U}}{\dot{I}}=\frac{U}{I}\angle(\phi_u-\phi_i)=|Z|\angle\phi_Z \tag{2-2}$$

式中，电压相量 $\dot{U}=U\angle\phi_u$；电流相量 $\dot{I}=I\angle\phi_i$；Z 为阻抗，是一个复数，称为(复)阻抗。

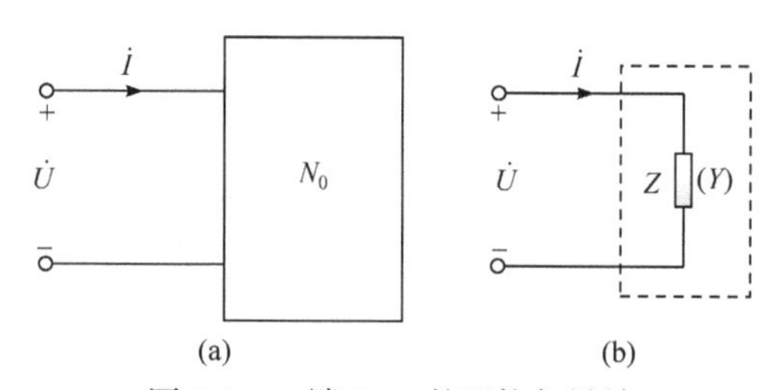

图 2.4　一端口 N_0 的阻抗与导纳

复阻抗 Z 的代数形式可表示为

$$Z=R+\mathrm{j}X \tag{2-3}$$

式中，阻抗实部称为电阻 R；虚部称为电抗 X。

电抗表示电容和电感在电路中对交流电变化的阻碍作用。电容对应的电抗称为容抗。电感对应的电抗称为感抗。

本书的阻抗模型是非线性元件或系统的小扰动线性化模型，表示研究对象在特定工作点上受小信号扰动激励产生的电压变化量和电流变化量之比，即

$$Z(\omega)=\frac{\Delta\dot{U}}{\Delta\dot{I}}=\frac{\Delta U}{\Delta I}\angle(\Delta\phi_u-\Delta\phi_i)=|Z|\angle\Delta\phi_Z \tag{2-4}$$

式中，ω 为激励信号的角频率。

在复频域，有

$$Z(s)=\frac{\Delta U(s)}{\Delta I(s)} \tag{2-5}$$

式中，$\Delta U(s)$ 和 $\Delta I(s)$ 分别为电压变化量和电流变化量的复频域表达，有时在不引起误解且简化公式的情况下，可省略“Δ”或“(s)”，也有采用 u 和 i 表示电压和电流的。

可见，阻抗模型本质上可视为电压和电流间的传递函数模型，表征电力设备在小扰动电压/电流下的动态特性。其量纲与阻抗相同，因此称为阻抗模型。它与传统的稳态(静态)阻抗的含义并不相同。

以上定义的阻抗模型可用于线性系统和非线性系统。对于非线性系统，需首先将其在特定工作点做小范围线性化近似，然后使用阻抗模型表征其动态特性。值得注意的是，对于非线性系统，某个特定工作点下的小信号阻抗模型仅表征其在该工作点下的特性。因此，阻抗模型除了随频率变化外，还会随工作点的改变而变化。

上述阻抗模型是定义在单相系统上的。在三相交流电力系统中，阻抗模型可以分别基于同步旋转坐标系(即 dq 坐标系)和静止坐标系(即 abc 坐标系、$\alpha\beta$ 坐标系、正负序坐标系)进行定义。对于同步旋转坐标系，可采用传统线性化方法进行推导。对于静止坐标系，可采用谐波线性化方法推导阻抗模型。基于上述两种坐标系建模时，通常分别忽略零轴分量和零序分量，即假设三相电压和三相电流之和恒为零。

在同步旋转坐标系中，忽略零轴分量，稳态的三相工频交流电压、电流将转换为 d 轴和 q 轴直流电压、电流。采用小范围线性化方法，首先建立系统的非线性动态方程，然后在稳态工作点对其进行线性化可以得到小信号线性模型，最后推导端口电压与端口电流之间的阻抗模型。基于 dq 坐标系，建立的阻抗模型表示的是 d、q 轴电压扰动分量 ΔU_d、ΔU_q 构成的列向量与 d、q 轴电流扰动分量 ΔI_d、ΔI_q 组成的列向量之间的矩阵关系。相应的阻抗模型定义为

$$\Delta\boldsymbol{U}_{dq}=\begin{bmatrix}\Delta U_d\\ \Delta U_q\end{bmatrix}=\boldsymbol{Z}_{dq}\Delta\boldsymbol{I}_{dq}=\boldsymbol{Z}_{dq}\begin{bmatrix}\Delta I_d\\ \Delta I_q\end{bmatrix} \tag{2-6}$$

式中，$\boldsymbol{Z}_{dq}$ 为 dq 坐标系下二阶矩阵形式的阻抗模型，即

$$\boldsymbol{Z}_{dq}=\begin{bmatrix}Z_{dd} & Z_{dq}\\ Z_{qd} & Z_{qq}\end{bmatrix} \tag{2-7}$$

或定义导纳模型为

$$\Delta\boldsymbol{I}_{dq}=\boldsymbol{Y}_{dq}\Delta\boldsymbol{U}_{dq} \tag{2-8}$$

式中，$\boldsymbol{Y}_{dq}$ 为 dq 坐标系下二阶矩阵形式的导纳模型，即

$$\boldsymbol{Y}_{dq}=\begin{bmatrix} Y_{dd} & Y_{dq} \\ Y_{qd} & Y_{qq} \end{bmatrix} \tag{2-9}$$

在静止坐标系中，应用谐波线性化方法能够建立周期性时变非线性系统的小信号线性化模型。其基本原理是，通过在系统中增加谐波扰动，抽取建模对象对谐波扰动的响应，进而推导响应(电流)与扰动(电压)之间的关系，即阻抗模型。该方法虽然原理简单，但推导过程一般较为复杂。其中的一个原因是，在静止坐标系下，单一频率的谐波扰动在系统非线性作用下会激发出其他频率的谐波。因此，需要考虑不同频率分量之间的耦合关系，即频率耦合效应。例如，当在电力电子变流器端部电压上附加一个小扰动的次同步谐波电压分量时(假设频率为 f_{p})，变流器的输出电流中不仅包含频率为 f_{p} 的次同步谐波电流分量，通常还包含频率为 $2f_1-f_{\mathrm{p}}$(f_1 为工频)的超同步谐波电流分量。后者通过电网阻抗又会在机组端部产生该频率的超同步谐波电压分量。

研究表明，这种不同频率分量耦合存在的现象是由控制环节(如 PLL 等)的非线性运算(如派克变换/反变换等)引起的。例如，若变流控制器输入三相电压信号中包含次同步频率 f_{p} 扰动信号，则 dq 坐标系下的 d 轴和 q 轴电压信号(u_d 和 u_q)中将会出现 f_1-f_{p} 的扰动分量。进一步，PLL 输出角度 θ_{PLL} 中也会出现频率为 f_1-f_{p} 的扰动分量；将该角度用于派克变换，输出的信号中既含有频率为 f_1-f_{p} 的一阶扰动分量，也含有较小的频率为 $2(f_1-f_{\mathrm{p}})$ 的二阶扰动分量。该扰动分量反过来又会影响 PLL 的输出。考虑这一情况，三相电压/电流信号派克变换后的输出信号中还包含频率为 $3(f_1-f_{\mathrm{p}})$，$4(f_1-f_{\mathrm{p}})$，…，$k(f_1-f_{\mathrm{p}})$等更高阶的扰动分量。经过派克反变换，这些 dq 坐标系下的扰动分量转换至静止 abc 坐标系下，将会产生频率分别为 $f_1\pm(f_1-f_{\mathrm{p}})$，$f_1\pm2(f_1-f_{\mathrm{p}})$，…，$f_1\pm k(f_1-f_{\mathrm{p}})$等多个扰动分量。在进行小信号分析时，高阶扰动分量的幅值通常远小于一阶扰动分量，对系统的动态特性影响较小。因此，为了便于建模和分析，本书后续仅关注频率为 $f_1\pm(f_1-f_{\mathrm{p}})$的一阶扰动分量，即主要考虑 f_{p} 和 $2f_1-f_{\mathrm{p}}$ 的两个分量间的频率耦合作用。

鉴于上述频率耦合效应，耦合频率的电压、电流分量之间并非相互独立，可认为频率为 f_{p}(或 $2f_1-f_{\mathrm{p}}$)的电压分量 ΔU_{p1}(或 ΔU_{p2})同时取决于频率为 f_{p} 和 $2f_1-f_{\mathrm{p}}$ 的电流分量 ΔI_{p1} 和 ΔI_{p2}。换言之，频率为 f_{p}(或 $2f_1-f_{\mathrm{p}}$)的电流分量 ΔI_{p1}(或 ΔI_{p2})同时取决于频率为 f_{p} 和 $2f_1-f_{\mathrm{p}}$ 的电压分量 ΔU_{p1} 和 ΔU_{p2}。显然，单维阻抗模型无法准确描述上述耦合关系，因此采用二阶矩阵形式的阻抗模型，即

$$\Delta \boldsymbol{U}_{\mathrm{s}}=\begin{bmatrix} \Delta U_{\mathrm{p1}} \\ \Delta U^{*}_{\mathrm{p2}} \end{bmatrix}=\boldsymbol{Z}_{\mathrm{s}}\Delta \boldsymbol{I}_{\mathrm{s}}=\boldsymbol{Z}_{\mathrm{s}}\begin{bmatrix} \Delta I_{\mathrm{p1}} \\ \Delta I^{*}_{\mathrm{p2}} \end{bmatrix} \tag{2-10}$$

式中，*表示共轭；$\boldsymbol{Z}_{\mathrm{s}}$为静止坐标系下二阶矩阵形式的阻抗模型，即

$$\boldsymbol{Z}_{\mathrm{s}}=\begin{bmatrix} Z_{11} & Z_{12} \\ Z_{21} & Z_{22} \end{bmatrix} \tag{2-11}$$

导纳模型为

$$\Delta \boldsymbol{I}_{\mathrm{s}}=\boldsymbol{Y}_{\mathrm{s}}\Delta \boldsymbol{U}_{\mathrm{s}} \tag{2-12}$$

式中，$\boldsymbol{Y}_{\mathrm{s}}$为静止坐标系下二阶矩阵形式的导纳模型，即

$$\boldsymbol{Y}_{\mathrm{s}}=\begin{bmatrix} Y_{11} & Y_{12} \\ Y_{21} & Y_{22} \end{bmatrix} \tag{2-13}$$

式中，$Z_{12}(Y_{12})$和$Z_{21}(Y_{21})$为两个频率分量间的互阻抗(互导纳)，其相对于自阻抗(导纳)$Z_{11}(Y_{11})$和$Z_{22}(Y_{22})$值越大，表明耦合越强。

2. 阻抗模型构建方法分类

阻抗模型的构建方法主要分为两类。

① 机理构建方法。假设建模对象的电路结构、控制系统结构、参数均已知，即白箱设备或系统，通过机理推导方法得到频域阻抗模型的解析表达式或数值结果。

② 扰动测辨方法。假设建模对象的结构及参数全部或者部分未知时，即黑/灰箱设备或系统，通过基于扰动注入的外特性测辨技术获得激励-响应特性，构建其阻抗模型。当然，扰动测辨方法也可以得到白箱设备或系统的阻抗模型。

2.2.2　阻抗模型的机理构建方法

1. 基本原理

对于白箱系统或设备，可采用机理构建方法在静止坐标系或同步旋转坐标系下建模。基于静止坐标系时，一般采用谐波线性化方法。其基本原理是假定向建模对象注入小信号谐波电压扰动，根据对象的结构和参数，推导其响应，即输出对应频率谐波电流的特性，得到谐波电压增量与谐波电流增量之间的关系，即阻抗模型。基于同步旋转坐标系时，可先建立对象设备在同步旋转坐标系下的状态方程模型，然后以端口电压增量为输入，以端口电流增量为输出，推导两者之间的关系，得到阻抗模型。

2. 静止坐标系下的阻抗模型

在静止坐标系中，电力设备的三相电压和电流随时间呈正弦规律变化，属于时变信号，无法提供恒定的稳态工作点。为解决该问题，引入谐波线性化技术，

在设备端口的工频输入电压上加入小信号谐波电压扰动，推导设备输出电流中的谐波电流分量，进而得到电力设备的谐波等效阻抗[4-6]。考虑频率耦合效应，本书对谐波线性化方法进行扩展，在电力设备并网点电压中同时附加频率互补的次同步频率和超同步频率分量扰动，以 a 相电压为例，设受扰后的信号表达式为

$$
\begin{gathered}
u_{\mathrm{a}}(t)=U_1\cos(\omega_1 t)+\Delta U_{\mathrm{p1}}\cos(\omega_{\mathrm{p1}}t+\varphi_{\mathrm{p1}})+\Delta U_{\mathrm{p2}}\cos(\omega_{\mathrm{p2}}t+\varphi_{\mathrm{p2}})\\
\omega_1=2\pi f_1,\quad \omega_{\mathrm{p1}}=2\pi f_{\mathrm{p1}},\quad \omega_{\mathrm{p2}}=2\pi f_{\mathrm{p2}}
\end{gathered}
\tag{2-14}
$$

式中，U_1、ΔU_{p1}、ΔU_{p2} 为基波、次同步分量、超同步分量电压幅值；ω_1、ω_{p1}、ω_{p2} 为基波角频率、次同步角频率、超同步角频率；f_1、f_{p1}、f_{p2} 为基波频率、次同步频率、超同步频率；φ_{p1}、φ_{p2} 为次同步分量、超同步分量的初相位。

次同步频率和超同步频率关于基波频率互补，即

$$
f_{\mathrm{p1}}+f_{\mathrm{p2}}=2f_1 \tag{2-15}
$$

式(2-14)中的信号可表示为相量形式，即

$$
\dot{U}_{\mathrm{a}}[f]=\begin{cases}\dot{U}_1=U_1\angle 0, & f=f_1\\ \Delta\dot{U}_{\mathrm{p1}}=\Delta U_{\mathrm{p1}}\angle\varphi_{\mathrm{p1}}, & f=f_{\mathrm{p1}}\\ \Delta\dot{U}_{\mathrm{p2}}=\Delta U_{\mathrm{p2}}\angle\varphi_{\mathrm{p2}}, & f=f_{\mathrm{p2}}\end{cases} \tag{2-16}
$$

式中，$\dot{U}_1$、$\Delta\dot{U}_{\mathrm{p1}}$、$\Delta\dot{U}_{\mathrm{p2}}$ 为基波、次同步、超同步电压相量。

受到并网点电压扰动后，电力设备输出电流中除了工频分量外，还将出现次同步和超同步分量，并且频率与电压中的次、超同步分量频率相同。因此，对应 a 相电流的相量形式如下，即

$$
\dot{I}_{\mathrm{a}}[f]=\begin{cases}\dot{I}_1=I_1\angle\varphi_{\mathrm{i1}}, & f=f_1\\ \Delta\dot{I}_{\mathrm{p1}}=\Delta I_{\mathrm{p1}}\angle\varphi_{\mathrm{ip1}}, & f=f_{\mathrm{p1}}\\ \Delta\dot{I}_{\mathrm{p2}}=\Delta I_{\mathrm{p2}}\angle\varphi_{\mathrm{ip2}}, & f=f_{\mathrm{p2}}\end{cases} \tag{2-17}
$$

式中，$\dot{I}_1$、$\Delta\dot{I}_{\mathrm{p1}}$、$\Delta\dot{I}_{\mathrm{p2}}$ 为基波、次同步、超同步电流相量；φ_{i1}、φ_{ip1}、φ_{ip2} 为基波、次同步、超同步电流分量的初相位。

采用谐波线性化方法，可以建立电流分量与电压分量的关系式，即

$$
\begin{cases}\Delta I_{\mathrm{p1}}(s)=Y_{11}(s)\Delta U_{\mathrm{p1}}(s)+Y_{12}(s)\Delta U_{\mathrm{p2}}^{*}(s)\\ \Delta I_{\mathrm{p2}}^{*}(s)=Y_{21}(s)\Delta U_{\mathrm{p1}}(s)+Y_{22}(s)\Delta U_{\mathrm{p2}}^{*}(s)\end{cases} \tag{2-18}
$$

省略电压和电流分量的(s)，写为矩阵方程形式，即

$$
\begin{bmatrix}\Delta I_{\mathrm{p1}}\\ \Delta I_{\mathrm{p2}}^{*}\end{bmatrix}=\begin{bmatrix}Y_{11}(s) & Y_{12}(s)\\ Y_{21}(s) & Y_{22}(s)\end{bmatrix}\begin{bmatrix}\Delta U_{\mathrm{p1}}\\ \Delta U_{\mathrm{p2}}^{*}\end{bmatrix}=\boldsymbol{Y}_{abc}(s)\begin{bmatrix}\Delta U_{\mathrm{p1}}\\ \Delta U_{\mathrm{p2}}^{*}\end{bmatrix} \tag{2-19}
$$

对 $\boldsymbol{Y}_{abc}(s)$求逆，可得静止坐标系下的频率耦合阻抗矩阵模型，即

$$\begin{bmatrix}\Delta U_{\mathrm{p1}}\\ \Delta U_{\mathrm{p2}}^{*}\end{bmatrix}=[\boldsymbol{Y}_{abc}(s)]^{-1}\begin{bmatrix}\Delta I_{\mathrm{p1}}\\ \Delta I_{\mathrm{p2}}^{*}\end{bmatrix}=\begin{bmatrix}Z_{11}(s) & Z_{12}(s)\\ Z_{21}(s) & Z_{22}(s)\end{bmatrix}\begin{bmatrix}\Delta I_{\mathrm{p1}}\\ \Delta I_{\mathrm{p2}}^{*}\end{bmatrix}=\boldsymbol{Z}_{abc}(s)\begin{bmatrix}\Delta I_{\mathrm{p1}}\\ \Delta I_{\mathrm{p2}}^{*}\end{bmatrix} \tag{2-20}$$

式中，$\boldsymbol{Z}_{abc}(s)$为频率耦合阻抗矩阵模型；$Z_{11}(s)$、$Z_{12}(s)$、$Z_{21}(s)$、$Z_{22}(s)$为阻抗矩阵中的元素，分别表示次同步电压与次同步电流、次同步电压与超同步电流、超同步电压与次同步电流、超同步电压与次同步电流之间的关系；s 为传递函数关系的复变量；$\Delta U_{\mathrm{p2}}^{*}(s)$ 为 $\Delta U_{\mathrm{p2}}(s)$ 的共轭；$\Delta I_{\mathrm{p2}}^{*}(s)$ 为 $\Delta I_{\mathrm{p2}}(s)$ 的共轭。

3. 同步旋转坐标系下的阻抗模型

对三相交流系统而言，通过派克变换将系统变量由静止坐标系转换到同步旋转坐标系(即 dq 坐标系)下，标准的三相正弦交流信号可以变换为两个直流信号。进而，可采用传统的线性化方法建立设备在 dq 坐标系下的阻抗矩阵模型。

对于某电力设备而言，首先建立其在自身 dq 坐标系下的非线性动态方程模型，并在稳态工作点将其线性化为小信号状态方程模型。设小信号模型的控制向量是设备端口电压 $\boldsymbol{u}_{dq}=[u_d,\ u_q]^{\mathrm{T}}$，输出向量是设备端口电流 $\boldsymbol{i}_{dq}=[i_d,\ i_q]^{\mathrm{T}}$，则该设备的小信号状态方程模型可表示为

$$\begin{cases}\Delta\dot{\boldsymbol{X}}_{dq}=\boldsymbol{A}_{dq}\Delta\boldsymbol{X}_{dq}+\boldsymbol{B}_{dq}\Delta\boldsymbol{u}_{dq}\\ \Delta\boldsymbol{i}_{dq}=\boldsymbol{C}_{dq}\Delta\boldsymbol{X}_{dq}+\boldsymbol{D}_{dq}\Delta\boldsymbol{u}_{dq}\end{cases} \tag{2-21}$$

式中，$\Delta\boldsymbol{X}_{dq}$、$\Delta\boldsymbol{u}_{dq}$、$\Delta\boldsymbol{i}_{dq}$ 为状态、控制和输出向量；$\boldsymbol{A}_{dq}$、$\boldsymbol{B}_{dq}$、$\boldsymbol{C}_{dq}$、$\boldsymbol{D}_{dq}$ 为系数矩阵。

然后，对式(2-21)进行 Laplace 变换，可以得到该设备端口电压与电流在 s 域的关系，即

$$\begin{cases}\Delta\boldsymbol{i}_{dq}(s)=\boldsymbol{Z}_{dq}^{-1}(s)\Delta\boldsymbol{u}_{dq}(s)\\ \boldsymbol{Z}_{dq}(s)=\boldsymbol{C}_{dq}(s\boldsymbol{I}-\boldsymbol{A}_{dq})^{-1}\boldsymbol{B}_{dq}+\boldsymbol{D}_{dq}\end{cases} \tag{2-22}$$

式中，$\boldsymbol{Z}_{dq}(s)$为电力设备在 dq 坐标系下的阻抗矩阵模型，即

$$\Delta\boldsymbol{u}_{dq}(s)=\boldsymbol{Z}_{dq}(s)\Delta\boldsymbol{i}_{dq}(s)=\begin{bmatrix}Z_{dd}(s) & Z_{dq}(s)\\ Z_{qd}(s) & Z_{qq}(s)\end{bmatrix}\Delta\boldsymbol{i}_{dq}(s) \tag{2-23}$$

式中，$Z_{dd}(s)$为 d 轴电压增量与 d 轴电流增量之间的关系；$Z_{dq}(s)$表示 d 轴电压增量与 q 轴电流增量之间的关系；$Z_{qd}(s)$为 q 轴电压增量与 d 轴电流增量之间的关系；$Z_{qq}(s)$为 q 轴电压增量与 q 轴电流增量之间的关系。

4. 同步旋转坐标阻抗模型与静止坐标阻抗模型之间的转换

考虑频率耦合效应，当 dq 坐标系下频率为 f_{dq} 的信号经过派克反变换到静止坐标系时，将产生两种频率的信号。若 $0<f_{dq}<f_1$，则两个信号分别是频率为 $f_{p1}=f_1-f_{dq}$ 的次同步信号与频率为 $f_{p2}=f_1+f_{dq}$ 的超同步信号，即出现次/超同步信号的耦合。若 $f_{dq}>f_1$，则两个信号分别是频率为 $f_p=f_1+f_{dq}$ 的正序扰动信号与频率为 $f_n=|f_1-f_{dq}|$ 的负序扰动信号。

由此可知，电力设备在 dq 坐标系下可以用一个 2×2 阶的阻抗矩阵模型表示，而在静止坐标系下也可以用一个 2×2 阶的次/超同步频率耦合阻抗模型表示。两种阻抗模型描述的是同一个物理系统的阻抗特性，仅仅是采用不同的坐标系。理论上，两种阻抗模型可以相互转化。dq 坐标系下的阻抗矩阵模型 $\boldsymbol{Z}_{dq}(s)$ 可以表示为复相量的形式，即

$$\begin{aligned}
&\Delta U_{dq}(s)=Z_{+,dq}(s)\Delta I_{dq}(s)+Z_{-,dq}(s)\Delta I_{dq}^{*}(s)\\
&Z_{+,dq}(s)=\frac{Z_{dd}(s)+Z_{qq}(s)}{2}+\mathrm{j}\frac{Z_{qd}(s)-Z_{dq}(s)}{2}\\
&Z_{-,dq}(s)=\frac{Z_{dd}(s)-Z_{qq}(s)}{2}+\mathrm{j}\frac{Z_{qd}(s)+Z_{dq}(s)}{2}
\end{aligned} \tag{2-24}$$

式中，$\Delta U_{dq}(s)=\Delta U_d(s)+\mathrm{j}\Delta U_q(s)$；$\Delta I_{dq}(s)=\Delta I_d(s)+\mathrm{j}\Delta I_q(s)$；$\Delta I_{dq}^{*}(s)$ 为 $\Delta I_{dq}(s)$ 的共轭；$Z_{+,dq}(s)$ 和 $Z_{-,dq}(s)$ 为等效的复传递函数。

根据静止坐标与 dq 坐标之间的转换关系，dq 坐标阻抗矩阵 $\boldsymbol{Z}_{dq}(s)$ 与静止坐标频率耦合阻抗矩阵 $\boldsymbol{Z}_{abc}(s)$ 之间的转换关系式为[8]

$$\boldsymbol{Z}_{abc}(s)=\begin{bmatrix} Z_{+,dq}(s-\mathrm{j}\omega_1) & Z_{-,dq}(s-\mathrm{j}\omega_1) \\ Z_{-,dq}^{*}(s-\mathrm{j}\omega_1) & Z_{+,dq}^{*}(s-\mathrm{j}\omega_1) \end{bmatrix} \tag{2-25}$$

2.2.3 阻抗模型的扰动测辨方法

对于黑/灰箱设备，可采用基于小扰动注入的外特性测辨方法得到其阻抗模型。基本原理是，在设备端口处注入特定频率的扰动电压(或电流)，同时测量并记录端口的电压和电流增量，进而通过阻抗辨识算法得到设备的阻抗频率特性曲线，然后采用曲线拟合得到其阻抗模型的解析表达式。根据测试对象的不同，阻抗模型测辨可分为三大类。

① 基于离线仿真模型的阻抗测辨。

② 基于控制器硬件在环测试的阻抗测辨。

③ 基于真实物理设备的实验室或现场测辨。

虽然实际中的建模对象差异很大，但是模型测辨的实现原理基本一致。这里

以基于离线仿真模型的阻抗测辨为例进行说明。

黑/灰箱电力设备的阻抗测辨如图 2.5 所示。首先，在交流电网和目标电力设备之间注入幅值恰当(能激发可测量的振荡但不至于改变工作点和激发不利的非线性)的三相扰动电压 u_{ha}、u_{hb} 和 u_{hc}，其表达式为

$$\begin{cases} u_{ha} = A_{p1}\cos(\omega_{p1}t + \varphi_{p1}) + A_{p2}\cos(\omega_{p2}t + \varphi_{p2}) \\ u_{hb} = A_{p1}\cos\left(\omega_{p1}t + \varphi_{p1} - \dfrac{2\pi}{3}\right) + A_{p2}\cos\left(\omega_{p2}t + \varphi_{p2} - \dfrac{2\pi}{3}\right) \\ u_{hc} = A_{p1}\cos\left(\omega_{p1}t + \varphi_{p1} + \dfrac{2\pi}{3}\right) + A_{p2}\cos\left(\omega_{p2}t + \varphi_{p2} + \dfrac{2\pi}{3}\right) \end{cases} \tag{2-26}$$

式中，A_{p1} 和 A_{p2} 表示频率为 ω_{p1} 和 ω_{p2} 扰动电压分量的幅值；φ_{p1} 和 φ_{p2} 表示频率为 ω_{p1} 和 ω_{p2} 扰动电压分量的初相位。

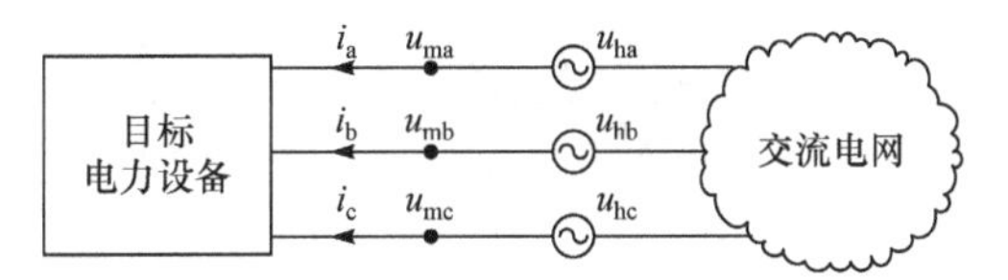

图 2.5　黑/灰箱电力设备的阻抗测辨

然后，测量并记录目标电力设备的端口三相电压(即 u_{ma}、u_{mb} 与 u_{mc})和流入的三相电流(即 i_a、i_b 与 i_c)信号。电压信号 u_{ma}、u_{mb}、u_{mc} 和电流信号 i_a、i_b、i_c 经过适当的滤波和快速傅里叶分析(fast Fourier transform，FFT)可以得到频率为 f_{p1} 和 f_{p2} 的电压向量$[\dot{U}_{p1\text{-}1}，\dot{U}_{p2\text{-}1}]^T$和电流向量$[\dot{I}_{p1\text{-}1}，\dot{I}_{p2\text{-}1}]^T$。类似地，改变信号中 A_{p1} 和 A_{p2} 后再进行一次扰动实验，可得另外一组电压向量$[\dot{U}_{p1\text{-}2}，\dot{U}_{p2\text{-}2}]^T$和电流向量$[\dot{I}_{p1\text{-}2}，\dot{I}_{p2\text{-}2}]^T$。继而，计算静止坐标系下的耦合阻抗矩阵，即

$$\begin{bmatrix} Z_{11} & Z_{12} \\ Z_{21} & Z_{22} \end{bmatrix} = \begin{bmatrix} \dot{U}_{p1\text{-}1} & \dot{U}_{p1\text{-}2} \\ \dot{U}^*_{p2\text{-}1} & \dot{U}^*_{p2\text{-}2} \end{bmatrix} \begin{bmatrix} \dot{I}_{p1\text{-}1} & \dot{I}_{p1\text{-}2} \\ \dot{I}^*_{p2\text{-}1} & \dot{I}^*_{p2\text{-}2} \end{bmatrix}^{-1} \tag{2-27}$$

在不同次/超同步频率上重复前述实验，即可得电力设备在次/超同步频段内的阻抗-频率特性曲线。采用曲线拟合或其他辨识方法可以得到阻抗矩阵模型中各元素的解析表达式。设已获得 N 个离散频率($f_{p1(1)},\cdots,f_{p1(N)}$或 $\omega_{p1(1)},\cdots,\omega_{p1(N)}$)点的阻抗模型 $Z_{ij(1)},\cdots,Z_{ij(N)}$ ($i, j=1,2$, 代表阻抗矩阵的四个元素之一，下同)，构造如下矩阵方程，即

$$\boldsymbol{Z}_{ij} = \boldsymbol{\Phi}_{ij}\boldsymbol{\theta}_{ij} \tag{2-28}$$

式中

$$\boldsymbol{Z}_{ij}=\begin{bmatrix} Z_{ij(1)} & \cdots & Z_{ij(k)} & \cdots & Z_{ij(N)} \end{bmatrix}^{\mathrm{T}} \tag{2-29}$$

$$\boldsymbol{\Phi}_{ij}=\begin{bmatrix} -\mathrm{j}\omega_{\mathrm{p1}(1)}Z_{ij(1)} & \cdots & -(\mathrm{j}\omega_{\mathrm{p1}(1)})^n Z_{ij(1)} & 1 & \cdots & (\mathrm{j}\omega_{\mathrm{p1}(1)})^m \\ \vdots & & \vdots & \vdots & & \vdots \\ -\mathrm{j}\omega_{\mathrm{p1}(k)}Z_{ij(k)} & \cdots & -(\mathrm{j}\omega_{\mathrm{p1}(k)})^n Z_{ij(k)} & 1 & \cdots & (\mathrm{j}\omega_{\mathrm{p1}(k)})^m \\ \vdots & & \vdots & \vdots & & \vdots \\ -\mathrm{j}\omega_{\mathrm{p1}(N)}Z_{ij(N)} & \cdots & -(\mathrm{j}\omega_{\mathrm{p1}(N)})^n Z_{ij(N)} & 1 & \cdots & (\mathrm{j}\omega_{\mathrm{p1}(N)})^m \end{bmatrix} \tag{2-30}$$

$$\boldsymbol{\theta}_{ij}=\begin{bmatrix} a_1 & \cdots & a_n & b_0 & \cdots & b_m \end{bmatrix}^{\mathrm{T}} \tag{2-31}$$

对于式(2-28)，使用多元线性回归工具，如 MATLAB 中的 regress 函数，输入向量 $\boldsymbol{Z}_{ij}$ 和矩阵 $\boldsymbol{\Phi}_{ij}$ 的值，求出 $\boldsymbol{\theta}_{ij}$ 。最后，将 $\boldsymbol{\theta}_{ij}=\begin{bmatrix} a_1 & \cdots & a_n & b_0 & \cdots & b_m \end{bmatrix}^{\mathrm{T}}$ 代入下式可得阻抗矩阵中每个元素的传递函数，即

$$Z_{ij}(s)=\frac{b_m s^m + b_{m-1}s^{m-1}+\cdots+b_1 s+b_0}{a_n s^n + a_{n-1}s^{n-1}+\cdots+a_1 s+1} \tag{2-32}$$

2.3　电压源变流器的阻抗模型

电力电子变流器是变速恒频风电机组的核心部件，大部分采用 VSC。例如，直驱风电机组通过 VSC 接入交流电网，双馈风电机组通过背靠背 VSC 对转子绕组进行交流激磁。因此，VSC 的阻抗建模精度将对风电系统的稳定性评估产生重要影响。近年来，已有大量文献探讨了 VSC 的阻抗模型，建模工作主要基于静止坐标系[6-8]和同步旋转坐标系[9-12]。根据其控制系统建模精细程度的不同，可将 VSC 的阻抗模型大致分为三类。

① 第一类阻抗模型仅考虑内环控制的作用，而忽略 PLL 和外环控制动态的影响[6]。

② 第二类阻抗模型同时考虑内环控制和 PLL 的动态，但忽略外环控制的影响[7,8]。

③ 第三类阻抗模型同时考虑 PLL、内环控制和外环控制(即变流器全阶控制)的动态特性。

在早期的研究中，主要采用第一类和第二类阻抗模型研究 VSC 与电网相互作用导致的中高频谐波动态问题[6,8]。与内环控制和 PLL 相比，外环控制的响应速度相对较慢。换言之，外环控制对 VSC 的高频动态特性影响较小，在分析中高频谐波动态问题时可以近似忽略其影响。然而，外环控制的响应特性会显著影响次/

超同步动态行为，在分析 SSSO 特性时不可忽略。

应用阻抗模型分析振荡问题，特别是 SSSO 问题时，需明确以下几个问题。

① 考虑全阶控制动态和频率耦合特性建立 VSC 阻抗模型。

② 阐明不同坐标系下考虑不同建模精度时 VSC 阻抗模型之间的关系和差异。

③ 明确什么样的阻抗模型才能用于 SSSO 稳定性的精准定量分析。

针对上述问题，下面以新疆哈密风电系统中实际应用的直驱风电机组网侧 VSC 为例，介绍该 VSC 的系统结构和控制策略，提出考虑其全阶控制时的阻抗建模方法，研究采用不同阻抗模型对次/超同步动态进行稳定性评估的效果和差异，明确可高精度分析 SSSO 的适用模型。

2.3.1 典型电压源变流器的系统结构与控制策略

电力电子变流器有多种不同的类型，其电路结构和控制策略也千差万别。本节虽以新疆哈密风电系统中某直驱风电机组所用的 VSC 为例进行论述，但所述阻抗建模技术可以推广应用于其他类型的变流器。

图 2.6 所示为典型 VSC 的系统结构和控制策略，由风电机组的制造厂商提供。VSC 中的传递函数表达式及变量符号如表 2.1 所示。对于通过 VSC 并网的直驱风电机组而言，其并网运行特性主要由网侧 VSC 的控制性能决定。为便于分析，将 VSC 直流侧之前的原动机部分简化为理想电流源 I_{dc}，通过调整该电流源的大小模拟原动机功率变化。电流源与 VSC 主电路之间的直流电容用于稳定直流电压和存储能量。设 VSC 主电路采用常见的三相两电平拓扑，包括 6 个全控型的绝缘栅双

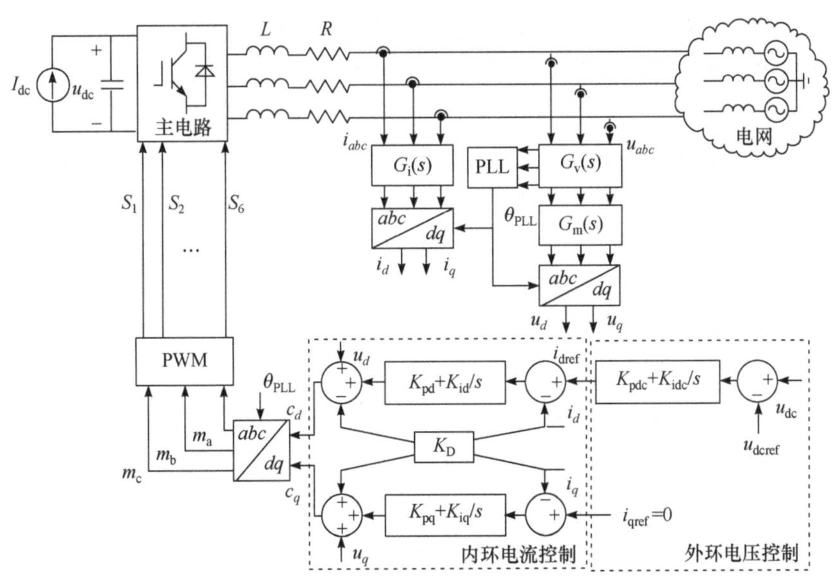

图 2.6　典型 VSC 的系统结构和控制策略

极型晶体管(insulated gate bipolar transistor，IGBT)，每个 IGBT 都与二极管反并联应用。VSC 输出端配备有 RL 接口电路，同时可限制高次谐波电流分量，满足并网谐波要求。

表 2.1　VSC 中的传递函数表达式及变量符号

传递函数及变量	符号含义
$G_{\mathrm{i}}(s)=\dfrac{G_{\mathrm{i}}}{1+sT_{\mathrm{i}}},G_{\mathrm{v}}(s)=\dfrac{G_{\mathrm{v}}}{1+sT_{\mathrm{v}}},G_{\mathrm{m}}(s)=\dfrac{G_{\mathrm{m}}}{1+sT_{\mathrm{m}}}$	G_{i}、G_{v}、G_{m}表示增益；T_{i}、T_{v}、T_{m}表示时间常数
$u_{\mathrm{dc}}, u_{\mathrm{dcref}}$	直流侧电压及其参考值
$i_{\mathrm{dref}}, i_{\mathrm{qref}}$	VSC 输出电流 i_d, i_q 的参考信号
i_d, i_q	VSC 输出电流的 d 轴和 q 轴分量
u_d, u_q	VSC 输出电压的 d 轴和 q 轴分量
c_d, c_q	dq 坐标下 VSC 输出电压参考值
$m_{\mathrm{a}}, m_{\mathrm{b}}, m_{\mathrm{c}}$	abc 坐标下 VSC 三相调制信号
$S_1, S_2,\cdots, S_6$	六路脉冲驱动信号
θ_{PLL}	PLL 输出角度
$K_{\mathrm{pdc}}, K_{\mathrm{pd}}, K_{\mathrm{pq}}$	比例增益
$K_{\mathrm{idc}}, K_{\mathrm{id}}, K_{\mathrm{iq}}$	积分增益
K_{D}	解耦增益，一般取 $\omega_1 L$

如图 2.6 所示，VSC 采用 dq 坐标系下的矢量控制。测量公共耦合点(point of common coupling，PCC)的三相电压 u_{abc} 和三相电流 i_{abc}，使用派克变换将二者转换到 dq 坐标下，得到电压 u_{dq} 和电流 i_{dq}，并用于反馈控制；采用双闭环控制结构，包括外环电压控制和内环电流控制，均采用经典的比例积分(proportional integral，PI)控制器。外环电压控制为内环控制提供电流参考信号，目的是维持直流侧电压 u_{dc} 恒定。内环电流控制为脉冲宽度调制(pulse width modulation，PWM)提供电压参考信号，目的是让 VSC 输出电流能快速跟踪电流参考值；电压参考信号经过派克反变换转换为 abc 坐标系下的三相调制信号，进而控制 VSC 主电路输出相应的电压波形。

PLL 通过追踪 PCC 点的电压相位为矢量控制中的派克变换和派克反变换提供变换角度。图 2.7 所示为典型 VSC 中 PLL 基本结构。由此可见，PCC 电压的 q 轴分量通过 PI 控制和积分环节可实现并网点电压相位跟踪。

PLL 中坐标变换矩阵 $\boldsymbol{T}_{dq}$ 的表达式为

$$
\boldsymbol{T}_{dq}=\frac{2}{3}\begin{bmatrix}\cos(\theta_{\text{PLL}}) & \cos\left(\theta_{\text{PLL}}-\dfrac{2}{3}\pi\right) & \cos\left(\theta_{\text{PLL}}+\dfrac{2}{3}\pi\right)\\ -\sin(\theta_{\text{PLL}}) & -\sin\left(\theta_{\text{PLL}}-\dfrac{2}{3}\pi\right) & -\sin\left(\theta_{\text{PLL}}+\dfrac{2}{3}\pi\right)\end{bmatrix} \tag{2-33}
$$

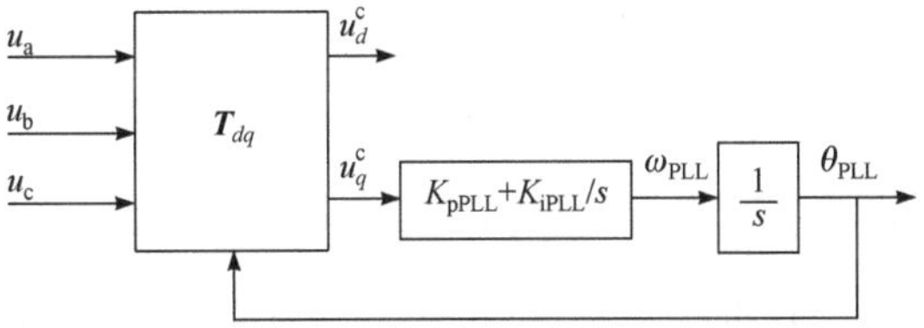

图 2.7　PLL 基本结构

2.3.2　电压源变流器的阻抗建模

早期阻抗建模工作表明，VSC 高频段正序阻抗与负序阻抗之间的耦合作用非常弱，因此在建模过程中忽略两者之间的耦合，分别建立 VSC 的正序和负序阻抗模型，即正负序解耦的一维阻抗模型[6]。后续研究表明，PLL 等环节使 VSC 中低频段的阻抗在互补频率(即两正序分量频率之和为 2 倍工频，或者正、负序分量频率之差为 2 倍工频)之间的耦合作用增强，因此需进一步推导计及频率耦合的二维阻抗矩阵模型[7,8]。本节以图 2.6 所示的 VSC 并网系统为例，考虑不同的建模精细程度，建立四种阻抗模型。

1. 静止坐标系下正负序解耦的阻抗模型

采用谐波线性化技术建立仅考虑内环控制时变流器的阻抗模型，称为阻抗模型 1(impedance model #1，IM1)。其包含的控制环节如表 2.2 和图 2.8 所示。在推导过程中，忽略互补频率分量之间的耦合作用，以及外环控制和 PLL 动态，并假设直流侧电压为恒定值 U_{dc}。考虑的环节包括内环控制、解耦增益、前馈电压、RL 滤波器、$G_{\text{i}}(s)$、$G_{\text{v}}(s)$和 $G_{\text{m}}(s)$。

表 2.2　VSC 不同阻抗模型中包含的控制环节

阻抗模型	IM1	IM2	IM3	IM4
内环 PI 控制	√	√	√	√
外环 PI 控制	×	×	×	√
解耦增益 K_{D}	√	√	×	√
前馈电压 u_d、u_q	√	√	×	√
PLL	×	√	√	√
RL 滤波器	√	√	√	√

续表

阻抗模型	IM1	IM2	IM3	IM4
u_{dc} 动态	×	×	×	√
$G_i(s)$、$G_v(s)$、$G_m(s)$	√	√	√	√

注：“√” 表示包括；“×” 表示不包括。

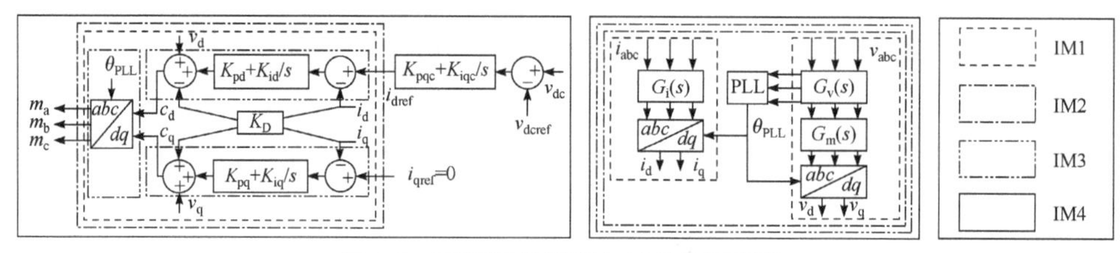

图 2.8　不同阻抗模型包括的控制环节

基于图 2.6，推导可得 IM1 的正序阻抗，即

$$Z_{\text{p-IM1}}(s)=\frac{sL+K_{\mathrm{m}}U_{\mathrm{dc}}\left[K_{\mathrm{p}}+K_{\mathrm{i}}/(s-\mathrm{j}\omega_1)-\mathrm{j}K_{\mathrm{D}}\right]G_{\mathrm{i}}(s)}{1-K_{\mathrm{m}}U_{\mathrm{dc}}G_{\mathrm{v}}(s)G_{\mathrm{m}}(s)} \tag{2-34}$$

式中，K_m 表示调制比；U_{dc} 表示直流电压；$K_p=K_{pd}=K_{pq}$；$K_i=K_{id}=K_{iq}$；$\omega_1=2\pi f_1$，$f_1=50\text{Hz}$。

IM1 的负序阻抗表达式为

$$Z_{\text{n-IM1}}(s)=\frac{sL+K_{\mathrm{m}}U_{\mathrm{dc}}\left[K_{\mathrm{p}}+K_{\mathrm{i}}/(s+\mathrm{j}\omega_1)+\mathrm{j}K_{\mathrm{D}}\right]G_{\mathrm{i}}(s)}{1-K_{\mathrm{m}}U_{\mathrm{dc}}G_{\mathrm{v}}(s)G_{\mathrm{m}}(s)} \tag{2-35}$$

同理，采用谐波线性化技术建立考虑内环控制和 PLL 动态时的阻抗模型，称为阻抗模型 2(IM2)。其包含的控制环节如表 2.2 和图 2.8 所示。推导过程忽略外环控制动态和互补频率分量之间的耦合作用，并假设直流侧电压为恒定值 U_{dc}。考虑的环节包括内环控制、解耦增益、前馈电压、PLL 动态、RL 滤波器、$G_i(s)$、$G_v(s)$和 $G_m(s)$。

基于图 2.6，推导可得 IM2 的正序阻抗，即

$$Z_{\text{p-IM2}}(s)=\frac{sL+K_{\mathrm{m}}U_{\mathrm{dc}}G_2(s)}{1-K_{\mathrm{m}}U_{\mathrm{dc}}(G_{\mathrm{v}}(s)G_{\mathrm{m}}(s)+G_1(s))}$$

$$\begin{cases}G_1(s)=\dfrac{T_{\text{PLL-sp}}(s)G_{\mathrm{v}}(s)}{2U_d}\left[(I_d+\mathrm{j}I_q)H_{\mathrm{sp}}(s)+C_d+\mathrm{j}C_q-U_d\right]\\ G_2(s)=H_{\mathrm{sp}}(s)G_{\mathrm{i}}(s)\\ H_{\mathrm{sp}}(s)=K_{\mathrm{p}}+K_{\mathrm{i}}/(s-\mathrm{j}\omega_1)-\mathrm{j}K_{\mathrm{D}}\\ T_{\text{PLL-sp}}(s)=U_dH_{\text{PLL-sp}}(s)/(1+U_dH_{\text{PLL-sp}}(s))\\ H_{\text{PLL-sp}}(s)=\left[K_{\text{pPLL}}+K_{\text{iPLL}}/(s-\mathrm{j}\omega_1)\right]\left[1/(s-\mathrm{j}\omega_1)\right]\end{cases} \tag{2-36}$$

式中，K_{pPLL}、K_{iPLL}为比例、积分增益；I_d、I_q为 VSC 输出电流 i_d、i_q的稳态值；C_d、C_q为输出电压参考值 c_d、c_q的稳态值；U_d为电压 u_d的稳态值。

IM2 的负序阻抗可表示为

$$Z_{\text{n-IM2}}(s)=\frac{sL+K_{\text{m}}U_{\text{dc}}G_4(s)}{1-K_{\text{m}}U_{\text{dc}}(G_{\text{v}}(s)G_{\text{m}}(s)+G_3(s))}$$

$$\begin{cases}G_3(s)=\dfrac{T_{\text{PLL-sn}}(s)G_{\text{v}}(s)}{2U_d}\left[(I_d-\text{j}I_q)H_{\text{sn}}(s)+C_d-\text{j}C_q-U_d\right]\\G_4(s)=H_{\text{sn}}(s)G_{\text{i}}(s)\\H_{\text{sn}}(s)=K_{\text{p}}+K_{\text{i}}/(s+\text{j}\omega_1)+\text{j}K_{\text{D}}\\T_{\text{PLL-sn}}(s)=U_dH_{\text{PLL-sn}}(s)/(1+U_dH_{\text{PLL-sn}}(s))\\H_{\text{PLL-sn}}(s)=\left[K_{\text{pPLL}}+K_{\text{iPLL}}/(s+\text{j}\omega_1)\right]\left[1/(s+\text{j}\omega_1)\right]\end{cases}\tag{2-37}$$

2. 静止坐标系下考虑频率耦合的阻抗矩阵模型

研究表明[8]，中低频段变流器的互补频率分量之间存在强耦合，在分析中不能忽略。在次/超同步频段内，互补频率分量之间的耦合即次/超同步分量之间的耦合。采用谐波线性化技术建立考虑内环控制、PLL，以及次/超同步分量耦合特性时变流器的阻抗模型，称为阻抗模型 3(IM3)。其包含的控制环节如表 2.2 和图 2.8 所示。在推导过程中，忽略外环控制动态、解耦增益和前馈电压，并假设直流侧电压为恒定值 U_{dc}。考虑的环节包括内环控制、PLL 动态、RL 滤波器、$G_{\text{i}}(s)$、$G_{\text{v}}(s)$和 $G_{\text{m}}(s)$。

当考虑次/超同步耦合效应时，需要用二维阻抗矩阵表征变流器的阻抗模型，经过推导可得变流器的频率耦合导纳矩阵模型[8]，即

$$\boldsymbol{Y}_{\text{pn}}(s)=\begin{bmatrix}Y_{\text{p}}(s) & J_{\text{n}}(s-2\text{j}\omega_1)\\J_{\text{p}}(s) & Y_{\text{n}}(s-2\text{j}\omega_1)\end{bmatrix}\tag{2-38}$$

式中，$Y_{\text{p}}(s)$、$J_{\text{n}}(s)$、$J_{\text{p}}(s-2\text{j}\omega_1)$、$Y_{\text{n}}(s-2\text{j}\omega_1)$为导纳矩阵模型中的 4 个元素[8]。

为方便后续比较分析，对导纳矩阵模型求逆，得到的变流器阻抗矩阵模型为

$$\boldsymbol{Z}_{abc\text{-IM3}}(s)=\begin{bmatrix}Z_{11}(s) & Z_{12}(s)\\Z_{21}(s) & Z_{22}(s)\end{bmatrix}\tag{2-39}$$

式中，$Z_{11}(s)$、$Z_{12}(s)$、$Z_{21}(s)$、$Z_{22}(s)$为阻抗矩阵模型中的 4 个元素。

3. dq 坐标系下考虑全阶控制动态的变流器阻抗模型

上述建模过程采用谐波线性化方法建立仅考虑内环控制，同时考虑内环控制

和 PLL 时变流器的阻抗模型，即 IM1 和 IM2。然而，当考虑 VSC 全阶控制(即内环、外环控制和 PLL)动态时，采用谐波线性化方法推导其阻抗模型将非常烦琐。因此，为推导简便，此前的研究通常忽略外环控制，对应 IM3。

在这里,我们试图考虑全阶控制动态和频率耦合构建变流器的频域阻抗模型，提出的建模方法基于 *dq* 坐标系。但是，VSC 一般通过 PLL 追踪 PCC 点电压相位实现同步并网。因此，动态过程实际上有两个 *dq* 坐标系，一个是电网系统的 *dq* 坐标系，另一个是变流器控制器内部的 *dq* 坐标系。一般而言，系统 *dq* 坐标系由电网电压确定，控制器 *dq* 坐标系通过变流器 PLL 追踪机端电压的频率和相位确定。每台变流器控制器均有其自身的 *dq* 坐标系。在稳态情况下，两个 *dq* 坐标系重合。当电网电压遭受小扰动时，系统 *dq* 坐标系发生变化。此时，由于 PLL 的动态，控制器 *dq* 坐标系将不再与系统 *dq* 坐标系重合，建模的基本思路是，先推导变流器在自身控制器 *dq* 坐标系下的小信号模型，考虑 PLL 动态后，将该模型转换到系统 *dq* 坐标系下，进而得到其在系统 *dq* 坐标系下的阻抗矩阵模型。

首先，在 VSC 控制器 *dq* 坐标系下，建立图 2.6 所示的 VSC 系统的非线性动态方程模型，包括内外环控制、PLL 等。在稳态工作点将其线性化为小信号状态方程模型，假设小信号模型的控制量是机端电压 $u_{dq}=[u_d, u_q]^{\mathrm{T}}$，输出量是机端电流 $i_{dq}=[i_d, i_q]^{\mathrm{T}}$，则 VSC 的小信号状态方程模型可表示为式(2-21)。

控制器 *dq* 坐标系与系统 *dq* 坐标系之间的关系如图 2.9 所示。δ_{g} 表示两个坐标系之间的角度。因此，在动态过程中，变量在控制器 *dq* 坐标系与系统 *dq* 坐标系之间的转换关系可表示为

$$\begin{bmatrix}\Delta x_d\\ \Delta x_q\end{bmatrix}=\begin{bmatrix}\cos\delta_{\mathrm{g0}} & -\sin\delta_{\mathrm{g0}}\\ \sin\delta_{\mathrm{g0}} & \cos\delta_{\mathrm{g0}}\end{bmatrix}\begin{bmatrix}\Delta x_{\mathrm{u}d}\\ \Delta x_{\mathrm{u}q}\end{bmatrix}+\begin{bmatrix}-\sin\delta_{\mathrm{g0}} & -\cos\delta_{\mathrm{g0}}\\ \cos\delta_{\mathrm{g0}} & -\sin\delta_{\mathrm{g0}}\end{bmatrix}\begin{bmatrix}x_{\mathrm{u}d0}\\ x_{\mathrm{u}q0}\end{bmatrix}\Delta\delta_{\mathrm{g}} \tag{2-40}$$

$$\begin{bmatrix}\Delta x_{\mathrm{u}d}\\ \Delta x_{\mathrm{u}q}\end{bmatrix}=\begin{bmatrix}\cos\delta_{\mathrm{g0}} & \sin\delta_{\mathrm{g0}}\\ -\sin\delta_{\mathrm{g0}} & \cos\delta_{\mathrm{g0}}\end{bmatrix}\begin{bmatrix}\Delta x_d\\ \Delta x_q\end{bmatrix}+\begin{bmatrix}-\sin\delta_{\mathrm{g0}} & \cos\delta_{\mathrm{g0}}\\ -\cos\delta_{\mathrm{g0}} & -\sin\delta_{\mathrm{g0}}\end{bmatrix}\begin{bmatrix}x_{d0}\\ x_{q0}\end{bmatrix}\Delta\delta_{\mathrm{g}} \tag{2-41}$$

式中，x 为电压或电流；下标 d 和 q、ud 和 uq 分别表示控制器 *dq* 坐标系和系统 *dq* 坐标系；下标 0 表示稳态值。

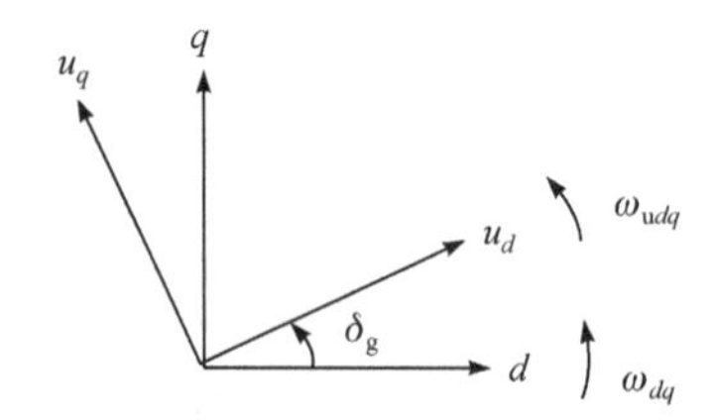

图 2.9　控制器 *dq* 坐标系与系统 *dq* 坐标系之间的关系

不同 *dq* 坐标系下的 VSC 模型如图 2.10 所示。虚线框内表示的是 VSC 在控

制器 dq 坐标系下的小信号状态方程模型。式(2-40)、式(2-41)和 PLL 的动态方程可分别表示为

$$\begin{cases}\Delta\dot{X}_1 = A_1\Delta X_1 + \boldsymbol{B}_1\Delta\boldsymbol{U}_1 \\ \Delta\boldsymbol{Y}_1 = \boldsymbol{C}_1\Delta X_1 + \boldsymbol{D}_1\Delta\boldsymbol{U}_1\end{cases} \tag{2-42}$$

$$\begin{cases}\Delta\dot{X}_2 = A_2\Delta X_2 + \boldsymbol{B}_2\Delta\boldsymbol{U}_2 \\ \Delta\boldsymbol{Y}_2 = \boldsymbol{C}_2\Delta X_2 + \boldsymbol{D}_2\Delta\boldsymbol{U}_2\end{cases} \tag{2-43}$$

$$\Delta\delta_{\mathrm{g}} = \mathrm{TF}_{\mathrm{PLL}}(s)\cdot\Delta u_{\mathrm{u}q}$$

$$\begin{cases}\mathrm{TF}_{\mathrm{PLL}}(s) = U_d H_{\mathrm{PLL}}(s)/(1+U_d H_{\mathrm{PLL}}(s)) \\ H_{\mathrm{PLL}}(s) = (K_{\mathrm{pPLL}} + K_{\mathrm{iPLL}}/s)(1/s)\end{cases} \tag{2-44}$$

式中，A_1=0；$\boldsymbol{B}_1$=[0, 0, 0]；$\boldsymbol{C}_1=[0, 0]^{\mathrm{T}}$；$\boldsymbol{D}_1$=[$\cos\delta_{\mathrm{g0}}$, $-\sin\delta_{\mathrm{g0}}$, $-x_{\mathrm{u}d0}\sin\delta_{\mathrm{g0}}-x_{\mathrm{u}q0}\cos\delta_{\mathrm{g0}}$；$\sin\delta_{\mathrm{g0}}$, $\cos\delta_{\mathrm{g0}}$, $x_{\mathrm{u}d0}\cos\delta_{\mathrm{g0}}-x_{\mathrm{u}q0}\sin\delta_{\mathrm{g0}}$]；$\Delta\boldsymbol{U}_1=[\Delta u_{\mathrm{u}d}, \Delta u_{\mathrm{u}q}, \Delta\delta_{\mathrm{g}}]^{\mathrm{T}}$；$\Delta\boldsymbol{Y}_1=[\Delta u_d, \Delta u_q]^{\mathrm{T}}$；$\Delta X_1$ 为状态变量增量；A_2=0；$\boldsymbol{B}_2$=[0, 0, 0]；$\boldsymbol{C}_2=[0, 0]^{\mathrm{T}}$；$\boldsymbol{D}_2$=[$\cos\delta_{\mathrm{g0}}$, $\sin\delta_{\mathrm{g0}}$, $-x_{d0}\sin\delta_{\mathrm{g0}}+x_{q0}\cos\delta_{\mathrm{g0}}$；$-\sin\delta_{\mathrm{g0}}$, $\cos\delta_{\mathrm{g0}}$, $-x_{d0}\cos\delta_{\mathrm{g0}}-x_{q0}\sin\delta_{\mathrm{g0}}$]；$\Delta\boldsymbol{U}_2=[\Delta i_d, \Delta i_q, \Delta\delta_{\mathrm{g}}]^{\mathrm{T}}$；$\Delta\boldsymbol{Y}_2=[\Delta i_{\mathrm{u}d}, \Delta i_{\mathrm{u}q}]^{\mathrm{T}}$；$\Delta X_2$ 为状态变量增量；$\mathrm{TF}_{\mathrm{PLL}}(s)$为 PLL 的传递函数。

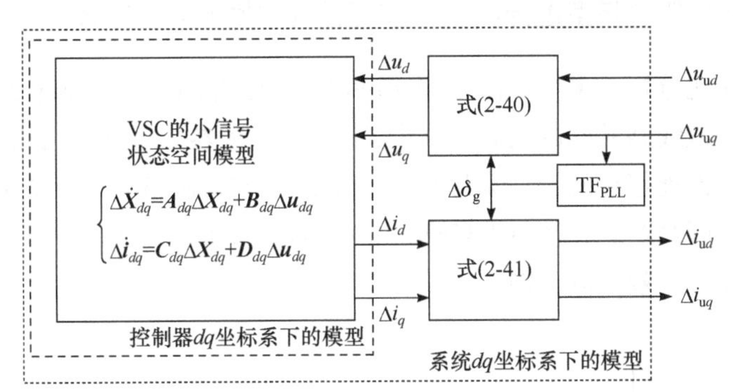

图 2.10　不同 dq 坐标系下的 VSC 模型

将VSC在控制器 dq 坐标系下的小信号状态方程(2-21)、坐标变换关系式(2-42)和式(2-43)，以及 PLL 模型式(2-44)联立起来，可以推导得到 VSC 在系统 dq 坐标系下的小信号模型，即

$$\begin{cases}\Delta\dot{\boldsymbol{X}}_{\mathrm{u}dq} = \boldsymbol{A}_{\mathrm{u}dq}\Delta\boldsymbol{X}_{\mathrm{u}dq} + \boldsymbol{B}_{\mathrm{u}dq}\Delta\boldsymbol{u}_{\mathrm{u}dq} \\ \Delta\boldsymbol{i}_{\mathrm{u}dq} = \boldsymbol{C}_{\mathrm{u}dq}\Delta\boldsymbol{X}_{\mathrm{u}dq} + \boldsymbol{D}_{\mathrm{u}dq}\Delta\boldsymbol{u}_{\mathrm{u}dq}\end{cases} \tag{2-45}$$

式中，$\Delta\boldsymbol{X}_{\mathrm{u}dq}$、$\Delta\boldsymbol{u}_{\mathrm{u}dq}$ 和 $\Delta\boldsymbol{i}_{\mathrm{u}dq}$ 为状态、控制和输出矢量增量；$\Delta\boldsymbol{u}_{\mathrm{u}dq}=[\Delta u_{\mathrm{u}d}, \Delta u_{\mathrm{u}q}]^{\mathrm{T}}$；$\Delta\boldsymbol{i}_{\mathrm{u}dq}=[\Delta i_{\mathrm{u}d}, \Delta i_{\mathrm{u}q}]^{\mathrm{T}}$；$\boldsymbol{A}_{\mathrm{u}dq}$、$\boldsymbol{B}_{\mathrm{u}dq}$、$\boldsymbol{C}_{\mathrm{u}dq}$ 和 $\boldsymbol{D}_{\mathrm{u}dq}$ 为相应的系数矩阵。

对式(2-45)进行 Laplace 变换，在 s 域内推导 VSC 端口电压与电流之间的关系，

可得

$$\begin{cases}\Delta \boldsymbol{i}_{\mathrm{u}dq}(s)=\boldsymbol{Z}_{\mathrm{VSC}}^{-1}(s)\Delta \boldsymbol{u}_{\mathrm{u}dq}(s)\\ \boldsymbol{Z}_{dq\text{-VSC}}(s)=\boldsymbol{C}_{\mathrm{u}dq}(s\boldsymbol{I}-\boldsymbol{A}_{\mathrm{u}dq})^{-1}\boldsymbol{B}_{\mathrm{u}dq}+\boldsymbol{D}_{\mathrm{u}dq}\end{cases} \tag{2-46}$$

式中，$\boldsymbol{Z}_{dq\text{-VSC}}(s)$为变流器在系统 dq 坐标系下的阻抗矩阵模型，即

$$\boldsymbol{Z}_{dq\text{-VSC}}(s)=\begin{bmatrix} Z_{\mathrm{u}dd\text{-VSC}}(s) & Z_{\mathrm{u}dq\text{-VSC}}(s)\\ Z_{\mathrm{u}qd\text{-VSC}}(s) & Z_{\mathrm{u}qq\text{-VSC}}(s)\end{bmatrix} \tag{2-47}$$

采用式(2-24)和式(2-25)中的转换关系，可将 dq 坐标下的阻抗矩阵模型式(2-47)转换为静止坐标系下的频率耦合阻抗矩阵模型，称为阻抗模型 4(IM4)。其包含的控制环节如表 2.2 和图 2.8 所示。该模型考虑 VSC 全阶控制动态和频率耦合特性，即

$$\boldsymbol{Z}_{abc\text{-IM4}}(s)=\begin{bmatrix} Z_{11}(s) & Z_{12}(s)\\ Z_{21}(s) & Z_{22}(s)\end{bmatrix} \tag{2-48}$$

2.3.3　采用不同阻抗模型进行次/超同步振荡稳定性评估的对比

为开展对比分析，采用如图 2.11 所示的 VSC 并网系统模型来近似代表直驱风电机组经交流线路并网的场景。图中，n 台结构和参数完全一致的 VSC 通过各自的箱式变压器连接于同一汇集母线。VSC 结构和控制策略如图 2.6 所示。其发出的功率通过两级变压器 T2(35kV/110kV)和 T3(110kV/220kV)升压后，再经 220kV 线路接入等效交流电网。

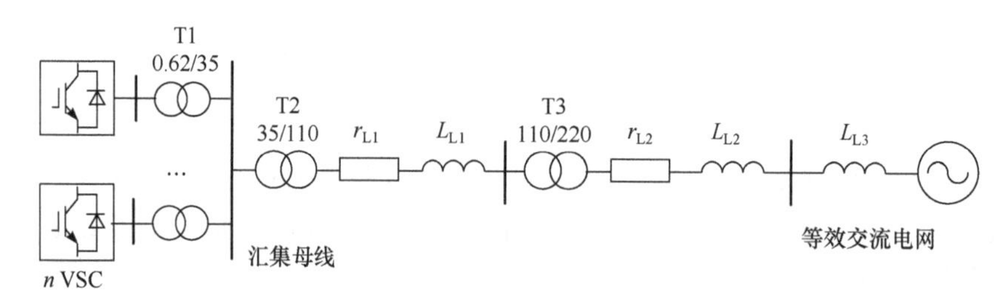

图 2.11　VSC 并网系统模型

模型中的 VSC 具体参数参考新疆哈密风电系统 1.5MW 直驱风电机组的网侧变流器(grid-side converter，GSC)，由厂家提供。输电线和变压器的阻抗参数如表 2.3 所示。

表 2.3　输电线和变压器的阻抗参数(基准容量 S_B =1500MVA)

阻抗参数	数值/pu	阻抗参数	数值/pu
r_{L1}	0.02	r_{L2}	0.05
L_{L1}	0.12	L_{L2}	0.65
L_{L3}	0.08	L_{T1}	0.06
L_{T2}	0.07	L_{T3}	0.15

针对上述 VSC 并网系统，采用四种阻抗模型评估 SSSO 的稳定性。IM1 和 IM2 的互补频率间是解耦的，而 IM3 和 IM4 则考虑频率耦合效应。因此，对于 IM1 和 IM2，采用正序阻抗开展稳定性分析；对于 IM3 和 IM4，采用耦合阻抗矩阵模型进行分析。对应地，变流器并网系统的整体阻抗可表示为

$$Z_T(s)=Z_{VSC}(s)/n+Z_{Line}(s) \tag{2-49}$$

$$\boldsymbol{Z}_{T\text{-}abc}(s)=\boldsymbol{Z}_{VSC\text{-}abc}(s)/n+\boldsymbol{Z}_{Line\text{-}abc}(s) \tag{2-50}$$

式中，n 为并网变流器的数目；$Z_{VSC}(s)$为 IM1 或 IM2 的正序阻抗模型；$Z_{Line}(s)=r_\Sigma+sL_\Sigma$ 为交流电网的正序阻抗，总等效电阻 $r_\Sigma=r_{L1}+r_{L2}$，总等效电感 $L_\Sigma=L_{L1}+L_{L2}+L_{L3}+L_{T2}+L_{T3}+L_{T1}/n$；$\boldsymbol{Z}_{VSC\text{-}abc}(s)$为 IM3 或 IM4 的频率耦合阻抗矩阵模型；$\boldsymbol{Z}_{Line\text{-}abc}(s)$为交流电网的频率耦合阻抗矩阵，即

$$\boldsymbol{Z}_{Line\text{-}abc}(s)=\begin{bmatrix} Z_{Line}(s) & 0 \\ 0 & Z_{Line}(s-2j\omega_1) \end{bmatrix} \tag{2-51}$$

假设图 2.11 中交流电网内(例如等效电感 L_{L3} 处)存在扰动电压源 $U(s)$，会产生同频率的电流，且可由下式计算，即

$$I(s)=U(s)/Z_T(s) \tag{2-52}$$

$$\boldsymbol{I}_{abc}(s)=\boldsymbol{U}(s)\boldsymbol{Z}_{T\text{-}abc}^{-1}(s) \tag{2-53}$$

线性系统的稳定性决定于系统特征值，即 $1/Z_T(s)$或 $\boldsymbol{Z}_{T\text{-}abc}^{-1}(s)$ 的极点，或者是 $Z_T(s)$或 $\boldsymbol{Z}_{T\text{-}abc}(s)$行列式的零点。

为便于分析，设定如下典型工况：700 台 VSC 并网运行，每台 VSC 的输出有功功率为额定容量的 5%。在该工况下，VSC 接入处的短路比(short circuit ratio，SCR)可通过计算汇集母线处的短路容量与变流器总装机容量之比得到，即

$$\text{SCR}=\frac{S_B/L_{\Sigma1}}{nS_{VSC}}\approx 1.34 \tag{2-54}$$

式中，每台变流器的额定容量 S_{VSC}=1.5 MVA；$L_{\Sigma1}=L_{L1}+L_{L2}+L_{L3}+L_{T2}+L_{T3}$ 为电感(或

电抗)标幺值。

可见，该工况下的 SCR 很小，表明 VSC 集群接入了非常弱的交流电网。当采用 IM1 或者 IM2 时，计算式(2-49)中 $Z_T(s)$的零点，当采用 IM3 或者 IM4 时，计算式(2-50)中 $\boldsymbol{Z}_{\text{T-}abc}(s)$行列式的零点，均可得到系统的特征值。在 dq 坐标系下，建立系统的小信号状态方程模型，并计算上述工况下的特征值。为便于比较，将 dq 坐标系下的特征值转换到静止坐标系下[7]，采用不同阻抗模型得到的特征值与采用状态空间模型得到的特征值对比如表 2.4 所示。

表 2.4　采用不同阻抗模型得到的特征值与采用状态空间模型得到的特征值对比

编号	IM1	IM2	IM3	IM4	特征值
1	–4.46 + j472.81	–19.63 + j474.61	–14.95 + j534.54	–410.92 + j81815.47	–410.92 + j81815.47
2	–234.04 – j116.77	–196.82 – j148.82	–1101.88 – j115.13	–410.92 – j81187.15	–410.92 – j81187.15
3	–54.28 + j3.59	–54.15 + j3.61	–193.69 – j26.76	–411.53 + j81187.14	–411.53 + j81187.14
4	–683.06 – j45.48	–18.01 + j314.16	–25280.31 + j314.19	–411.53 – j80558.82	–411.53 – j80558.82
5		–711.64 + j117.78	–123.67 + j255.67	–914.92 + j314.16	–914.92 + j314.16
6		–25275.59 + j181.15	–244.96 + j282.06	–742.4 + j314.16	–742.46 + j314.16
7			–539.92 + j399.58	–695.76 + j314.16	–695.76 + j314.16
8			–26062.22 + j304.69	–115.75 + j800.38	–115.75 + j800.38
9			–93.27 + j409.51	–115.75 – j172.06	–115.75 – j172.06
10			–402.81 – j619.99	3.19 + j507.43	3.19 + j507.43
11			–13.58 + j845.07	3.19 + j120.89	3.19 + j120.89
12			–349.11 + j1691.32	–41.06 + j314.16	–41.06 + j314.16
13			–18.01 + j314.15	–48.83 + j339.92	–48.83 + j339.92
14			–18.01 + j314.15	–48.83 + j288.39	–48.83 + j288.39
15				–12.71 + j331.44	–12.71 + j331.44
16				–12.71 + j296.88	–12.71 + j296.88

由表 2.4 可知，采用 IM1、IM2、IM3 和 IM4 计算得到的特征值个数分别为 4、6、14 和 16 个。可见，当采用的阻抗模型越精细且考虑次/超同步频率耦合特性时，能得到更多的特征值，能够更有效地反映系统动态。采用 IM1、IM2 和 IM3 得到的所有特征值均具有负实部，说明系统保持稳定运行。然而，当采用 IM4 时，

两个特征值具有正实部(表 2.4 中特征值 10 和 11)，对应的频率分别为 80.76Hz 和 19.24Hz。这两个频率与 dq 坐标系下的互补频率 30.76Hz 相对应，即 50 + 30.76 = 80.76Hz 和 50 – 30.76 =19.24Hz，表明系统存在不稳定的 SSSO 模式。

由表 2.4 同时可知，考虑全阶控制动态和频率耦合特性的 IM4 计算得到的特征值与小扰动状态空间模型分析得到的特征值结果相同，说明采用频域阻抗模型和时域状态空间模型分析的一致性。进一步，可在 PSCAD/EMTDC、EMTP 等软件中建立图 2.11 系统的详细电磁暂态模型，进行非线性时域仿真验证模型分析的准确性。结果表明，采用 IM4 进行 SSSO 稳定性分析得到的结论与时域仿真一致，即系统在该工况下确实存在频率为 19.24Hz 和 80.76Hz 的不稳定 SSSO，而基于 IM1～IM3 分析得到的结论(即 SSSO 稳定)是错误的。这表明，考虑全阶控制动态和频率耦合的 VSC 阻抗模型才能用于 SSSO 稳定性的精准定量分析；否则，可能得到不准确，甚至错误的评估结果。

2.3.4　全工况耦合阻抗模型及其测辨方法

对于 VSC 等非线性设备，阻抗模型是在其某个工作点小范围线性化得到的，特定工况的阻抗模型不能准确表示其他工况的动态特性。研究发现，在次/超同步频段，运行工况对阻抗模型的影响非常显著[13]。

对于白箱设备或系统，由于控制参数和结构等细节已知，理论推导得到的阻抗模型包含工况参数。其本身就是一种以运行工况为变量的全工况模型。对于黑/灰箱设备或系统，由于控制参数或结构完全或部分未知，无法直接采用机理构建方法获得全工况模型。若采用注入扰动的测辨方法获得全工况模型，考虑阻抗模型随工况时变，通过在整个运行范围内逐个工作点开展阻抗测辨，效率极低。为解决这一问题，我们研发了一种可用于黑/灰箱设备或系统的高效建模方法，通过有限次扰动测试即可得到全工况耦合阻抗模型。

为了实现全工况阻抗模型测辨，需要找出变流器阻抗模型与工况变量之间的通用性关系，其中工况变量一般用 PCC 点的工频电压 $\dot{U}_1$ 和工频电流 $\dot{I}_1$ 表示，即阻抗模型关于 $\dot{U}_1$ 和 $\dot{I}_1$ 的关系式，即对应设备或系统的全工况阻抗模型。文献[13]通过对白箱式 VSC 模型的推导，总结出 VSC 导纳模型的通用表达式，即

$$\begin{cases} Y_{ij} = \dfrac{\boldsymbol{x}^{\mathrm{T}} \boldsymbol{A}_{ij} \boldsymbol{x}}{\boldsymbol{x}^{\mathrm{T}} \boldsymbol{A}_0 \boldsymbol{x}} \\ \boldsymbol{x} = \begin{bmatrix} 1 & \dot{U}_1 & \dot{I}_1 & \dot{I}_1^* \end{bmatrix}^{\mathrm{T}} \end{cases}, \quad i,j=1,2 \tag{2-55}$$

式中，$\boldsymbol{x}$ 为工况向量；$\boldsymbol{A}_{ij}$、$\boldsymbol{A}_0$ 为四阶模型参数方阵，可表示为

$$
\begin{cases}
\boldsymbol{A}_0=\boldsymbol{a}_1\boldsymbol{a}_4^{\mathrm{T}}-\boldsymbol{a}_2\boldsymbol{a}_3^{\mathrm{T}}\\
\boldsymbol{A}_{11}=\boldsymbol{b}_1\boldsymbol{a}_4^{\mathrm{T}}-\boldsymbol{b}_3\boldsymbol{a}_2^{\mathrm{T}}+(\boldsymbol{c}_1\boldsymbol{a}_4^{\mathrm{T}}-\boldsymbol{c}_3\boldsymbol{a}_2^{\mathrm{T}})(\gamma+\dot{U}_1)^{-1}\\
\boldsymbol{A}_{12}=\boldsymbol{b}_2\boldsymbol{a}_4^{\mathrm{T}}-\boldsymbol{b}_4\boldsymbol{a}_2^{\mathrm{T}}+(\boldsymbol{c}_2\boldsymbol{a}_4^{\mathrm{T}}-\boldsymbol{c}_4\boldsymbol{a}_2^{\mathrm{T}})(\gamma+\dot{U}_1)^{-1}\\
\boldsymbol{A}_{21}=\boldsymbol{a}_1\boldsymbol{b}_3^{\mathrm{T}}-\boldsymbol{a}_3\boldsymbol{b}_1^{\mathrm{T}}+(\boldsymbol{a}_1\boldsymbol{c}_3^{\mathrm{T}}-\boldsymbol{a}_3\boldsymbol{c}_1^{\mathrm{T}})(\gamma+\dot{U}_1)^{-1}\\
\boldsymbol{A}_{22}=\boldsymbol{a}_1\boldsymbol{b}_4^{\mathrm{T}}-\boldsymbol{a}_3\boldsymbol{b}_2^{\mathrm{T}}+(\boldsymbol{a}_1\boldsymbol{c}_4^{\mathrm{T}}-\boldsymbol{a}_3\boldsymbol{c}_2^{\mathrm{T}})(\gamma+\dot{U}_1)^{-1}\\
\boldsymbol{a}_k=\begin{bmatrix}a_{k1} & a_{k2} & a_{k3} & a_{k4}\end{bmatrix}^{\mathrm{T}},\quad k=1,2,3,4\\
\boldsymbol{b}_k=\begin{bmatrix}b_{k1} & b_{k2} & b_{k3} & b_{k4}\end{bmatrix}^{\mathrm{T}},\quad k=1,2,3,4\\
\boldsymbol{c}_k=\begin{bmatrix}c_{k1} & c_{k2} & c_{k3} & c_{k4}\end{bmatrix}^{\mathrm{T}},\quad k=1,2,3,4
\end{cases}
\tag{2-56}
$$

式中，γ、$\boldsymbol{a}_k$、$\boldsymbol{b}_k$和$\boldsymbol{c}_k$均由控制结构和参数决定，与运行工况无关。

可见，对于黑/灰箱式 VSC，若已知模型参数$\boldsymbol{A}_{ij}$和$\boldsymbol{A}_0$(或γ、$\boldsymbol{a}_k$、$\boldsymbol{b}_k$和$\boldsymbol{c}_k$)，将其代入通用表达式(2-55)即可获得全工况模型。因此，建立黑/灰箱式 VSC 全工况模型，需首先确定其模型参数。文献[13]给出一种基于有限次扰动测试的导纳测量结果来辨识模型参数的方法。辨识模型参数时，需用到通用表达式的两种重要变形，其一为

$$
\begin{cases}
-\boldsymbol{a}_1^{\mathrm{T}}\boldsymbol{x}Y_{11}-\boldsymbol{a}_2^{\mathrm{T}}\boldsymbol{x}Y_{21}+\boldsymbol{b}_1^{\mathrm{T}}\boldsymbol{x}+\boldsymbol{c}_1^{\mathrm{T}}\boldsymbol{x}(\gamma+\dot{U}_1)^{-1}=0\\
-\boldsymbol{a}_1^{\mathrm{T}}\boldsymbol{x}Y_{12}-\boldsymbol{a}_2^{\mathrm{T}}\boldsymbol{x}Y_{22}+\boldsymbol{b}_2^{\mathrm{T}}\boldsymbol{x}+\boldsymbol{c}_2^{\mathrm{T}}\boldsymbol{x}(\gamma+\dot{U}_1)^{-1}=0\\
-\boldsymbol{a}_3^{\mathrm{T}}\boldsymbol{x}Y_{11}-\boldsymbol{a}_4^{\mathrm{T}}\boldsymbol{x}Y_{21}+\boldsymbol{b}_3^{\mathrm{T}}\boldsymbol{x}+\boldsymbol{c}_3^{\mathrm{T}}\boldsymbol{x}(\gamma+\dot{U}_1)^{-1}=0\\
-\boldsymbol{a}_3^{\mathrm{T}}\boldsymbol{x}Y_{12}-\boldsymbol{a}_4^{\mathrm{T}}\boldsymbol{x}Y_{22}+\boldsymbol{b}_4^{\mathrm{T}}\boldsymbol{x}+\boldsymbol{c}_4^{\mathrm{T}}\boldsymbol{x}(\gamma+\dot{U}_1)^{-1}=0
\end{cases}
\tag{2-57}
$$

根据文献[13]中已证明的关系，即 $\boldsymbol{c}_1=-\boldsymbol{c}_2$、$\boldsymbol{c}_3=-\boldsymbol{c}_4$，通过消去模型参数$\gamma$和$\boldsymbol{c}_k$，可以得到第二种变形，即

$$
\begin{cases}
-\boldsymbol{a}_1^{\mathrm{T}}\boldsymbol{x}(Y_{11}+Y_{12})-\boldsymbol{a}_2^{\mathrm{T}}\boldsymbol{x}(Y_{21}+Y_{22})+(\boldsymbol{b}_1^{\mathrm{T}}+\boldsymbol{b}_2^{\mathrm{T}})\boldsymbol{x}=0\\
-\boldsymbol{a}_3^{\mathrm{T}}\boldsymbol{x}(Y_{11}+Y_{12})-\boldsymbol{a}_4^{\mathrm{T}}\boldsymbol{x}(Y_{21}+Y_{22})+(\boldsymbol{b}_3^{\mathrm{T}}+\boldsymbol{b}_4^{\mathrm{T}})\boldsymbol{x}=0
\end{cases}
\tag{2-58}
$$

根据式(2-57)和式(2-58)，辨识模型参数的步骤如下。

① 预设多种(假设 N 种，$N\geqslant 10$)具有代表性的运行工况，在这些预设工况下通过扰动测试得到二维矩阵形式的耦合导纳模型($\boldsymbol{Y}_1, \boldsymbol{Y}_2,\cdots, \boldsymbol{Y}_N$)，记录每种预设工况下 VSC 并网点的工频电压($\dot{U}_{1\text{-}1},\dot{U}_{1\text{-}2},\cdots,\dot{U}_{1\text{-}N}$)和电流($\dot{I}_{1\text{-}1},\dot{I}_{1\text{-}2},\cdots,\dot{I}_{1\text{-}N}$)，并根据式(2-55)第二个方程构造工况向量($\boldsymbol{x}_1,\boldsymbol{x}_2,\cdots,\boldsymbol{x}_N$)。

② 将每种预设工况下的导纳模型 $\boldsymbol{Y}_l$ 和对应的工况向量 $\boldsymbol{x}_l$(l=1, 2,⋯, N)代入式(2-58)中，可得一个齐次线性方程组。通过联立所有预设工况下的 N 个齐次线性方程组求解模型参数。该方程组有两个自由变量，任意选定两个参数(如 a_{11} 和 a_{12})作为自由变量并赋值，求解其他参数。需注意的是，自由变量的选择和取值不

影响最后的全工况模型结果[13]，但该过程仅可得部分模型参数，即 $a_k(k=1,2,3,4)$、b_1+b_2、b_3+b_4。

③ 将前步已求的部分模型参数代入式(2-57)，并结合预设工况下的工频电压 $\dot{U}_{1\text{-}l}$ $(l=1,2,\cdots,N)$ 可进一步求解模型参数 γ 和其他剩余的模型参数 $\boldsymbol{b}_k$ 和 $\boldsymbol{c}_k(k=1,2,3,4)$，然后将 γ、$\boldsymbol{a}_k$、$\boldsymbol{b}_k$、$\boldsymbol{c}_k(k=1,2,3,4)$代入式(2-56)，可得 $\boldsymbol{A}_0$ 和 $\boldsymbol{A}_{ij}(i,j=1,2)$。

将模型参数 $\boldsymbol{A}_{ij}$ 和 $\boldsymbol{A}_0$ 代入式(2-55)，可得以 PCC 点工频电压 $\dot{U}_1$ 和工频电路 $\dot{I}_1$ 为变量的 VSC 导纳函数 $\boldsymbol{Y}_{\mathrm{VSC}}$，即导纳形式的全工况模型，对其求逆即可得全工况耦合阻抗模型 $\boldsymbol{Z}_{\mathrm{VSC}}$。至此，只需代入任意运行工况下 PCC 点的工频电压和工频电流即可直接计算对应的耦合阻抗模型，无须再次进行额外的扰动测试。

为确保全工况模型的准确性，开展导纳模型扰动测试时，预设的多种代表性运行工况需对 VSC 正常运行范围具有良好的覆盖性，可参考以下工况选取标准。

① 任意两种运行工况间须有明显的差异，即不同工况下的并网点电压和输出电流有足够的区分度。

② 预设的运行工况应包括一些边界条件。在这些边界条件下，并网点电压和输出电流达到允许的最大值或最小值。

2.4　风电机组的阻抗模型

目前，工业界中常用的风电机组主要包括四种类型，其典型结构如图 2.12 所示。图 2.12(a)所示为 1 型(Type 1)风电机组，即鼠笼型异步风电机组(squirrel cage induction generator，SCIG)。该类风电机组的转子为鼠笼结构，其定子绕组通过变压器与交流电网连接，这是最早使用也是结构最简单的一类风电机组。图 2.12(b)所示为 2 型(Type 2)风电机组，即具有可控转子电阻的绕线型异步风电机组(wound rotor induction generator，WRIG)。该类风电机组的定子绕组经过变压器并网，其转子绕组中串接可控的电阻。图 2.12(c)所示为 3 型(Type 3)风电机组，即 DFIG。该类风电机组的定子直接并网，而转子通过背靠背变流器并网。图 2.12(d)所示为 4 型(Type 4)风电机组，即直驱永磁同步风电机组(direct-drive permanent magnetic synchronous generator，PMSG)。该类风电机组一般采用同步发电机组，其发电机定子通过背靠背的变流器并网；有时在风轮机和永磁同步发电机加装齿轮箱，减少永磁电机转子磁极数和降低发电机体积与质量，则称为半直驱永磁同步风电机组。

1 型和 2 型属于恒速恒频风电机组，3 型和 4 型属于变速恒频风电机组。相比于早期的恒速恒频机组，采用电力电子变流器的变速恒频机组具有功率电压调节灵活、并网性能优良，以及在外界风速变化时保持输出电压频率恒定等能力，已成为目前风电市场上的主导机型。近年来，新投运风场中绝大多数采用的是变速恒频风电机组，即 DFIG 和 PMSG。下面介绍各种类型风电机组的阻抗建模方法。

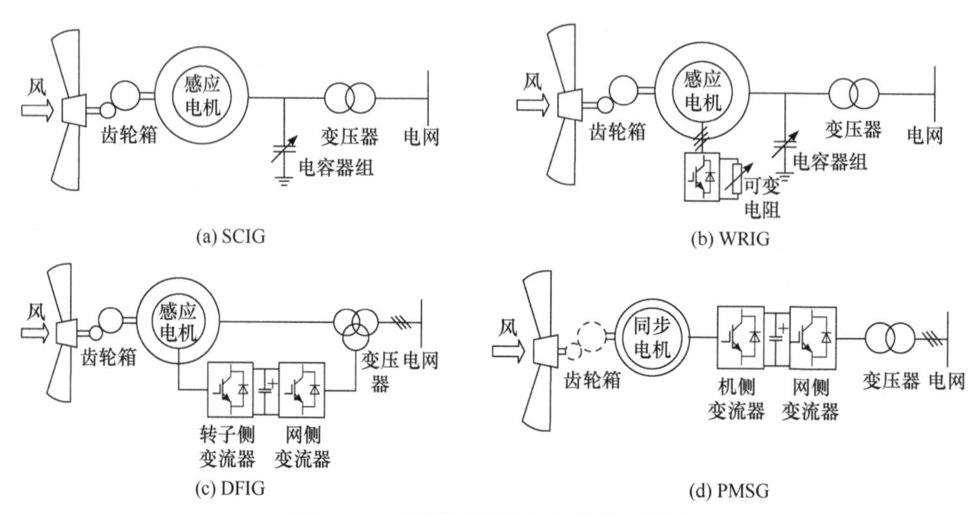

图 2.12　四种类型风电机组的典型结构

2.4.1　1 型风电机组

如图 2.12(a)所示，1 型(Type-1)风电机组为鼠笼型异步风电机组。该类风电机组的转子为鼠笼结构，其定子绕组通过变压器与交流电网连接。通过频率归算和绕组归算，1 型风电机组的 T 型等效电路如图 2.13 所示[14]。因此，其阻抗模型可表示为

$$Z_{\mathrm{SCIG}}(s)=R_1+sL_{1\sigma}+(R_m+sL_m)\,/\!/\left(R_2'+\frac{1-s_{\mathrm{p}}}{s_{\mathrm{p}}}R_2'+sL_{2\sigma}'\right) \tag{2-59}$$

式中，$Z_{\mathrm{SCIG}}(s)$ 为 1 型风电机组的阻抗；R_1 和 $L_{1\sigma}$ 分为定子绕组的电阻和电感；R_m 和 L_m 为激磁电阻和电感；R_2' 和 $L_{2\sigma}'$ 为转子绕组的电阻和电感；s_{p} 为复频域的转差率；“//”为并联计算。

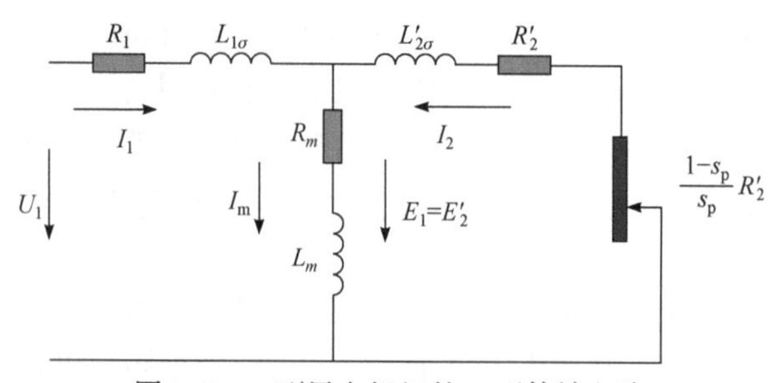

图 2.13　1 型风电机组的 T 型等效电路

2.4.2　2 型风电机组

图 2.12(b)所示为 2 型(Type-2)风电机组。与 1 型风电机组相比，该风电机组转子绕组中串接有可控的电阻，可以控制转子绕组电阻的大小，进而调节风电机组的输出特性。

2 型风电机组的阻抗模型为

$$Z_{\mathrm{WRIG}}(s)=R_1+sL_{1\sigma}+(R_m+sL_m)\,/\!/\left(R'_W+\frac{1-s_{\mathrm{p}}}{s_{\mathrm{p}}}R'_W+sL'_{2\sigma}\right) \tag{2-60}$$

式中，$Z_{\mathrm{WRIG}}(s)$为 2 型风电机组的阻抗；$R'_W=R'_2+R'_r$，R'_r为串接入转子绕组中的电阻值。

2.4.3　3 型风电机组

图 2.14 所示为常见的 3 型(Type-3)或 DFIG 系统结构，由风力机、机械轴系、感应(异步)电机、RSC、GSC 和滤波器等子系统构成。DFIG 中两个变流器均由全控型开关器件构成，通过变流器控制为异步电机的转子侧提供交流激磁，从而使 DFIG 获得良好的并网运行性能。

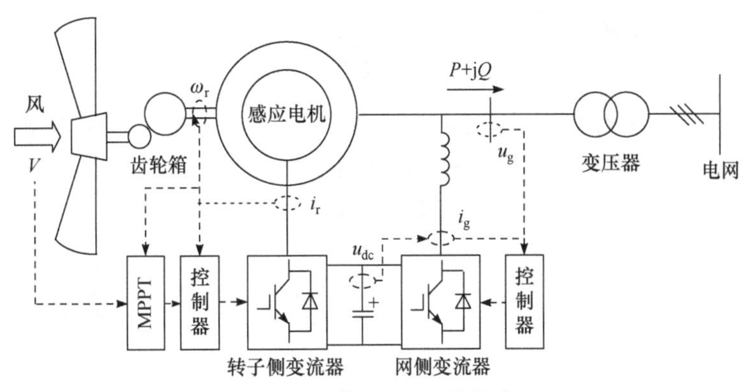

图 2.14　典型 DFIG 的构成

图 2.15 和图 2.16 分别给出 RSC 和 GSC 的控制策略。这里，两个变流器均采用 dq 坐标系控制技术，包括外环控制和内环控制。RSC 外环控制通过调节风电机组转速来实现最大功率跟踪和控制风电机组输出无功功率，为内环控制(即电流跟踪控制)提供电流参考信号。RSC 内环控制根据该电流参考信号产生电压参考信号，进而通过 PWM 控制使 VSC 输出交流电流用于转子激磁。GSC 外环控制由直流电压控制和定子电压控制两部分组成。前者的主要功能是维持直流电压恒定，后者的主要功能是维持机组并网点电压。外环控制为内环控制提供电流参考信号，内环控制通过电流跟踪控制产生电压参考信号，进而通过 PWM 控制

VSC 的输出。

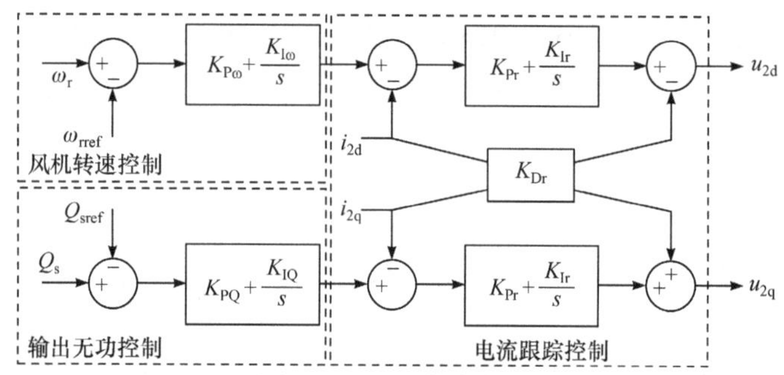

图 2.15　RSC 控制策略

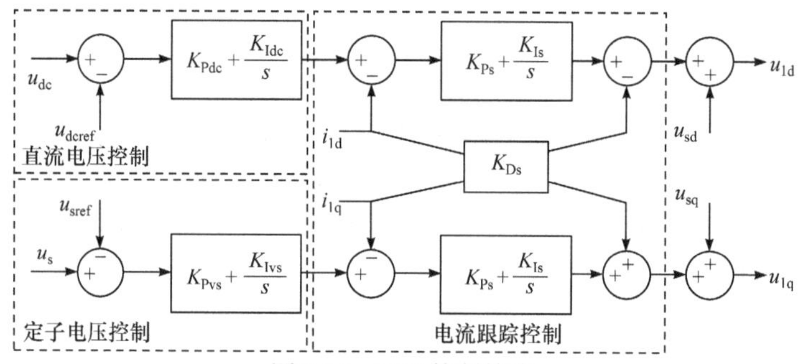

图 2.16　GSC 控制策略

图 2.17 所示为 dq 坐标系下 DFIG 中各子系统(机械轴系、感应电机、RSC 及其控制、直流环和 GSC 及其控制等)间的信号关系，据此可通过机理构建或扰动测试获得 dq 坐标系下 DFIG 的阻抗矩阵模型。

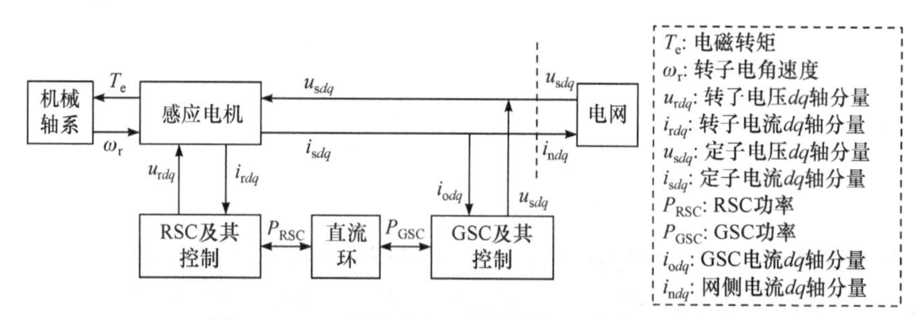

图 2.17　dq 坐标系中双馈风电机组的信号关系

下面给出一种从状态方程模型推导阻抗模型的过程。需要指出的是，这种推导过程并非唯一的。

首先，在某一运行条件下建立各子系统的状态方程模型[15]，即

$$\begin{cases} \Delta\dot{\boldsymbol{x}}_i = \boldsymbol{A}_i\Delta\boldsymbol{x}_i + \boldsymbol{B}_i\Delta\boldsymbol{u}_i \\ \Delta\boldsymbol{y}_i = \boldsymbol{C}_i\Delta\boldsymbol{x}_i + \boldsymbol{D}_i\Delta\boldsymbol{u}_i \end{cases} \tag{2-61}$$

式中，$\boldsymbol{x}_i$、$\boldsymbol{y}_i$ 和 $\boldsymbol{u}_i$ 为各子系统的状态变量、输出变量和控制变量；Δ 表示微增量；$\boldsymbol{A}_i$、$\boldsymbol{B}_i$、$\boldsymbol{C}_i$ 和 $\boldsymbol{D}_i$ 均为系数矩阵，i 为子系统编号。

经过 Laplace 变换，式(2-61)对应的子系统在 s 域的数学模型可表示为

$$\begin{bmatrix} s\boldsymbol{I}_1-\boldsymbol{A}_i & -\boldsymbol{B}_i & \boldsymbol{0} \\ \boldsymbol{C}_i & \boldsymbol{D}_i & -\boldsymbol{I}_2 \end{bmatrix}\begin{bmatrix} \Delta\boldsymbol{x}_i \\ \Delta\boldsymbol{u}_i \\ \Delta\boldsymbol{y}_i \end{bmatrix}=\boldsymbol{0} \tag{2-62}$$

式中，$\boldsymbol{I}_1$ 和 $\boldsymbol{I}_2$ 均为单位矩阵。

联立 DFIG 所有子系统在 s 域的方程式(2-62)，可以得到机组整体的 s 域模型[16]，即

$$\begin{cases} \begin{bmatrix} \boldsymbol{a}_{11}(s) & \boldsymbol{a}_{12}(s) & \boldsymbol{a}_{13}(s) & \boldsymbol{a}_{14}(s) \\ \boldsymbol{a}_{21}(s) & \boldsymbol{a}_{22}(s) & \boldsymbol{a}_{23}(s) & \boldsymbol{a}_{24}(s) \\ \boldsymbol{a}_{31}(s) & \boldsymbol{a}_{32}(s) & \boldsymbol{a}_{33}(s) & \boldsymbol{a}_{34}(s) \\ \boldsymbol{a}_{41}(s) & \boldsymbol{a}_{42}(s) & \boldsymbol{a}_{43}(s) & \boldsymbol{a}_{44}(s) \end{bmatrix}\begin{bmatrix} \Delta\boldsymbol{x}_1(s) \\ \Delta\boldsymbol{u}_{\text{s}dq}(s) \\ \Delta\boldsymbol{i}_{\text{s}dq}(s) \\ \Delta\boldsymbol{i}_{\text{o}dq}(s) \end{bmatrix}=\boldsymbol{0} \\ \boldsymbol{i}_{\text{n}dq}(s)=\boldsymbol{i}_{\text{s}dq}(s)-\boldsymbol{i}_{\text{o}dq}(s) \end{cases} \tag{2-63}$$

式中，$\Delta\boldsymbol{x}_1(s)$为风电机组内部状态变量构成的向量；$\boldsymbol{a}_{ij}(s)$ $(i, j=1, 2, 3, 4)$为系数矩阵。

消去 $\Delta\boldsymbol{x}_1$、$\Delta\boldsymbol{i}_{\text{s}dq}$ 和 $\Delta\boldsymbol{i}_{\text{o}dq}$，可以得到双馈风电机组的机端电压偏差 $\Delta\boldsymbol{u}_{\text{s}dq}$ 和机端电流偏差 $\Delta\boldsymbol{i}_{\text{n}dq}$ 之间的关系，即

$$\Delta\boldsymbol{u}_{\text{s}dq}(s)=\boldsymbol{Z}_{dq\text{-DFIG}}(s)\Delta\boldsymbol{i}_{\text{n}dq}(s) \tag{2-64}$$

式中，$\boldsymbol{Z}_{dq\text{-DFIG}}(s)$为 DFIG 在 dq 坐标系下的阻抗矩阵模型，即

$$\boldsymbol{Z}_{dq\text{-DFIG}}(s)=\begin{bmatrix} Z_{dd\text{-DFIG}}(s) & Z_{dq\text{-DFIG}}(s) \\ Z_{qd\text{-DFIG}}(s) & Z_{qq\text{-DFIG}}(s) \end{bmatrix} \tag{2-65}$$

式中，$Z_{dd\text{-DFIG}}(s)$、$Z_{dq\text{-DFIG}}(s)$、$Z_{qd\text{-DFIG}}(s)$和 $Z_{qq\text{-DFIG}}(s)$为阻抗矩阵模型的元素。

由于 PLL 的存在，以及 RSC、GSC 可能采用不同 d、q 轴控制参数，阻抗矩阵模型的元素表现为 $Z_{dd\text{-DFIG}}(s)\neq Z_{qq\text{-DFIG}}(s)$，$Z_{dq\text{-DFIG}}(s)\neq -Z_{qd\text{-DFIG}}(s)$，即出现不对称或耦合现象[17]。不过，由于 DFIG 变流器主要功能之一是为发电机转子提供激磁电流，大部分功率直接从发电机定子输出到电网，变流器控制引起的不对称对 DFIG 整体阻抗模型影响较小[18]，因此 $Z_{dd\text{-DFIG}}(s)$与 $Z_{qq\text{-DFIG}}(s)$、$Z_{dq\text{-DFIG}}(s)$与$-Z_{qd\text{-DFIG}}(s)$之间虽不严格相等，但总体上比较接近，也就是说 DFIG 阻抗模型整体上具有较高的对称性。

根据不同坐标下阻抗模型间的转换关系，可将 $\boldsymbol{Z}_{dq\text{-DFIG}}(s)$变换为静止坐标系下的频率耦合阻抗矩阵模型 $\boldsymbol{Z}_{abc\text{-DFIG}}(s)$。考虑 $Z_{dd\text{-DFIG}}(s)$与 $Z_{qq\text{-DFIG}}(s)$、$Z_{dq\text{-DFIG}}(s)$与

$-Z_{qd\text{-DFIG}}(s)$比较接近，结合式(2-24)和式(2-25)可知，静止坐标系下阻抗矩阵模型 $\boldsymbol{Z}_{abc\text{-DFIG}}(s)$中的非对角元素 $Z_{12\text{-DFIG}}(s)$和 $Z_{21\text{-DFIG}}(s)$将接近 0 或远小于对角元素 $Z_{11\text{-DFIG}}(s)$和 $Z_{22\text{-DFIG}}(s)$，表明 DFIG 仅存在较弱的频率耦合效应。

在 DFIG 引发的实际振荡事件，例如 2013 年冀北沽源 SSO 事件中，可以从机组的输出电流中检测到明显的次同步分量和微弱的超同步分量[19]，表明 DFIG 虽存在频率耦合效应，但十分微弱，与上述阻抗模型分析的结果一致。因此，在研究 DFIG 引发的 SSO 时，为了方便起见，且不引发较大偏差，有时可以忽略频率耦合作用的影响，将阻抗矩阵模型简化为一维标量形式，即在静止坐标系下，直接使用 $Z_{11\text{-DFIG}}(s)$作为次同步阻抗模型。在 dq 坐标系下，使用 dq 阻抗的平均值作为阻抗模型，即

$$Z_{dq\text{-DFIG}}=\frac{1}{2}\left(Z_{dd\text{-DFIG}}(s)+Z_{qq\text{-DFIG}}(s)\right)+\mathrm{j}\frac{1}{2}\left(Z_{qd\text{-DFIG}}(s)-Z_{dq\text{-DFIG}}(s)\right) \tag{2-66}$$

2.4.4　4 型风电机组

如图 2.18 所示，该 PMSG 机组由风力机、同步发电机、机侧变流器(machine-side converter，MSC)、GSC 和 LC 滤波器等环节构成。其中，MSC 由二极管不控整流电路和斩波升压电路构成，GSC 为采用全控型开关器件的 VSC。图 2.19 所示为 GSC 的控制策略。外环控制包括直流电压控制和输出无功控制，内环控制采用电流跟踪控制。

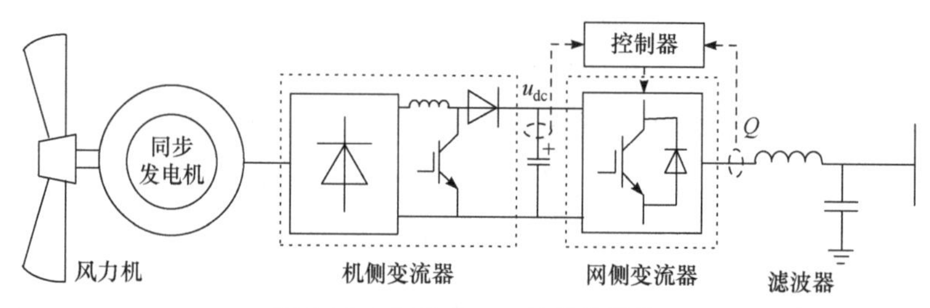

图 2.18　典型 PMSG 的系统结构

由于 MSC 与 GSC 之间直流电容的缓冲隔离作用，PMSG 在次/超同步频率范围内的动态特性受同步电机和 MSC 的影响较小，主要取决于 GSC 及其控制。因此，在采用机理构建方法推导 PMSG 阻抗模型时，可将 MSC 及其左侧部分(风力机、同步电机等)等效为大小可控的直流电流源，以 GSC 为主来分析 PMSG 整体的阻抗模型，可在保证研究精度的前提下简化模型推导，提高建模和分析效率。图 2.19 所示的 GSC 控制与 VSC 控制基本一致。该 PMSG 在 dq 坐标下的阻抗矩阵模型 $\boldsymbol{Z}_{dq\text{-PMSG}}(s)$可表示为式(2-47)，在静止坐标下的频率耦合阻抗矩阵模型 $\boldsymbol{Z}_{abc\text{-PMSG}}(s)$可表示为式(2-48)。

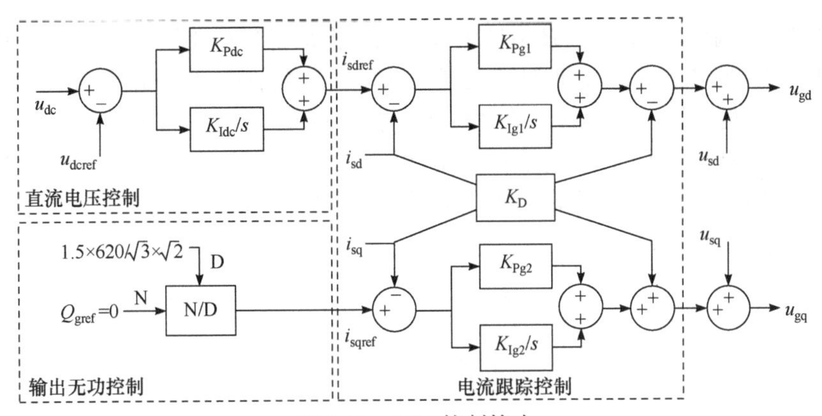

图 2.19 GSC 控制策略

此外，还可采用扰动测辨法获得 PMSG 的阻抗模型。基于风电控制器厂家提供的实际 PMSG 硬件控制器和实时数字仿真(real-time digital simulator，RTDS)系统，建立控制器硬件在环测试平台(图 2.20)。在 RTDS 系统中，建立控制器以外的 PMSG 主电路模型，如风力机、同步电机、MSC、GSC 等，其中 MSC 和 GSC 接收来自硬件控制器的信号，采用闭环调节。根据扰动测辨方法，通过软件或外接装置实现扰动信号的注入，同步采集和记录风电机组端口三相电压、电流波形数据，可以计算得到阻抗矩阵模型。图 2.21 所示为通过扰动测辨得到的 1～100Hz 频率范围内 PMSG 阻抗模型测试结果。相比机理推导的阻抗模型式(2-48)，扰动测辨得到的阻抗模型包含实际数字控制器和机侧子系统的动态，对于控制器为黑/灰箱的情况更为便捷。需要注意的，阻抗模型的扰动测试是在特定工况下进行的。一般来说，需要开展多次扰动测试，并根据 2.3.4 节的方法才能得到 PMSG 的全工况模型。

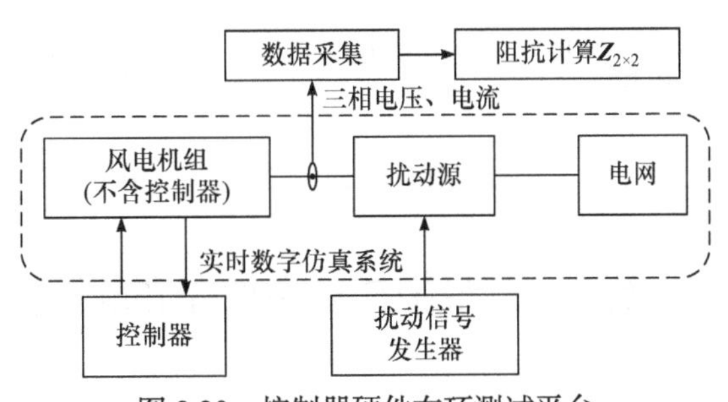

图 2.20 控制器硬件在环测试平台

与 DFIG 不同，PMSG 直接经变流器接入电网，其并网特性直接受 GSC 控制的影响，而控制中的各种非线性(如 PLL、*dq/abc* 变换、计算功率或有效值的三角函数计算)和不对称性会引发频率耦合效应，因此 PMSG 次/超同步动态中的频率耦合作用更加显著。这一点在阻抗模型和实际振荡事件中也得到印证，即 PMSG 阻抗矩阵模型 $\boldsymbol{Z}_{abc\text{-PMSG}}$ 中非对角元素 $Z_{12\text{-PMSG}}$、$Z_{21\text{-PMSG}}$ 与对角元素 $Z_{11\text{-PMSG}}$、$Z_{22\text{-PMSG}}$ 通常处于同一数量级；在 PMSG 主导的新疆哈密 SSSO 事件中[20]，电流波形的频谱分析结果表明，存在明显的次同步分量和超同步分量，且大多数情况下后者幅值更高。因此，在研究 PMSG 参与的 SSSO 中，应采用二维耦合阻抗模型，以保证分析结果的准确性。

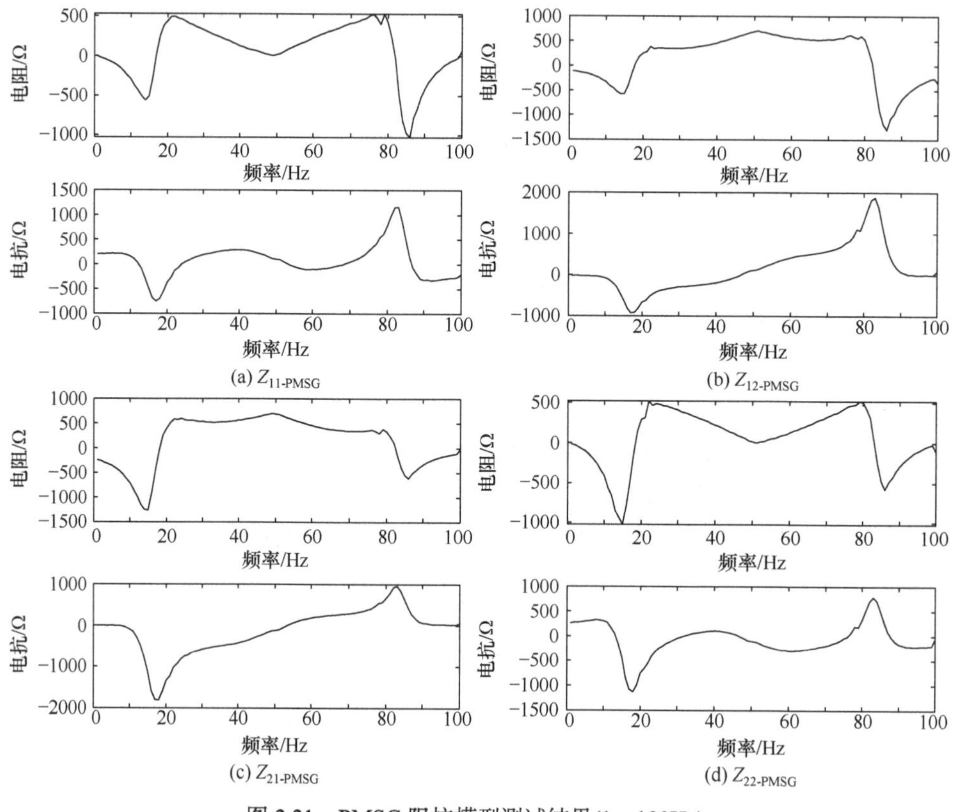

图 2.21　PMSG 阻抗模型测试结果(1～100Hz)

2.5　交流电力网络中主要设备的阻抗模型

2.5.1　汽轮(同步发电)机组

图 2.22 所示为典型汽轮(同步发电)机组模型。它由同步发电机、机械轴系子系统和激磁子系统等构成。针对汽轮机组的建模研究已相对成熟，下面简单叙述其阻抗建模的思路。

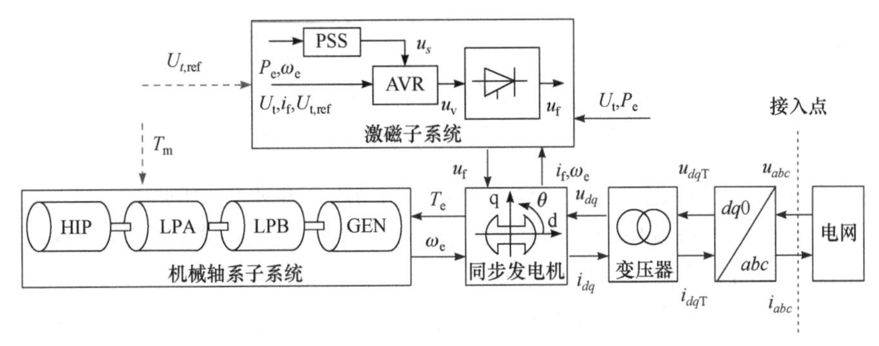

图 2.22　典型汽轮(同步发电)机组模型

同步发电机的建模是基于发电机转子确定的 dq 坐标系，共包含 7 个绕组，其中发电机定子包括 d、q、0 三个绕组，而转子直轴包括激磁绕组 f 和阻尼绕组 D，转子交轴包括阻尼绕组 g 和 Q。因此，同步发电机的磁链方程可表示为

$$\boldsymbol{\Psi}=\boldsymbol{Li} \tag{2-67}$$

式中，同步发电机磁链向量 $\boldsymbol{\Psi}=[\psi_d\ \psi_q\ \psi_0\ \psi_f\ \psi_D\ \psi_g\ \psi_Q]^T$；绕组电流向量 $\boldsymbol{i}=[i_d\ i_q\ i_0\ i_f\ i_D\ i_g\ i_Q]^T$；$\boldsymbol{L}$ 为电感系数矩阵。

同步发电机的电压方程可表示为

$$\boldsymbol{u}=\frac{\mathrm{d}\boldsymbol{\Psi}}{\mathrm{d}t}+\boldsymbol{W}_f+\boldsymbol{Ri} \tag{2-68}$$

式中，电压向量 $\boldsymbol{u}=[u_d\ u_q\ u_0\ u_f\ 0\ 0\ 0]^T$；发电机速度电动势 $\boldsymbol{W}_f=[-\omega_e\psi_q\ \omega_e\psi_d\ 0\ 0\ 0\ 0\ 0]^T$；定子绕组的电阻矩阵可表示为 $\boldsymbol{R}=\mathrm{diag}\{[r_d\ r_q\ r_0\ r_f\ r_D\ r_g\ r_Q]\}$，diag{}表示将向量转换为对角矩阵。

如图 2.22 所示，该汽轮机组的机械轴系子系统采用多质块-弹簧模型，共包含 4 个质块，因此轴系子系统将存在 3 个扭振模式。多质块-弹簧模型的解析表达式为

$$\begin{cases}\boldsymbol{M}\ddot{\boldsymbol{\delta}}+\boldsymbol{D}\dot{\boldsymbol{\delta}}+\boldsymbol{K\delta}=\boldsymbol{T}_m-\boldsymbol{T}_e\\ \dot{\boldsymbol{\delta}}=\boldsymbol{\omega}\end{cases} \tag{2-69}$$

式中，$\boldsymbol{\delta}$ 为电气扭角向量；$\boldsymbol{\omega}$ 为电气角速度向量；$\boldsymbol{T}_m$ 和 $\boldsymbol{T}_e$ 为机械和电磁扭矩向量；$\boldsymbol{M}$、$\boldsymbol{D}$ 和 $\boldsymbol{K}$ 为转动惯量、阻尼系数和弹性系数矩阵。

针对激磁子系统，IEEE 工作组已经建立了多个标准模型[21,22]，可根据电厂机组安装的激磁装置选择相应的模型开展分析。

与前述 VSC 阻抗建模方法类似，可先建立汽轮机组在发电机转子确定的 dq 坐标系下的小信号状态方程模型。进而，假设汽轮机组的机端电压为控制(输入)变量，机端电流为输出变量，消去中间状态变量，可以得到汽轮机组 dq 坐标系下

的阻抗模型，即

$$\boldsymbol{Z}_{dq\text{-TG}}(s)=\begin{bmatrix} Z_{dd\text{-TG}}(s) & Z_{dq\text{-TG}}(s) \\ Z_{qd\text{-TG}}(s) & Z_{qq\text{-TG}}(s) \end{bmatrix} \tag{2-70}$$

式中，$Z_{dd\text{-TG}}(s)$、$Z_{dq\text{-TG}}(s)$、$Z_{qd\text{-TG}}(s)$和 $Z_{qq\text{-TG}}(s)$为阻抗矩阵模型的元素。

采用新疆哈密系统中花园电厂#2 汽轮机组的参数，绘制其阻抗模型各元素在 5～45Hz 频段的频率特性曲线，如图 2.23 所示。可见，在轴系扭振频率(15.38Hz、25.27Hz 和 30.76Hz)附近，阻抗频率特性曲线变化剧烈，说明阻抗模型能够反映机械轴系子系统的三个次同步扭振模态。

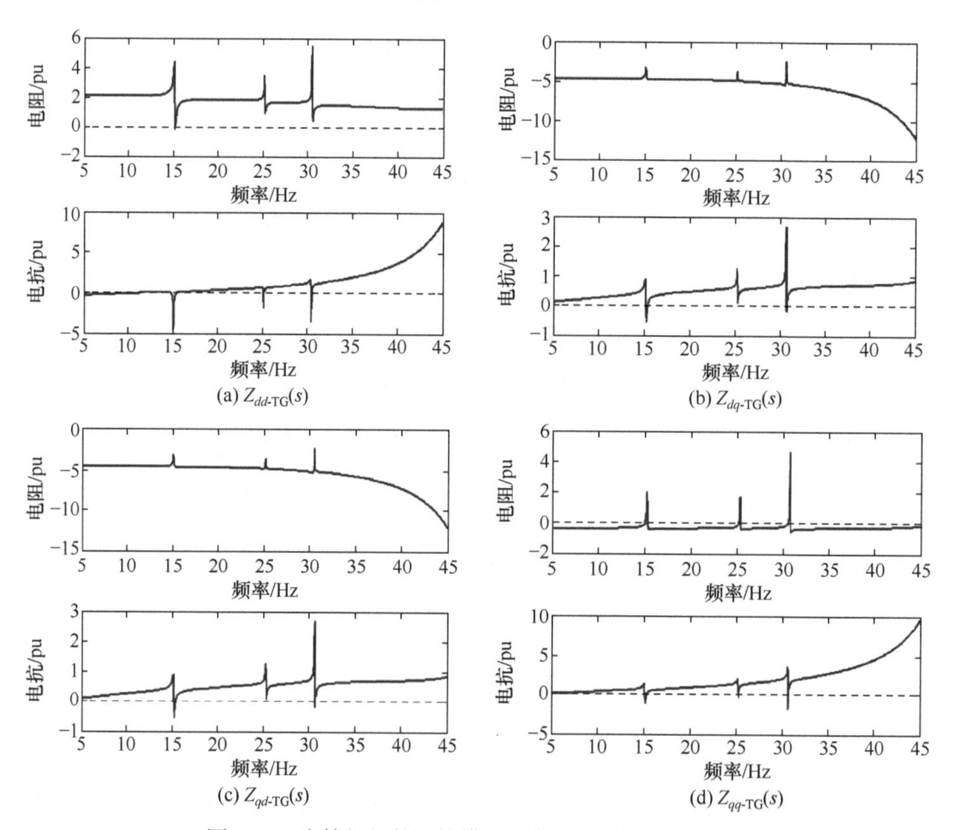

图 2.23　汽轮机组的阻抗模型频率特性曲线(5～45Hz)

2.5.2　传统直流输电

以±800kV 哈密-郑州特高压直流输电系统(简称哈郑直流)为例说明传统直流输电的阻抗建模过程。图 2.24 所示为哈郑直流的结构示意图。其采用双极结构，哈密地区的风电和火电经交流线路传输到天山换流站，经整流后通过直流输电线送到中州逆变站，逆变后注入郑州交流电网。哈密-郑州直流工程采用的是传统直流输电技术，即整流和逆变采用的电力电子开关管均为晶闸管。

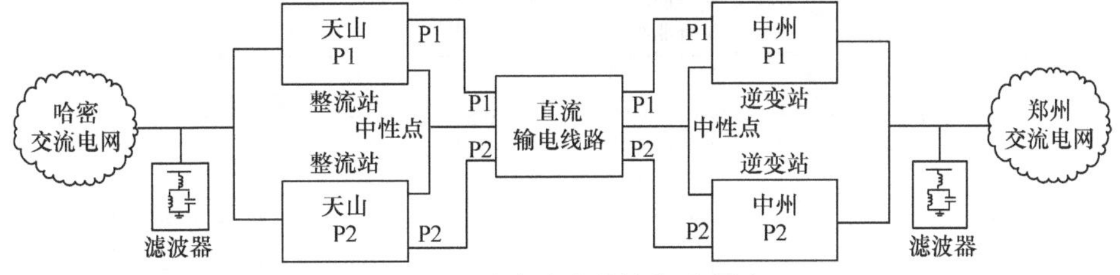

图 2.24　哈郑直流的结构示意图

为保护商业机密，相关厂家仅提供哈郑直流的“封装式”电磁暂态仿真模型。该模型给出了部分直流系统的拓扑结构和线路参数，但将控制部分封装为黑箱。对此黑箱系统，可以基于仿真模型，采用扰动测辨方法获取其阻抗模型。

采用图 2.5 所示的阻抗测辨方法，将小扰动受控电压源注入哈密交流电网和整流侧滤波器之间，通过外特性辨识可得直流输电在 dq 坐标系的阻抗矩阵模型。其中各元素在次同步频率范围内的特性曲线如图 2.25 所示。进一步，可采用曲线拟合方法得到阻抗矩阵模型的传递函数表达式，即

$$\boldsymbol{Z}_{dq\text{-HVDC}}(s)=\begin{bmatrix} Z_{dd\text{-HVDC}}(s) & Z_{dq\text{-HVDC}}(s) \\ Z_{qd\text{-HVDC}}(s) & Z_{qq\text{-HVDC}}(s) \end{bmatrix} \tag{2-71}$$

式中，$Z_{dd\text{-HVDC}}(s)$、$Z_{dq\text{-HVDC}}(s)$、$Z_{qd\text{-HVDC}}(s)$和 $Z_{qq\text{-HVDC}}(s)$为阻抗矩阵模型中的元素。

拟合得到的阻抗矩阵的频率特性曲线如图 2.25 中的虚线所示。与实际测量得到的曲线基本吻合，从而验证了拟合模型的有效性。

值得指出的是，上述对于传统直流阻抗模型的测辨方法也同样适用于 VSC-HVDC。

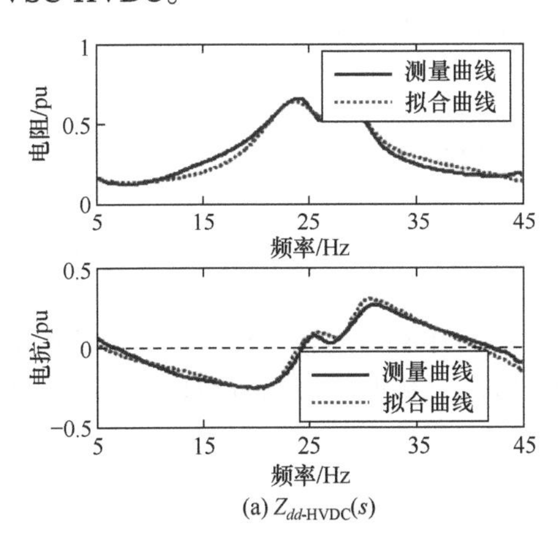

(a) $Z_{dd\text{-HVDC}}(s)$

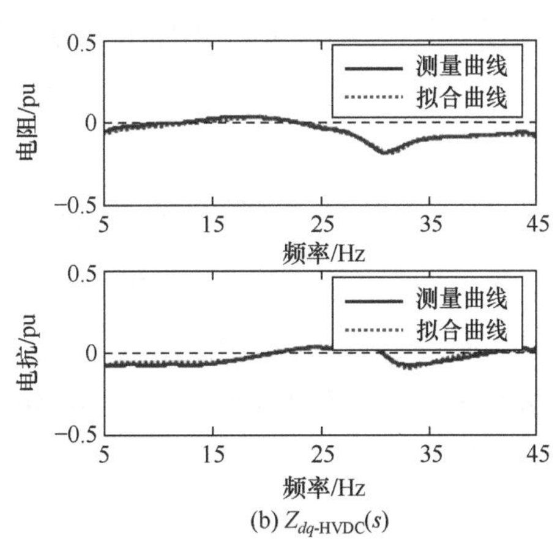

(b) $Z_{dq\text{-HVDC}}(s)$

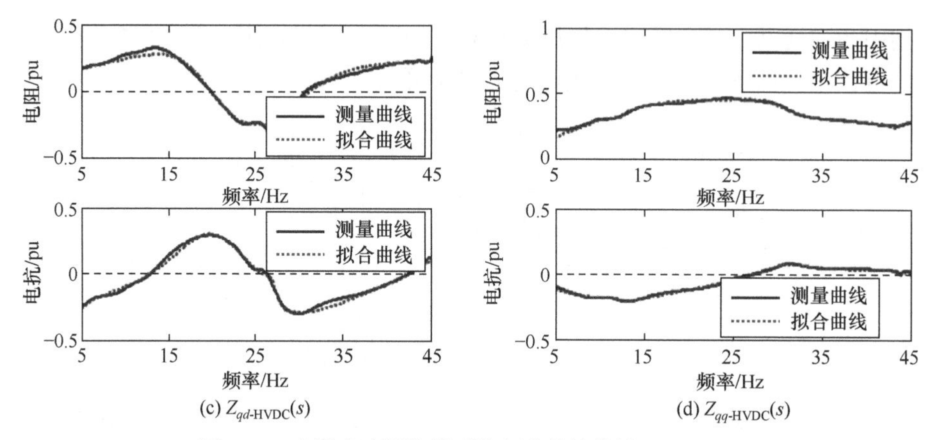

(c) $Z_{qd\text{-HVDC}}(s)$ (d) $Z_{qq\text{-HVDC}}(s)$

图 2.25 哈郑直流阻抗模型的频率特性曲线(5～45Hz)

2.5.3 交流输电线与并网电抗器

图 2.26 所示为带串补和不带串补两类交流输电线的π型等效电路，其中 R、L、C 为线路电阻、电感、电容，C^*为串联补偿电容。一般来说，并联电容对 SSSO 特性影响很小，可以忽略。因此，不带串补电容的输电线在 dq 坐标下的阻抗矩阵模型可表示为

$$\boldsymbol{Z}_{dq\text{-Line}}(s)=\begin{bmatrix} R+sL & -\omega_1 L \\ \omega_1 L & R+sL \end{bmatrix} \tag{2-72}$$

带串补电容的输电线在 dq 坐标下的阻抗矩阵模型为

$$\boldsymbol{Z}_{dq\text{-Line-ser}}(s)=\begin{bmatrix} R+sL & -\omega_1 L \\ \omega_1 L & R+sL \end{bmatrix}+\frac{1}{s^2C^{*2}+\omega_1^2C^{*2}}\begin{bmatrix} sC^* & \omega_1 C^* \\ -\omega_1 C^* & sC^* \end{bmatrix} \tag{2-73}$$

可采用阻抗矩阵变换式(2-24)和式(2-25)将上述 dq 坐标系阻抗矩阵模型转换到静止坐标系下，得到的静止坐标系下的输电线阻抗矩阵模型为

$$\boldsymbol{Z}_{abc\text{-Line}}(s)=\begin{bmatrix} R+sL & 0 \\ 0 & R+(s-2\mathrm{j}\omega_1)L \end{bmatrix} \tag{2-74}$$

$$\boldsymbol{Z}_{abc\text{-Line-ser}}(s)=\begin{bmatrix} R+sL+1/sC^* & 0 \\ 0 & R+(s-2\mathrm{j}\omega_1)L+1/[(s-2\mathrm{j}\omega_1)C^*] \end{bmatrix} \tag{2-75}$$

式中，阻抗矩阵 $\boldsymbol{Z}_{abc\text{-Line}}$ 和 $\boldsymbol{Z}_{abc\text{-Line-ser}}$ 为不带和带串补电容输电线在静止坐标系下的频率耦合阻抗矩阵模型，二者非对角元素为 0，表明交流输电线均不存在频率耦合效应。

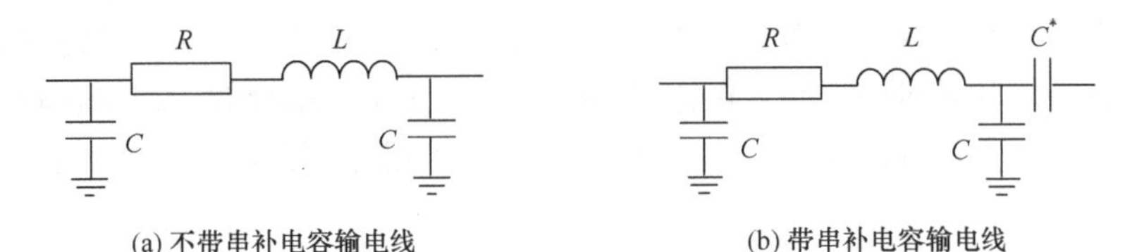

(a) 不带串补电容输电线　(b) 带串补电容输电线

图 2.26　交流输电线的 π 型等效电路

高压/特高压交流输电线和变电站可能还配置了一组到数组的并联电抗器，其在 dq 坐标和静止坐标下的阻抗模型为

$$\boldsymbol{Z}_{dq\text{-Rea}}(s)=\begin{bmatrix} R+sL & -\omega_1 L \\ \omega_1 L & R+sL \end{bmatrix} \tag{2-76}$$

$$\boldsymbol{Z}_{abc\text{-Rea}}(s)=\begin{bmatrix} R+sL & 0 \\ 0 & R+(s-2\mathrm{j}\omega_1)L \end{bmatrix} \tag{2-77}$$

式中，R 和 L 分别为电抗器的电阻和电感参数。

2.5.4　其他电网元件

对于电力系统中的其他元件，如变压器、串联电抗器、并联电容器等，均可按照上述方法建立其阻抗模型，此处不再赘述。

2.6　阻抗网络模型

2.6.1　基本原理

阻抗网络建模的总体思路是，在统一坐标系下，将系统中各个电力设备建模为能反映内在动态与外在互动特性的阻抗(矩阵)模型，然后根据实际系统拓扑将各个阻抗(矩阵)模型互连起来构成频域阻抗网络模型，进而形成可表征整个系统的传递函数矩阵，即节点导纳矩阵或回路阻抗矩阵。

阻抗网络模型是基于设备间拓扑连接关系构成的系统模型，它保留了系统的拓扑结构，可以推广应用到大规模复杂风电系统。此外，通过风电机组阻抗模型的“接入”或“断开”可以方便地模拟实际风电系统中风电机组或风电场的投入或退出，实现运行方式变化后系统阻抗网络模型的高效重构。

2.6.2　阻抗网络模型的构建方法

在 dq 坐标系下，电力设备的阻抗模型是一个 2×2 阶的阻抗矩阵，其非对角元素通常不为零，阻抗矩阵的 d 轴与 q 轴是紧密耦合的。在静止坐标系下，电力设备阻抗模型也可以表示为一个 2×2 阶的频率耦合阻抗矩阵，对应可建立目标系统的频率耦合阻抗网络模型。在特定情况下，如无频率耦合效应或耦合较弱可以忽略，频率耦合阻抗网络模型则可进行简化，即用阻抗模型的第一个元素 $Z_{11}(s)$ 联立。

1. 统一 dq 坐标系下的阻抗网络模型

在建模和分析中，每个电力设备往往有各自的 dq 坐标系。例如，4 型风电机组的 dq 坐标是通过 PLL 动态追踪接入点电压矢量构建的。因此，不同风电机组将拥有不同的 dq 坐标。对于汽轮机组而言，建模时一般将 dq 轴定在各自的旋转坐标上，但不同机组之间转子的位置和转速可能不同。因此，为了建立整个系统的阻抗网络模型，首先需要定义统一的 dq 坐标系，在该统一坐标系下建立各个电力设备的阻抗矩阵模型，然后根据系统拓扑将其“拼接”形成整体的阻抗网络模型。

方便起见，可在平衡节点或惯性中心的同步旋转坐标系下定义统一 dq 坐标系。首先采用前节方法建立电力设备在各自 dq 坐标系下的阻抗模型，然后将其转换为统一 dq 坐标下的阻抗模型。其中，电力设备各自 dq 坐标系和统一 dq 坐标系之间的关系与图 2.9 中的控制器 dq 坐标系和系统 dq 坐标系之间的关系类似，因此阻抗模型的转换方法与式(2-40)和式(2-41)一致。在统一 dq 坐标系下，风电机组、汽轮机组等电力设备的阻抗模型均为具有如下标准形式的 2×2 阶传递函数矩阵，即

$$\boldsymbol{Z}_{dq\text{-}i}(s)=\begin{bmatrix} Z_{\mathrm{u}dd\text{-}i}(s) & Z_{\mathrm{u}dq\text{-}i}(s) \\ Z_{\mathrm{u}qd\text{-}i}(s) & Z_{\mathrm{u}qq\text{-}i}(s) \end{bmatrix} \tag{2-78}$$

式中，$Z_{\mathrm{u}jk\text{-}i}(s)$ (j，$k=d$，q)为关于 s 的多项式；下标 i 表示系统中的第 i 个电力设备。

下面以图 2.27 所示的包含并网风电的电力系统为例，简述其在统一 dq 坐标系下的阻抗网络建模方法。通常包括以下五个步骤。

步骤 1，收集目标系统的机网参数。主要包括风电基地中各风电场的风速范围、风电机组类型、风电机组数目和机组变流器控制策略及参数，光伏电站中各光伏发电机组结构、控制策略及参数，储能设备结构、控制策略及参数，汽轮机组中同步发电机、机械轴系子系统、激磁子系统和调速子系统结构与参数，串/并联型 FACTS 设备、直流输电等结构、控制策略与参数，交流线路、变压器、并联电抗的阻抗参数等。

步骤 2，针对关注的系统工况，开展潮流计算，得到机组功率、母线电压和线路潮流等，为电力设备的阻抗建模提供稳态工作点。

步骤 3，在统一 dq 坐标系下，建立输电线和变压器的阻抗矩阵模型。当需要考虑阻抗参数与频率的关系时，可将它们表示为与频率 f 具有函数关系的电阻和

电抗的组合，即 $R(s)$和 $L(s)$。相应的阻抗矩阵模型为

$$
\boldsymbol{Z}_{dq\text{-Line/Trans}}(s)=\begin{bmatrix} R(f)+sL(f) & -\omega_1 L(f) \\ \omega_1 L(f) & R(f)+sL(f) \end{bmatrix} \tag{2-79}
$$

对于频率范围不大的 SSSO，可不考虑电感和电阻的频率特性，则输电线和变压器的阻抗模型可简化为非频变电阻和电感的组合，即式(2-79)可简化为式(2-72)。

步骤 4，根据频域阻抗建模方法，在统一 dq 坐标系下，采用机理构建或扰动测辨方法获得各类型电力设备的阻抗矩阵模型，包括风电机组/场站、光伏电站、储能、汽轮机组和 LCC-HVDC 等。

步骤 5，根据系统网络拓扑，将所有电力设备和传输线路的阻抗矩阵模型“拼接”为统一 dq 坐标系下的阻抗网络模型。图 2.28 所示为系统在统一 dq 坐标系下的阻抗网络模型，图中$[\boldsymbol{Z}_{2\times2}]$表示 dq 坐标系下的 2×2 阶阻抗矩阵。

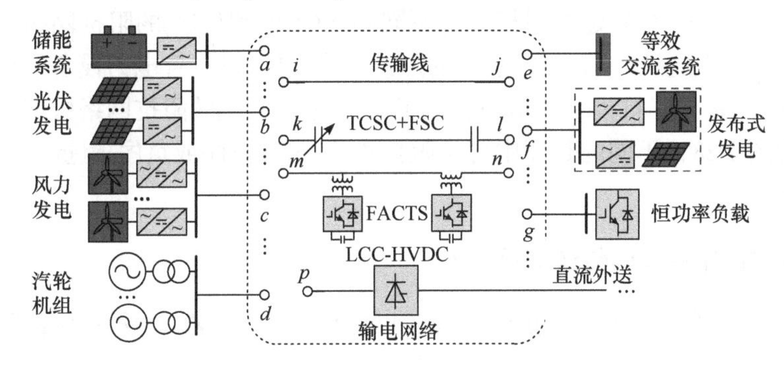

图 2.27　包含并网风电的电力系统

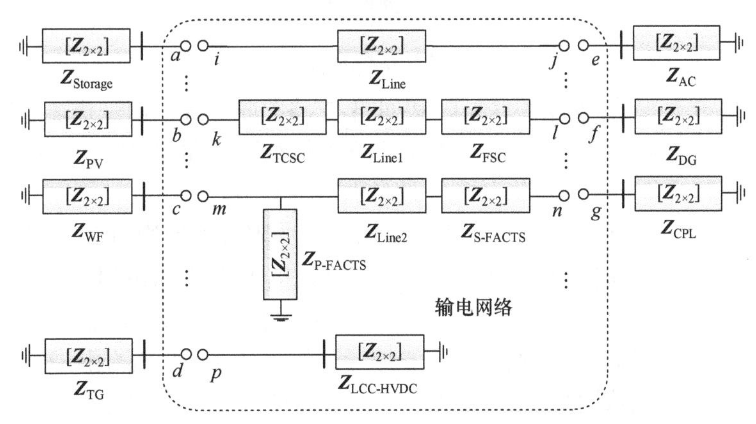

图 2.28　包含并网风电的电力系统在统一 dq 坐标系下的阻抗网络模型

考虑系统其他工况时，可通过重复步骤 2～5 得到相应工况下的阻抗网络模型。

2. 静止坐标系下频率耦合阻抗网络模型

电力设备的 dq 坐标系阻抗模型与静止坐标系频率耦合阻抗模型之间可以相互转化，两种阻抗模型具有等价性，只是在不同坐标系下的表达形式不同。将电力设备在各自 dq 坐标系下的阻抗模型转化到静止坐标系的过程中，包含派克反变换的作用，相当于将阻抗模型转换到统一静止坐标系下。因此，各电力设备在静止坐标系下的频率耦合阻抗模型可以直接互连构成阻抗网络。

静止坐标系下建立目标系统阻抗网络模型的步骤与统一 dq 坐标系下基本一致，只需将 dq 坐标下的电力设备阻抗建模更改为静止坐标系下。

3. 静止坐标系下正负序或频率解耦的阻抗网络模型

当电力设备不同频率之间(正、负序可视为符号不同的两个频率)没有耦合或者耦合较弱时，可分别建立目标系统不同频率(正序和负序)的阻抗网络模型。具体步骤可参考上述统一 dq 坐标系下的阻抗网络建模方法，各电力设备使用各自频率(正序或负序)的阻抗模型表示。此时频率(正负序)解耦的阻抗网络模型也可类似地表示为图 2.28，不同的是图中各个阻抗均为一维(正序或负序)阻抗，而非二维阻抗矩阵。

2.6.3 阻抗网络模型的传递函数矩阵

数学上，可以用节点导纳矩阵 $\boldsymbol{Y}(s)$和回路阻抗矩阵 $\boldsymbol{Z}(s)$表示系统的阻抗网络模型，即

$$\boldsymbol{Y}(s)=\boldsymbol{A}\boldsymbol{Y}_{\mathrm{D}}(s)\boldsymbol{A}^{\mathrm{T}} \tag{2-80}$$

$$\boldsymbol{Z}(s)=\boldsymbol{B}\boldsymbol{Z}_{\mathrm{D}}(s)\boldsymbol{B}^{\mathrm{T}} \tag{2-81}$$

其中，$\boldsymbol{A}$ 和 $\boldsymbol{B}$ 为节点-支路关联矩阵和回路-支路关联矩阵，用来描述系统中不同设备间的拓扑连接关系；$\boldsymbol{Y}_{\mathrm{D}}(s)$和 $\boldsymbol{Z}_{\mathrm{D}}(s)$为支路导纳矩阵和支路阻抗矩阵，二者均为对角阵，其对角元素分别为各支路设备的导纳和阻抗。

考虑 dq 坐标系或静止坐标系下各电力设备的阻抗模型均为 2×2 阶的阻抗矩阵，因此需要建立扩展的节点导纳矩阵和回路阻抗矩阵描述阻抗网络模型。首先，将关联矩阵$\boldsymbol{A}$和$\boldsymbol{B}$中的元素 a_{ij}和 b_{ij}扩展成二维对角矩阵 $\mathrm{diag}(a_{ij}, a_{ij})$和 $\mathrm{diag}(b_{ij}, b_{ij})$，从而构成扩展的关联矩阵。然后，将支路导纳矩阵 $\boldsymbol{Y}_{\mathrm{D}}(s)$和支路阻抗矩阵 $\boldsymbol{Z}_{\mathrm{D}}(s)$的每个对角元素(导纳或阻抗)均扩展为各支路设备的导纳矩阵和阻抗矩阵，得到扩展的支路导纳矩阵和支路阻抗矩阵。最后，将扩展的关联矩阵、支路导纳矩阵和支路阻抗矩阵代入式(2-80)和式(2-81)，形成扩展的节点导纳矩阵和回路阻抗矩阵。显然，各扩展矩阵的阶数均为扩展前的 2 倍。

基于节点导纳矩阵和回路阻抗矩阵，可写出系统的节点电压方程和回路电流方程，即

$$\boldsymbol{Y}(s)\boldsymbol{U}^{\mathrm{n}}(s)=\boldsymbol{I}^{\mathrm{n}}(s) \tag{2-82}$$

$$\boldsymbol{Z}(s)\boldsymbol{I}^{\mathrm{l}}(s)=\boldsymbol{U}^{\mathrm{l}}(s) \tag{2-83}$$

式中，$\boldsymbol{U}^{\mathrm{n}}(s)$为节点电压向量；$\boldsymbol{I}^{\mathrm{n}}(s)$为节点注入电流源的电流向量；$\boldsymbol{I}^{\mathrm{l}}(s)$为回路电流向量；$\boldsymbol{U}^{\mathrm{l}}(s)$为回路添加电压源的电压向量；n 和 l 为节点和支路。

根据式(2-82)，当将各节点的注入电流源作为阻抗网络的输入量，各节点电压作为网络的输出量时，节点导纳矩阵的逆矩阵为网络的传递函数矩阵。同理，根据式(2-83)，当将各回路的添加电压源和各回路电流分别作为阻抗网络的输入量和输出量时，回路阻抗矩阵的逆矩阵为网络的传递函数矩阵。控制理论表明，当目标系统可观可控时，系统的传递函数矩阵包含系统全部振荡模式的信息。因此，节点导纳矩阵(或其逆矩阵)和回路阻抗矩阵(或其逆矩阵)可以刻画目标系统的小信号动态行为。

参 考 文 献

[1] Larsen E V. Wind generators and series-compensated AC transmission lines//IEEE PES General Meeting, San Diego, 2012: 1-4.

[2] 贺益康, 胡家兵, 徐烈. 并网双馈异步风力发电机运行控制. 北京: 中国电力出版社, 2012.

[3] 黄守道, 高剑, 罗德荣. 直驱永磁风力发电机设计及并网控制. 北京: 电子工业出版社, 2014.

[4] Sun J. Small-signal methods for ac distributed power systems-a review. IEEE Transactions on Power Electronics, 2009, 24(11): 2545-2554.

[5] Sun J. Impedance-based stability criterion for grid-connected inverters. IEEE Transactions on Power Electronics, 2011, 26(11): 3075-3078.

[6] Cespedes M, Sun J. Impedance modeling and analysis of grid-connected voltage-source converters. IEEE Transactions on Power Electronics, 2014, 29(3): 1254-1261.

[7] Wang X, Harnefors L, Blaabjerg F. Unified impedance model of grid-connected voltage-source converters. IEEE Transactions on Power Electronics, 2018, 33(2): 1775-1787.

[8] Bakhshizadeh M K, Wang X, Blaabjerg F, et al. Couplings in phase domain impedance modeling of grid-connected converters. IEEE Transactions on Power Electronics, 2016, 31(10): 6792-6796.

[9] Rygg A, Molinas M, Zhang C, et al. A modified sequence-domain impedance definition and its equivalence to the dq-domain impedance definition for the stability analysis of AC power electronic systems. IEEE Journal of Emerging and Selected Topics in Power Electronics, 2016, 4(4): 1383-1396.

[10] Wen B, Boroyevich D, Burgos R, et al. Small-signal stability analysis of three-phase AC systems in the presence of constant power loads based on measured dq frame impedances. IEEE Transactions on Power Electronics, 2015, 30(10): 5952-5963.

[11] Wen B, Dong D, Boroyevich D, et al. Impedance-based analysis of grid-synchronization stability for three-phase paralleled converters. IEEE Transactions on Power Electronics, 2016, 31(1): 26-38.
[12] Harnefors L, Bongiorno M, Lundberg S. Input-admittance calculation and shaping for controlled voltage-source converters. IEEE Transactions on Industrial Electronics, 2007, 54(6): 3323-3334.
[13] Liu W, Xie X, Shair J, et al. A nearly decoupled admittance model for grid-tied VSCs under variable operating conditions. IEEE Transactions on Power Electronics, 2020, 35(9): 9380-9389.
[14] 王秀和, 孙雨萍. 电机学. 北京: 机械工业出版社, 2009.
[15] Fan L, Kavasseri R, Miao Z L, et al. Modeling of DFIG-based wind farms for SSR analysis. IEEE Transactions on Power Delivery, 2010, 25(4): 2073-2082.
[16] Liu H, Xie X, Zhang C, et al. Quantitative SSR analysis of series-compensated DFIG-based wind farms using aggregated RLC circuit model. IEEE Transactions on Power Systems, 2017, 32(1): 474-483.
[17] Xu Y, Nian H, Wang T, et al. Frequency coupling characteristic modeling and stability analysis of doubly fed induction generator. IEEE Transactions on Energy Conversion, 2018, 33(3): 1475-1486.
[18] Liu W, Xie X, Zhang X, et al. Frequency-coupling admittance modeling of converter-based wind turbine generators and the control-hardware-in-the-loop validation. IEEE Transactions on Energy Conversion, 2020, 35(1): 425-433.
[19] Xie X, Zhang X, Liu H, et al. Characteristic analysis of subsynchronous resonance in practical wind farms connected to series-compensated transmissions. IEEE Transactions on Energy Conversion, 2017, 32(3): 1117-1126.
[20] Liu H, Xie X, He J, et al. Subsynchronous interaction between direct-drive PMSG based wind farms and weak AC networks. IEEE Transactions on Power Systems, 2017, 32(6): 4708-4720.
[21] IEEE SSR Working Group. First benchmark model for computer simulation of subsynchronous resonance. IEEE Transactions on Power Apparatus and Systems, 1977, 96(5): 1565-1572.
[22] IEEE SSR Working Group. Second benchmark model for computer simulation of subsynchronous resonance. IEEE Transactions on Power Apparatus and Systems, 1985, 104(5): 1057-1066.

第3章 基于阻抗网络模型的风电次/超同步振荡分析

3.1 分析方法概述

3.1.1 分析的目标

风电SSSO与传统汽轮机组轴系扭振主导的SSO在产生机理及振荡特性等方面均有显著区别，因此需要针对此类新型振荡问题展开深入研究，提出适用于大规模风电系统SSSO分析的方法。分析目标包括以下几个方面。

① 风电SSSO涉及多台风电机组间及其与交/直流电网的动态相互作用，并且振荡频率与机械扭振和电网电气振荡的频段重叠，具有激发临近汽轮机组轴系扭振和电网电气谐振的风险。因此，需要分析不同设备对振荡的参与情况，以阐明振荡的形成机理。

② 由于风速的随机性和波动性，系统运行方式多变。风电SSSO的稳定性与运行方式密切相关，因此需要判断系统在不同运行方式下的稳定性特征，并进一步获取振荡模式的定量特征，如频率、阻尼、灵敏度等，从而衡量系统各种工况下的稳定水平，得到系统的稳定运行区间，以提高系统的稳定性。

③ 风电SSSO的影响因素复杂，振荡的频率、阻尼、稳定性受变流器和电网诸多参数，甚至风速、光照等外部条件的影响，因此需要研究影响振荡的关键因素，并进一步揭示关键因素对振荡的影响规律，从而对运行方式优化和振荡防控提供指导意见。

3.1.2 分析面临的挑战

图2.27所示的包含并网风电的现代电力系统是SSSO分析的对象。在电源侧，风电、光伏和储能等新型电源设备通过电力电子变流器并网，基于传统同步机的火电、水电机组通过电磁式变压器接入交流电网；输电网包括线路、变压器、串联电容补偿等传统交流元件、串/并联型FACTS控制器和常规(特)高压直流(LCC-HVDC)等输电设备；在用户侧，则有大量交、直流负载和分布式电源。可见，包含并网风电的现代电力系统具有设备类型多、并网规模大、结构复杂和运行方式多变等特点，给风电SSSO分析带来严峻的挑战。

首先，由于风电机组单机容量小、机组数量多，且机组控制系统复杂，单机动态维度高，大规模风电系统的模型阶数极高。采用传统的分析方法(如特征值分析、时域仿真)可能面临维数灾问题。以往研究常将大量异构风电机组聚合成单台或数台大容量风机，同时对复杂的输电网络简化等值。然而，得到的简化、聚合模型会忽略机组之间的动态差异和实际电网的复杂拓扑，难以实现对系统振荡特性的精确评估。因此，如何准确量化分析大规模风电 SSSO 成为亟须解决的难题。

其次，由于自然界中的风速具有显著的随机性和波动性，风电机组可能出现频繁的投/切操作，系统运行方式和电网拓扑频繁变化。传统的小扰动稳定性分析方法通常针对单一运行场景，且模型重构效率低，难以全面覆盖系统的各种运行方式。因此，如何高效分析大规模风电系统在时变方式下的振荡稳定性也是难题之一。

最后，由于风电 SSSO 涉及变流器间及其与电网的相互作用，并且具有激发机械扭振和电网电气谐振的风险，振荡特性的影响因素复杂。在分析时，不仅要考虑风电机组自身控制参数、地理位置和并网台数等的影响，还要考虑环境因素(如风速)，以及电网设备的状态和参数。因此，如何揭示多种因素对 SSSO 特性的影响规律并定位主导因素也至关重要。

3.1.3 分析方法综述

风电SSSO往往始于小信号负阻尼发散，随着振荡幅值的增长，非线性因素(如控制中的限幅、饱和等)逐渐起作用，导致其大多终于持续等幅振荡。当然，振幅增长过程中也可能导致保护动作，改变机-网拓扑或工况，导致振荡衰减，甚至消失。因此，SSSO 可以从小扰动(线性)和大扰动(非线性)两个角度，或者结合起来进行分析。前者可沿用传统的小扰动(近似线性化)稳定性分析方法[1-3]，后者可以采用大扰动(非线性)稳定性分析或仿真方法[4-7]。另外，风电 SSSO 分析方法也可从时域和频域角度进行划分，如图 3.1 所示。

1. 时域分析方法

时域分析方法是指在时间域内对目标系统开展分析的技术。最常用的时域分析方法包括基于状态空间模型的特征值分析法和基于电磁暂态模型的时域仿真法。

1) 特征值分析法

特征值分析法又称模态分析法，是小扰动稳定性分析常用的方法之一。这种方法的理论基础是 Lyapunov 第一法则。其基本思路是，首先将系统的非线性动态方程在某一平衡点处进行 Taylor 展开，并忽略高次项，即对其进行小范围线性化获得状态矩阵；其次，求解该线性状态矩阵的特征值；再次，根据特征值在复

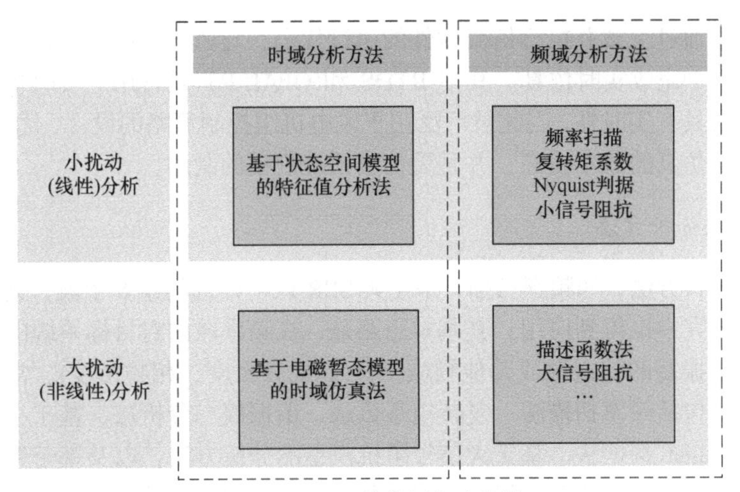

图 3.1　SSSO 的分析方法分类

平面上的分布情况来判断系统在零输入情况下的稳定性；最后，通过计算参与因子和灵敏度等分析系统状态量与模态量之间的关系，确定影响振荡模态的主导因素[8-11]。

特征值分析法的优点是，理论严格、分析准确度高，可得大量有价值的信息，根据控制策略施加前后特征根的变化有助于振荡抑制策略的制定。但是，由于特征值分析基于平衡点附近的线性化模型，因此仅适用于小扰动稳定性，难以用于研究系统中的非线性因素。特别是，电力电子设备的开关行为。其次，风电机组变流器的内部结构和参数通常会被开发商保密，这种情况下就难以对其进行详细的状态空间建模。再次，当系统规模比较大、维数很高时，求解特征值本身的难度会上升、精度会下降，导致特征值分析虽然广泛应用于小的简化系统，但在实际电力系统 SSSO 这种电磁暂态过程分析中的应用仍面临巨大的挑战。

2) 时域仿真法

电磁暂态仿真是利用逐步数值积分的方法求解待研究系统的线性或非线性差分方程，从而得到系统的动态行为过程，即系统中各物理量随时间变化的曲线。电磁暂态仿真软件一般能对系统中的非线性元件和非线性行为(如磁饱和、开关操作、暂态故障和电力电子设备)进行详细建模，同时还可用于校验用线性化模型设计的控制策略及设备在各种非线性运行条件下的性能[12-14]。

电磁暂态仿真可以分为离线仿真和控制硬件在环仿真。离线仿真需要借助仿真软件，输入相关元件参数模拟系统运行。常用的离线电磁暂态仿真软件包括 PSCAD/EMTDC、MATLAB/Simulink 等。采用该仿真技术要求知道目标系统的详细结构和参数，往往需要设置较小的仿真步长，导致对大型系统的电磁暂态仿真耗时激增、效率下降。控制硬件在环仿真除了需要仿真软件，还需要硬件仿真器。

硬件仿真器通过下载并执行仿真软件的执行代码，与风电机组的硬件控制器即时交换信息[15,16]完成实时仿真。其中 RTDS 和 OPAL-RT 是常用的实时仿真器。硬件在环仿真具有实时性，因此被广泛用于风电机组控制策略的设计、优化和检验。但是，实时仿真的成本较高，并且受仿真系统规模的制约。

2. 频域分析方法

频域分析方法，如频率扫描，是经典 SSR 风险筛选的重要手段，近年来在风电 SSSO 研究中也得到应用。其基本思路是，在频率域内对目标系统的特性进行分析，确定振荡的稳定性或其他频域指标(如幅频裕度、相频裕度)。常采用的频域分析方法包括频率扫描法、复转矩系数法、谐振模态分析法、基于小信号阻抗模型的 Nyquist 判据法、基于大信号阻抗模型的分析方法，以及基于聚合阻抗频率特性的定量分析方法等。下面简述各种分析方法的原理及其在风电 SSSO 研究中的应用情况。

1) 频率扫描法

频率扫描法是一种常用于风险筛选的 SSSO 评估方法[17,18]。在目标机组端口或场站接入处，通过频率扫描可以得到机组、场站和输电网络在次/超同步频率范围内的驱动点阻抗。其实部和虚部分别称为等效电阻和等效电抗。两者都是关于频率的函数。通过观察两者的过零点、跌落等特性可以判别振荡风险。传统的频率扫描法是基于系统无源元件构成电路的阻抗特性，不能很好地反映变流器等对阻抗特性的贡献。最新的频率扫描法多采用扰动测试法，即向扫描对象注入不同频率的小扰动进而测量其阻抗而实现，可以反映变流器动态。目前，频率扫描法广泛用于风电 SSSO 的风险评估。文献[19]提出一种适用于风电机组的动态频率扫描技术，能够考虑风电机组的非线性和控制器特性。文献[20]通过频率扫描法辨识得到风电机组等电力设备的阻抗模型，进而分析系统的振荡稳定性。

频率扫描法具有成本低、分析效率高和便于使用等优势，可用于大规模复杂系统。它可用于确定系统中对 SSSO 影响很小的部分，在进一步详细分析时可将这部分忽略或用简化电路代替，从而在一定程度上提高分析速度。然而，频率扫描法作为一种初筛方法，难以得到 SSSO 的频率、阻尼等精确量化结果。因此，它往往需要辅以更详细的分析方法。

2) 复转矩系数法

复转矩系数法也称为净阻尼法[21,22]，广泛用于分析汽轮机组的 SSR 特性。采用该方法时，将目标系统分为机械和电气两个子系统，推导各子系统的复转矩系数，即输入-输出传递函数。通过分析开环谐振频率处两个复转矩系数之和的实部(即净阻尼)是否为正，可以判断系统的稳定性，如净阻尼为正，则系统稳定。此外，也有文献将复转矩系数法用于风电 SSSO 的分析。文献[23]从双馈风机转子电压方程出发，考虑变流器的控制环节，推导风机电磁转矩的电气阻尼系数表达式，并基于阻尼系数分析关键参数对风电 SSSO 稳定性的影响。文献[24]推导了并网多风电场向同步机轴系注入的阻尼转矩，同时分析了分散式多风电场与多机电力系统的动态交互过程。

复转矩系数法适用于大规模系统，能考虑各种控制策略和运行工况对 SSSO 的影响，获得阻尼系数随扰动频率的变化曲线，有利于设计 SSSO 控制策略。但是，该方法对每台机组都要做逐点的阻尼系数-扰动频率曲线，用于多机系统时计算量非常大，而且因采用实频分析而非复频分析，会引入一定的误差。

3) 谐振模态分析法

谐振模态分析法可用于分析谐波谐振现象，通过求解系统频域节点导纳矩阵特征根的最小值可以获得系统的谐振频率，根据参与因子判断谐振中心位置，可以进一步通过灵敏度分析，得到系统各设备对谐振发生的影响程度[25,26]。文献[27]，[28]将谐振模态分析法扩展应用于风电 SSSO 问题，建立复频域节点导纳矩阵，通过计算矩阵行列式的零点获得系统的 SSSO 模式。

谐振模态分析法能够定量计算出参与因子、灵敏度等指标，进而确定对谐振影响较大的设备。与特征值分析法类似，当实际风电系统规模大、维数高时，该方法难以准确求解全部振荡模式，无法从大量振荡模式中准确辨识出需关注的主导振荡模式。

4) 基于小信号阻抗模型的 Nyquist 判据

基于小信号阻抗模型的 Nyquist 判据法是使用非常广泛的稳定性分析技术。使用该方法时，需将目标系统分为电源子系统和负荷子系统两部分，建立两个子系统的阻抗模型(图 3.2)，则回路电流可采用下式计算，即

$$I(s)=\frac{V_{\mathrm{s}}(s)}{Z_{\mathrm{load}}(s)}\cdot\frac{1}{(1+Z_{\mathrm{source}}(s)/Z_{\mathrm{load}}(s))} \tag{3-1}$$

其中，$Z_{\mathrm{source}}(s)$和 $Z_{\mathrm{load}}(s)$为电源子系统和负荷子系统的频域阻抗。

根据式(3-1)，如果 $V_{\mathrm{s}}(s)$和 $Z_{\mathrm{load}}(s)$开环稳定，则系统的稳定性可根据$1/(1+Z_{\mathrm{source}}(s)/Z_{\mathrm{load}}(s))$进行评估。它可以看作是一个负反馈控制系统的闭环传递函数，其前向增益为 1，反馈增益为 $Z_{\mathrm{source}}(s)/Z_{\mathrm{load}}(s)$。根据线性控制理论，当且仅当反馈增益满足 Nyquist 稳定性判据时，系统才稳定。因此，系统的稳定性由电源和负荷两个子系统的阻抗之比决定。如果考虑频率耦合效应，需要建立设备的阻抗矩阵，此时系统的稳定性可以用广义 Nyquist 判据来评估。

Nyquist 判据法理论严格，便于使用，广泛应用于风电 SSSO 问题的分析[29-33]。它可以评估系统的振荡风险，分析风速、串补度、控制器参数等因素对系统振荡特性的影响。然而，Nyquist 判据法忽略了系统的拓扑信息，难以反映风电场的分

布特征，以及附近汽轮机组、传输网络等设备对振荡的参与情况。此外，Nyquist 判据不能提供准确的振荡阻尼和频率等量化信息，通常只用于定性判断振荡的稳定性。

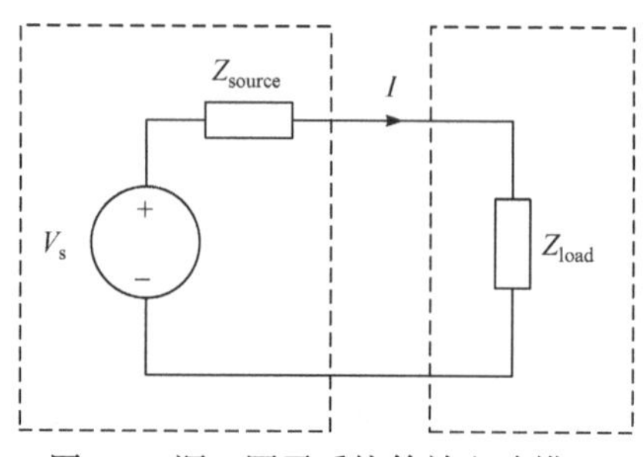

图 3.2 源、网子系统等效电路模型

5) 基于大信号阻抗模型的分析方法

针对风电机组控制中限幅、饱和等非线性环节对风电 SSSO 特性的影响问题，文献[34], [35]提出基于大信号阻抗模型的分析方法。大信号阻抗同样可以通过机理建模法和扰动测辨法获得。基于大信号阻抗模型可以估计 SSSO 进入非线性等幅振荡阶段时的频率和幅值，进而研究限幅等非线性环节对振荡特性(频率、幅值)的影响趋势。然而，目前大信号阻抗模型的研究还处在初级阶段，多停留在单机系统的机理性分析，尚有较多问题有待深入探讨。例如，还没有考虑频率耦合响应、多种或多个机组非线性动态的叠加等。

综上可见，各种方法均有其优势和不足之处。其中，频率扫描法和复转矩系数法简便易用，但无法给出准确的稳定性结果，通常只用于 SSSO 风险场景的初步筛选；特征值分析、电磁暂态仿真、谐振模态分析方法能够获得振荡的定量信息，揭示振荡的主导因素，但需构建详细电磁暂态模型，计算量大，且不便处理黑/灰箱设备和时变的机-网方式，难以扩展应用于实际的大规模复杂风电系统；基于阻抗模型 Nyquist 判据，只能给出定性结果，并且由于忽略电网结构，难以分析不同设备对振荡的贡献度；大信号阻抗模型目前仅用于单一非线性因素对振荡特性的影响机理分析上。

比照前一节介绍的诸多挑战可知，上述方法仍难以应对实际大规模风电系统 SSSO 的高效准确分析。针对这一情况，作者团队经多年理论和实践探索总结出一套基于阻抗网络模型的定量分析方法。它的基本思路是，设备的耦合阻抗模型是以电流-电压作为输入-输出特性的传递函数矩阵，基于电力网络的基尔霍夫定律，可将各元件的阻抗模型依系统拓扑联立成阻抗网络模型；阻抗网络模型可视为反映系统设备间互动关系的闭环控制系统，在可控、可观性条件下，系统的动态特征(包括稳定性)即可由阻抗网络及其聚合频率特性来反映，由此可构建基于阻抗网络频率特性的 SSSO 稳定性判据和定量分析方法[36-38]。方法的主要优点包括：可准确识别主导振荡模式，计算模式的频率、阻尼和灵敏度等量化指标；可揭示电网强度、风电渗透率等关键因素对风电 SSSO 特性的影响规律；可揭示设备及其参数对振荡特性的影响，为定位振荡源和主导影响因素奠定基础。由于阻抗网络在适应机网方式变化、黑/灰箱设备建模和构造灵活性方面的突出特点，该方法适用于大规模复杂风电系统 SSSO 的定量分析，可以为工程评估提供一种高效分析手段。

在实际工程中，往往有两种重要需求。一种是求出风电系统所有相关振荡模式及其特征，计算量较大；另一种是求出不稳定或弱阻尼的主导 SSSO 模式及其特征，计算量较小，效率更高。

3.2　基于阻抗网络模型的频域模式分析

系统的阻抗网络模型可采用节点导纳矩阵和回路阻抗矩阵描述。频域模式分析即通过求取矩阵的零点获得系统所有振荡模式，包括关注的 SSSO 模式，然后定义并计算节点(回路)参与因子、设备灵敏度、支路可观度和节点可控度等频域量化指标定量分析设备对振荡的参与度，以及振荡的分布特征，从而深入研究风电 SSSO 的特性。

3.2.1　振荡模式的获取

复频域节点导纳矩阵 $\boldsymbol{Y}(s)$和回路阻抗矩阵 $\boldsymbol{Z}(s)$的逆矩阵是系统的传递函数矩阵。在可观和可控条件下，$\boldsymbol{Y}(s)$和 $\boldsymbol{Z}(s)$的行列式为系统的特征多项式。通过求取 $\boldsymbol{Y}(s)$和 $\boldsymbol{Z}(s)$行列式的零点，即可得系统的振荡模式[39,40]，对应的方程为

$$\det[\boldsymbol{Y}(s)]=0,\quad \det[\boldsymbol{Z}(s)]=0 \tag{3-2}$$

其中，det[]表示矩阵的行列式。

风电机组的控制通常较为复杂，其阻抗模型的阶数较高，所以大规模风电并网系统的特征多项式往往是一个高阶多项式，需要设计一个高效的算法来求解式(3-2)。例如，QR 分解法鲁棒性好，收敛速度快[39]，可先建立高阶多项式的酉矩阵，然后利用 QR 分解法获得酉矩阵的特征根，即对应高阶多项式的零点，也就是系统的振荡模式。QR 分解法适用于千阶及以下的系统，对于更高阶的系统，可以采用频率分段技术，将系统模型分为若干个频段，对每个频段，可忽略偏离这个频段的系统动态，从而降低该频段的模型阶数，则仍然可使用 QR 分解法计算该频段的模式。最后，综合各频段的解，得到系统在关注频段的模式。

假设系统共有 M 个振荡模式，任一振荡模式记为 $s_m=\sigma_m\pm \mathrm{j}\omega_m\,(m=1, 2,\cdots, M)$，

它的振荡阻尼比和振荡频率为

$$\xi_m = -\frac{\sigma_m}{\sqrt{\sigma_m^2 + \omega_m^2}}, \quad f_m = \frac{\omega_m}{2\pi} \tag{3-3}$$

如果 $\sigma_m > 0$ 或者 $\xi_m < 0$，则表示相应的振荡模式是不稳定的，系统受到小扰动后的动态行为主要由负阻尼或弱阻尼的振荡模式决定(有时称为主导模式)。

3.2.2 设备对振荡模式的参与度

1. 参与因子

在时域模式分析中，用参与因子指标衡量状态量与振荡模式的关联程度。类似地，在频域模式分析中引入参与因子的概念，用来衡量各节点和回路与振荡模式的关联程度。其具体推导过程如下，将振荡模式 s_m 代入系统的节点导纳矩阵和回路阻抗矩阵，记为 $\boldsymbol{Y}(s_m)$和 $\boldsymbol{Z}(s_m)$。$\boldsymbol{Y}(s_m)$和 $\boldsymbol{Z}(s_m)$是对称矩阵，将其对角化，可得

$$\boldsymbol{Y}(s_m) = \boldsymbol{R}\boldsymbol{\Lambda}^{\mathrm{n}}\boldsymbol{H}^{\mathrm{T}} \tag{3-4}$$

$$\boldsymbol{Z}(s_m) = \boldsymbol{F}\boldsymbol{\Lambda}^{\mathrm{l}}\boldsymbol{W}^{\mathrm{T}} \tag{3-5}$$

式中

$$\begin{gathered}\boldsymbol{\Lambda}^{\mathrm{n}} = \mathrm{diag}\,(\lambda_1, \lambda_2, \cdots, \lambda_N), \quad \boldsymbol{\Lambda}^{\mathrm{l}} = \mathrm{diag}\,(\mu_1, \mu_2, \cdots, \mu_L) \\ \boldsymbol{R}=\begin{bmatrix}\boldsymbol{R}_1 & \boldsymbol{R}_2 & \cdots & \boldsymbol{R}_N\end{bmatrix}, \quad \boldsymbol{H}=\begin{bmatrix}\boldsymbol{H}_1 & \boldsymbol{H}_2 & \cdots & \boldsymbol{H}_N\end{bmatrix}, \quad \boldsymbol{R}^{-1} = \boldsymbol{H}^{\mathrm{T}} \\ \boldsymbol{F}=\begin{bmatrix}\boldsymbol{F}_1 & \boldsymbol{F}_2 & \cdots & \boldsymbol{F}_L\end{bmatrix}, \quad \boldsymbol{W}=\begin{bmatrix}\boldsymbol{W}_1 & \boldsymbol{W}_2 & \cdots & \boldsymbol{W}_L\end{bmatrix}, \quad \boldsymbol{F}^{-1} = \boldsymbol{W}^{\mathrm{T}}\end{gathered} \tag{3-6}$$

式中，$\lambda_n\,(n=1, 2,\cdots, N)$和 $\mu_l(l=1, 2,\cdots, L)$为矩阵 $\boldsymbol{Y}(s_m)$和 $\boldsymbol{Z}(s_m)$的特征值；$\boldsymbol{H}_n^{\mathrm{T}}$ 和 $\boldsymbol{R}_n$ 为λ_n对应的左和右特征向量；$\boldsymbol{W}_l^{\mathrm{T}}$ 和 $\boldsymbol{F}_l$ 为 μ_l 对应的左和右特征向量；N 为网络的独立节点数；L 为网络的独立回路数。

定义模态电压和模态电流为

$$\boldsymbol{V}^{\mathrm{n}}(s) = \boldsymbol{R}^{-1}\boldsymbol{U}^{\mathrm{n}}(s), \quad \boldsymbol{J}^{\mathrm{n}}(s) = \boldsymbol{R}^{-1}\boldsymbol{I}^{\mathrm{n}}(s) \tag{3-7}$$

$$\boldsymbol{V}^{\mathrm{l}}(s) = \boldsymbol{F}^{-1}\boldsymbol{U}^{\mathrm{l}}(s), \quad \boldsymbol{J}^{\mathrm{l}}(s) = \boldsymbol{F}^{-1}\boldsymbol{I}^{\mathrm{l}}(s) \tag{3-8}$$

将式(3-7)和式(3-8)代入节点电压方程和回路电流方程，可以得到互相解耦的模态方程，即

$$V_n^{\mathrm{n}}(s_m) = \lambda_n^{-1} J_n^{\mathrm{n}}(s_m)\,, \quad n = 1,2,\cdots,N \tag{3-9}$$

$$J_l^{\mathrm{l}}(s_m) = \mu_l^{-1} V_l^{\mathrm{l}}(s_m), \quad l = 1,2,\cdots,L \tag{3-10}$$

考虑振荡模式 s_m 为 $\boldsymbol{Y}(s)$和 $\boldsymbol{Z}(s)$的行列式零点，$\boldsymbol{Y}(s_m)$和 $\boldsymbol{Z}(s_m)$均存在一个零特征值，分别记作λ_p和 μ_q。

由于λ_p=0，根据式(3-9)，模态电流 J_p^{n} 会激励出较大的模态电压 V_p^{n}，这样系统中各节点电压由模态电压 V_p^{n} 主导。根据式(3-4)和式(3-7)，在振荡模式 s_m 下，节点电压与节点注入电流间的关系可以近似写为

$$\boldsymbol{U}^{\mathrm{n}}(s_m) \approx \lambda_p^{-1}\boldsymbol{P}^{\mathrm{n}}\boldsymbol{I}^{\mathrm{n}}(s_m) \tag{3-11}$$

其中

$$\boldsymbol{P}^{\mathrm{n}} = \boldsymbol{R}_p\boldsymbol{H}_p^{\mathrm{T}} \tag{3-12}$$

由式(3-11)，$\boldsymbol{P}^{\mathrm{n}}$ 的对角元素表示在振荡模式 s_m 下某一节点的节点电压与该节点注入电流间的关系。节点的注入电流反映节点对振荡模式的激励程度，节点电压反映节点对振荡模式的观测效果。因此，$\boldsymbol{P}^{\mathrm{n}}$ 的对角元素衡量节点对该模式的参与程度，将其进行归一化，作为节点的参与因子，即

$$\mathrm{PF}_n^{\mathrm{n}} = \left|\boldsymbol{P}_{nn}^{\mathrm{n}}\right| \Big/ \sum_{n=1}^{N}\left|\boldsymbol{P}_{nn}^{\mathrm{n}}\right| \tag{3-13}$$

同理，由于 μ_q=0，根据式(3-10)，模态电压 V_q^{l} 会激励出较大的模态电流 J_q^{l}，这样系统中各回路电流由模态电流 J_q^{l} 主导。根据式(3-5)和式(3-10)，在振荡模式 s_m 下，回路电流与回路添加电压间的关系可以近似写为

$$\boldsymbol{I}^{\mathrm{l}}(s_m) \approx \mu_q^{-1}\boldsymbol{P}^{\mathrm{l}}\boldsymbol{U}^{\mathrm{l}}(s_m) \tag{3-14}$$

其中

$$\boldsymbol{P}^{\mathrm{l}} = \boldsymbol{F}_q\boldsymbol{W}_q^{\mathrm{T}} \tag{3-15}$$

由式(3-14)，$\boldsymbol{P}^{\mathrm{l}}$ 的对角元素表示在振荡模式 s_m 下，某一回路的回路电流与该回路添加电压间的关系，回路的添加电压反映回路对振荡模式的激励程度，回路电流反映回路对振荡模式的观测效果。因此，$\boldsymbol{P}^{\mathrm{l}}$ 的对角元素衡量回路对该模式的参与程度，回路的参与因子 3)定义为

$$\mathrm{PF}_l^{\mathrm{l}} = \left|\boldsymbol{P}_{ll}^{\mathrm{l}}\right| \Big/ \sum_{l=1}^{L}\left|\boldsymbol{P}_{ll}^{\mathrm{l}}\right| \tag{3-16}$$

由式(3-12)和式(3-15)，节点(回路)对振荡模式的参与因子分别与节点导纳矩阵(回路阻抗矩阵)零特征值的左和右特征向量有关。根据各节点和回路的参与因子，可以发现振荡的主要参与节点和回路，确定振荡的影响区域。

2. 设备灵敏度

为研究不同设备对振荡模式的贡献程度，定义设备灵敏度指标，其为关注模

态对设备导纳的一阶导数，即

$$\mathrm{Sen} = \partial \lambda_p / \partial y \tag{3-17}$$

由于λ_p是$\boldsymbol{Y}(s_m)$的特征值，根据特征向量的定义，以及左和右特征向量的正交性，可得

$$\boldsymbol{Y}(s_m)\boldsymbol{R}_p = \lambda_p \boldsymbol{R}_p \tag{3-18}$$

$$\boldsymbol{H}_p^{\mathrm{T}}\boldsymbol{Y}(s_m) = \lambda_p \boldsymbol{H}_p^{\mathrm{T}} \tag{3-19}$$

$$\boldsymbol{H}_p^{\mathrm{T}}\boldsymbol{R}_p = 1 \tag{3-20}$$

将式(3-18)～式(3-20)代入式(3-17)，设备灵敏度可以表示为

$$\mathrm{Sen} = \boldsymbol{H}_p^{\mathrm{T}} \frac{\partial \boldsymbol{Y}(s_m)}{\partial y} \boldsymbol{R}_p \tag{3-21}$$

根据式(3-21)，设备的灵敏度与设备在节点导纳矩阵的位置有关。将设备分为并联设备与串联设备，并联设备的两端连接节点分别为参考节点与任一其他节点，设备导纳只出现在节点导纳矩阵的对角元素中。串联设备的两端连接节点为除参考节点外的任意两个节点，设备导纳同时出现在节点导纳矩阵的对角和非对角元素中。将并联设备的除参考节点外的连接节点记为节点 i，串联设备的两个连接节点记为 j 与 k，则并联设备和串联设备的灵敏度计算公式可以表示为

$$\mathrm{Sen} = \begin{cases} S_{ii}, & \text{并联设备} \\ S_{jj} - S_{jk} - S_{kj} + S_{kk}, & \text{串联设备} \end{cases} \tag{3-22}$$

式中

$$\boldsymbol{S} = \boldsymbol{R}_p \boldsymbol{H}_p^{\mathrm{T}} \tag{3-23}$$

式中，$\boldsymbol{S}$ 为灵敏度矩阵。

3.2.3 振荡模式的分布特征

定义节点对模式的可控度和支路对模式的可观度指标，有助于定位振荡源和描述振荡的空间分布特征。

1. 节点对模式的可控度

对阻抗网络某一节点#n 施加单位脉冲扰动，则网络任一节点#k 的节点电压可以表示为

$$u_{kn}(t) = \sum_{m=1}^{M} U_{kn}(s_m) \mathrm{e}^{\sigma_m t} \sin(\omega_m t + \varphi) \tag{3-24}$$

式中，u_{kn} 的下标字母表示观测和激励节点的编号；$U_{kn}(s_m)$ (n=1, 2,⋯, N, m=1, 2,⋯, M)为对节点#n 施加激励的条件下，节点#k 电压中模式 s_m 的初始振荡幅值。

对某一节点施加激励，其激发出的系统振荡电压的幅值反映该节点对这个振荡模式的可控程度。因此，将任一节点#n 对模式的可控度定义为

$$c_{nm}=\frac{U_{kn}(s_m)}{\sum_{n=1}^{N}U_{kn}(s_m)} \tag{3-25}$$

需要注意的是，可控度衡量的是各节点激发的振荡幅值的比值，与从哪个节点进行振荡观测无关。因此，式(3-25)中的观测节点 k 可以是系统的任一节点，具体证明可以参见文献[40]。

由式(3-11)，对某一节点#n 施加单位脉冲扰动，任一节点#k 的节点电压中模式 s_m 的初始振荡幅值可以表示为

$$U_{kn}(s_m)=\lambda_p^{-1}R_{kp}H_{np} \tag{3-26}$$

将式(3-26)代入式(3-25)，可以计算得到节点#n 对模式 s_m 的可控度，即

$$c_{nm}=\left|H_{np}\right|\Big/\sum_{n=1}^{N}\left|H_{np}\right| \tag{3-27}$$

根据节点对模式的可控度可以知道，哪些地方的设备及其控制更容易引发振荡，从而有助于定位振荡源。

2. 支路对模式的可观度

假设在阻抗网络某条支路#k 上施加单位脉冲扰动，则网络各支路电流可以表示为

$$i_{bk}(t)=\sum_{m=1}^{M}I_{bk}(s_m)\mathrm{e}^{\sigma_m t}\sin(\omega_m t+\varphi) \tag{3-28}$$

式中，i_{bk} 的下标字母表示观测和激励支路的编号；$I_{bk}(s_m)$ (b=1,2,⋯, B)为对支路#k 施加激励的条件下，支路#b 电流中振荡模式 s_m 的初始振荡幅值，B 为网络总支路数。

系统发生振荡时，某一支路观测到的振荡电流的幅值反映该支路对这个振荡模式的可观程度。因此，任一支路#b 对模式的可观度定义为

$$o_{bm}=\frac{I_{bk}(s_m)}{\sum_{b=1}^{B}I_{bk}(s_m)} \tag{3-29}$$

同理，可观度衡量的是各支路观测到的振荡幅值的比值，与对哪个节点施加扰动激发振荡无关。因此，定义式(3-29)中的激励节点 k 为系统的任一节点，具体证明可以参见文献[40]。

根据式(3-14)，以及回路电流和支路电流的关系，对网络任一支路#k 施加单位脉冲扰动，任一支路#b 电流中模式 s_m 的初始振荡幅值可以表示为

$$I_{bk}(s_m) = \mu_q^{-1} F'_{bq} W'_{qk} \tag{3-30}$$

式中

$$\boldsymbol{F}' = \boldsymbol{B}^{\mathrm{T}} \boldsymbol{F}, \quad \boldsymbol{W}' = \boldsymbol{W}^{\mathrm{T}} \boldsymbol{B} \tag{3-31}$$

式中，$\boldsymbol{B}$ 为支路-回路关联矩阵。

将式(3-30)和式(3-31)代入式(3-29)，可以得到支路#b 对模式 s_m 的可观度，即

$$o_{bm} = \left|F'_{bq}\right| \Big/ \sum_{b=1}^{B} \left|F'_{bq}\right| \tag{3-32}$$

根据支路对模式的可观度，可以获得系统振荡电流的分布，从而指导振荡的动态监测与预警。

3.3 基于聚合阻抗频率特性的定量分析

现代电力系统是高阶非线性动态系统，系统中各种类型电力设备之间的互动会导致多个振荡模式，在某些运行方式下，一些模式可能出现弱阻尼，甚至负阻尼失稳，从而引起系统振荡。第 2 章建立的阻抗网络模型包含目标系统的多个振荡模式。为了快速高效定位需关注的负阻尼和弱阻尼振荡模式(有时称为主导振荡模式)，需要将阻抗网络模型聚合，进而基于聚合阻抗的频率特性实现定量分析。

3.3.1 基本原理与一般流程

根据系统控制理论，线性闭环控制系统的稳定性取决于其特征值或传递函数极点。由阻抗网络模型得到的聚合阻抗可以视为对象系统的闭环控制模型，通过求解聚合阻抗矩阵行列式的零点可以获得系统的振荡模式。考虑系统在小扰动下的动态行为主要由负阻尼和弱阻尼的主导振荡模式决定，为避免求解矩阵行列式零点的大量计算，需研究根据聚合阻抗频率特性直接定位主导模式并实现判稳的方法，进一步准确计算主导模式的振荡阻尼和频率。

图 3.3 给出了基于聚合阻抗频率特性的 SSSO 定量分析方法的基本步骤。

① 针对风电机组、汽轮机组、高压直流和交流网络，通过数学推导或黑/灰箱测辨技术构建形式一致、考虑全阶控制环节和次/超同步频率耦合特征的外特性

频域阻抗模型。

② 在统一的 dq 坐标或静止 abc 坐标下，根据电网拓扑和电路基本定律(基尔霍夫电压/电流定律)将元件阻抗模型互连起来构建目标系统的阻抗网络模型。

③ 通过对阻抗模型进行电路操作(包括简单的串并联、Y/Δ变换和复杂阻抗矩阵变换等)，对复杂阻抗网络模型进行空间归并，得到单一传递函数矩阵表示的聚合阻抗。

④ 由聚合阻抗行列式的频率特性(R_s+jX_s)定位弱阻尼或负阻尼 SSSO 模式(主导模式)，满足下式的频率点，即

$$\exists f_s > 0, f_s \neq f_0, X_s = 0, \quad \frac{\mathrm{d}X_s}{\mathrm{d}\omega} R_s \leqslant 0, \quad \frac{\mathrm{d}X_s}{\mathrm{d}\omega} \neq 0 \tag{3-33}$$

⑤ 在主导模式邻域进行模型降阶，拟合两阶聚合 RLC 电路，进而计算得到振荡的频率、阻尼和灵敏度等量化指标。

步骤①和②已在第 2 章介绍过，3.3.2 节～3.3.4 节分别介绍步骤③～⑤。

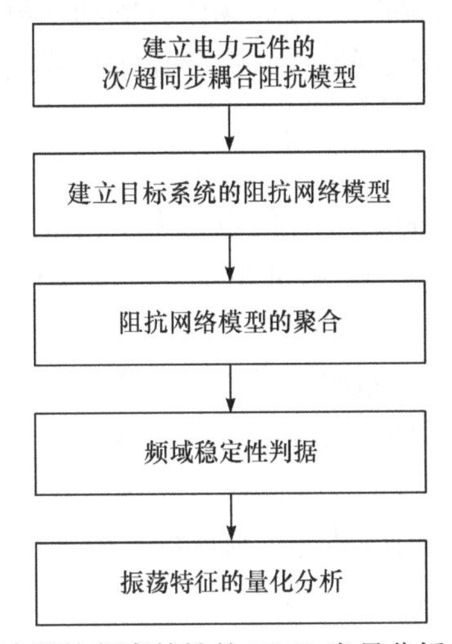

图 3.3　基于聚合阻抗频率特性的 SSSO 定量分析方法的基本步骤

3.3.2　阻抗网络模型的聚合

1. 振荡模式可观性分析

系统的阻抗网络模型由内部各电力设备的阻抗模型根据拓扑连接关系拼接而成。各电力设备的阻抗模型本质上是一个复频域传递函数。模型阶数的范围非常广，从简单交流传输线的 1 阶 R-L 电路模型，到并网变流器的十几阶阻抗模型。大规模风电并网系统的阻抗网络模型往往表征一个维数极高的动态系统。为了高效开展稳定性研究，需要进行频域聚合操作，从而将分析聚焦于关注频段的动态。

通常，系统的阻抗网络模型可沿着某条振荡路径归并为单个高阶聚合阻抗。但是，实际系统往往含有多条不同的振荡路径，如果该系统是可观可控的，无论沿着哪条振荡路径得到的聚合阻抗均包含所有的振荡模式。也就是说，在沿着振荡路径进行阻抗聚合操作时，没有出现局部的串/并联谐振导致零极点对消的情况，则可由该振荡路径得到的聚合阻抗分析所有振荡模式。当这个条件不满足，即系统内部存在局部的串/并联谐振时，沿着某条振荡路径得到的聚合阻抗仅能反映该路径上可观的那些振荡模式。此时，如果恰巧关注的振荡模式不可观，则需要另外选择一条对该模式可观的振荡路径进行阻抗聚合。

综上所述，为了高效辨识系统的所有振荡模式，需要选择一条合适的聚合路径。幸运的是，实际电力系统通常是可观可控的，因此理论上任一路径均是可行的。研究中，可视聚合操作的方便性，选择适当路径进行阻抗网络的聚合。典型的做法是，沿着主导振荡模式的功率流向进行聚合。在实际系统中，通过安装故障录波装置或者相量测量单元可记录振荡事故的发展传播过程。通过分析振荡过程中的录波数据可以方便地确定主导振荡模式的功率流向和扩散路径。沿着该路径归并得到的聚合阻抗能够较好地反映主导振荡模式的动态特性。

2. 简单阻抗网络模型的聚合方法

对于一个具有相对简单网络拓扑的电力系统而言，可沿着事先确定的路径通过阻抗聚合操作(即串并联、Y/Δ变换或阻抗矩阵变换)将目标系统的阻抗网络模型归集为一个聚合阻抗。

当设备阻抗为一维传递函数时，可采用电路分析中的阻抗串、并联和 Y/Δ变换等开展阻抗聚合操作，此处不再赘述。下面重点探讨当设备阻抗为二维传递函数时，阻抗矩阵的串并联和 Y/Δ变换操作。此时可以采用矩阵计算，设在统一 dq 坐标系中第 i 个设备的元件约束满足欧姆定律，即

$$\begin{bmatrix} u_{di}(s) \\ u_{qi}(s) \end{bmatrix} = \begin{bmatrix} Z_{\mathrm{udd}i}(s) & Z_{\mathrm{udq}i}(s) \\ Z_{\mathrm{uqd}i}(s) & Z_{\mathrm{uqq}i}(s) \end{bmatrix} \begin{bmatrix} i_{di}(s) \\ i_{qi}(s) \end{bmatrix} = \boldsymbol{Z}_i(s) \begin{bmatrix} i_{di}(s) \\ i_{qi}(s) \end{bmatrix} \tag{3-34}$$

式中，$[u_{di}(s)\ u_{qi}(s)]^{\mathrm{T}}$ 为统一 dq 坐标系下第 i 个设备对应的端口电压(本质上是小信号增量)，为方便省略了增量符号Δ；$[i_{di}(s)\ i_{qi}(s)]^{\mathrm{T}}$ 为设备的端口电流。

值得注意的是，设备在电网中的接入方式主要有两种。一种是并联接入，即设备仅在一侧三相接入电网，而内部采用三相 Y 接或 Δ 接，如风电机组、无功补偿设备等。另一种是串联接入，即设备两侧分别三相接入电网，如输电线路等。对于前者，端口电压为一侧的端口对地电压，对于后者，端口电压为两侧同相之间的电压差。基于这种端口定义，并联或串联接入设备的端口电压和电流之间形成的阻抗模型均满足式(3-34)。

如果 N 个电力设备的阻抗矩阵模型串、并联，总的阻抗矩阵模型可通过如下串、并联操作得到，即

$$\boldsymbol{Z}_{\text{Ser}} = \boldsymbol{Z}_1 + \boldsymbol{Z}_2 + \cdots + \boldsymbol{Z}_N \tag{3-35}$$

$$\boldsymbol{Z}_{\text{Par}} = \boldsymbol{Z}_1 \| \boldsymbol{Z}_2 \| \cdots \| \boldsymbol{Z}_N = \text{inv}[\text{inv}(\boldsymbol{Z}_1) + \text{inv}(\boldsymbol{Z}_2) + \cdots + \text{inv}(\boldsymbol{Z}_N)] \tag{3-36}$$

式中，$\boldsymbol{Z}_{\text{Ser}}$、$\boldsymbol{Z}_{\text{Par}}$ 为串联、并联后的总阻抗矩阵模型；“||”为并联运算；inv()为矩阵的求逆运算。

采用式(3-35)和式(3-36)，可以方便地得到阻抗矩阵的 Y/△ 变换运算法则。以上分析虽然以 dq 坐标系下的阻抗矩阵运算为例，但是相关计算方法和法则同样适用于静止 abc 坐标系下的频率耦合阻抗矩阵运算。

3. 复杂阻抗网络模型的聚合方法

对于一个具有复杂网络拓扑的电力系统而言，如图 2.27 所示的包含并网风电的现代电力系统，需要一套系统性的聚合方法将其阻抗网络模型归集为聚合阻抗。下面以研究节点 c 风电场与节点 e 等效交流系统之间的动态相互作用为例，介绍一般性的阻抗网络聚合方法。

阻抗网络模型的聚合过程(图 3.4)主要包括以下三个步骤。

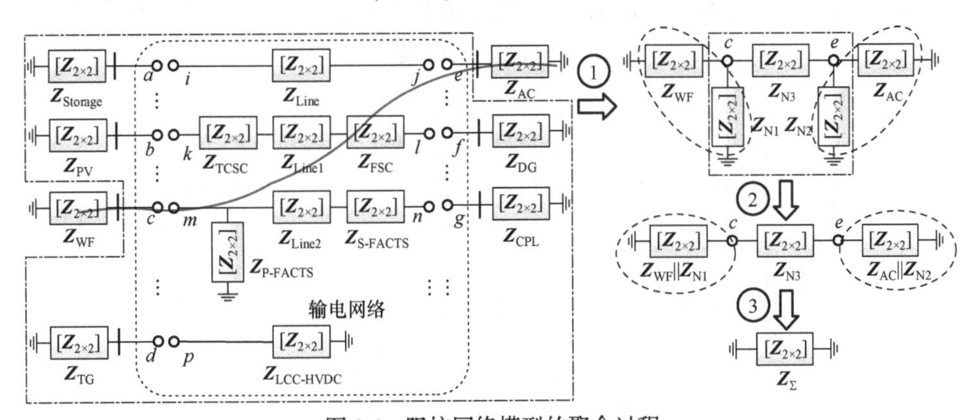

图 3.4　阻抗网络模型的聚合过程

步骤 1，不考虑节点 c 处的阻抗矩阵模型 $\boldsymbol{Z}_{\text{WF}}$ 和节点 e 处的阻抗矩阵模型 $\boldsymbol{Z}_{\text{AC}}$，将点画线框内系统的阻抗网络模型化简为一个 π 型等效电路，剩余的五个阻抗矩阵模型将构成一个简化的阻抗网络模型。该步骤具体可通过以下操作实现。

首先，将图 3.4 所示的阻抗网络模型中所有电力设备的阻抗矩阵模型通过矩阵求逆运算为导纳矩阵模型。然后，在统一 dq 坐标系下，建立目标系统的节点导纳矩阵方程。假设该系统有 N 个节点，则系统节点导纳矩阵的阶数为 $2N$。导纳矩阵由 $N \times N$ 个小的导纳矩阵单元构成，且每个单元的维度为 2×2。构建系统节

点导纳矩阵的基本法则如下，即节点导纳矩阵的对角线元素(i, i)是与节点 i 有连接关系的所有电力设备导纳矩阵模型之和，$i=1,2,\cdots,N$；节点导纳矩阵的非对角线元素(i, j)是同时连接于节点 i 和节点 j 之间的电力设备导纳矩阵模型的相反数，$i, j=1,2,\cdots,N$，并且 $i \neq j$。基于这些法则，在统一 dq 坐标系下，上述目标系统的节点导纳矩阵方程可以表示为

$$\begin{bmatrix}\begin{bmatrix}\Delta i_{d1}(s)\\ \Delta i_{q1}(s)\end{bmatrix}\\ \vdots \\ \begin{bmatrix}\Delta i_{dN}(s)\\ \Delta i_{qN}(s)\end{bmatrix}\end{bmatrix}=\begin{bmatrix}\begin{bmatrix}Y_{\text{u}dd11}(s) & Y_{\text{u}dq11}(s)\\ Y_{\text{u}qd11}(s) & Y_{\text{u}qq11}(s)\end{bmatrix} & \cdots & \begin{bmatrix}Y_{\text{u}dd1N}(s) & Y_{\text{u}dq1N}(s)\\ Y_{\text{u}qd1N}(s) & Y_{\text{u}qq1N}(s)\end{bmatrix}\\ \vdots & & \vdots \\ \begin{bmatrix}Y_{\text{u}ddN1}(s) & Y_{\text{u}dqN1}(s)\\ Y_{\text{u}qdN1}(s) & Y_{\text{u}qqN1}(s)\end{bmatrix} & \cdots & \begin{bmatrix}Y_{\text{u}ddNN}(s) & Y_{\text{u}dqNN}(s)\\ Y_{\text{u}qdNN}(s) & Y_{\text{u}qqNN}(s)\end{bmatrix}\end{bmatrix}\begin{bmatrix}\begin{bmatrix}\Delta u_{d1}(s)\\ \Delta u_{q1}(s)\end{bmatrix}\\ \vdots \\ \begin{bmatrix}\Delta u_{dN}(s)\\ \Delta u_{qN}(s)\end{bmatrix}\end{bmatrix} \tag{3-37}$$

式中，$[\Delta i_{di}(s)\ \Delta i_{qi}(s)]^{\text{T}}$ 和$[\Delta u_{di}(s)\ \Delta u_{qi}(s)]^{\text{T}}$ 为第 i 条母线处的电流增量和电压增量，$i=1, 2,\cdots,N$；$[Y_{\text{u}ddii}\ Y_{\text{u}dqii};\ Y_{\text{u}qdii}\ Y_{\text{u}qqii}]$为节点导纳矩阵的对角线元素，$i=1,2,\cdots,N$；$[Y_{\text{u}ddjk}\ Y_{\text{u}dqjk};\ Y_{\text{u}qdjk}\ Y_{\text{u}qqjk}]$为节点导纳矩阵的非对角线元素，$j=1,2,\cdots,N$，$k=1,2,\cdots,N$，并且 $j \neq k$。

然后，从式(3-37)中删除节点 c 处风电场的导纳矩阵和节点 e 处等效交流系统的导纳矩阵，即 $\text{inv}(\boldsymbol{Z}_{\text{WF}})$和 $\text{inv}(\boldsymbol{Z}_{\text{AC}})$。仅保留节点 c 和节点 e，消除掉其余系统节点后，上述两个节点之间的电压和电流关系可表示为

$$\begin{bmatrix}\begin{bmatrix}\Delta i_{dc}(s)\\ \Delta i_{qc}(s)\end{bmatrix}\\ \begin{bmatrix}\Delta i_{de}(s)\\ \Delta i_{qe}(s)\end{bmatrix}\end{bmatrix}=\begin{bmatrix}\overbrace{\begin{bmatrix}Y'_{\text{u}ddcc}(s) & Y'_{\text{u}dqcc}(s)\\ Y'_{\text{u}qdcc}(s) & Y'_{\text{u}qqcc}(s)\end{bmatrix}}^{\boldsymbol{Y}_{cc}(s)} & \overbrace{\begin{bmatrix}Y'_{\text{u}ddce}(s) & Y'_{\text{u}dqce}(s)\\ Y'_{\text{u}qdce}(s) & Y'_{\text{u}qqce}(s)\end{bmatrix}}^{\boldsymbol{Y}_{ce}(s)}\\ \underbrace{\begin{bmatrix}Y'_{\text{u}ddec}(s) & Y'_{\text{u}dqec}(s)\\ Y'_{\text{u}qdec}(s) & Y'_{\text{u}qqec}(s)\end{bmatrix}}_{\boldsymbol{Y}_{ec}(s)} & \underbrace{\begin{bmatrix}Y'_{\text{u}ddee}(s) & Y'_{\text{u}dqee}(s)\\ Y'_{\text{u}qdee}(s) & Y'_{\text{u}qqee}(s)\end{bmatrix}}_{\boldsymbol{Y}_{ee}(s)}\end{bmatrix}\begin{bmatrix}\begin{bmatrix}\Delta u_{dc}(s)\\ \Delta u_{qc}(s)\end{bmatrix}\\ \begin{bmatrix}\Delta u_{de}(s)\\ \Delta u_{qe}(s)\end{bmatrix}\end{bmatrix} \tag{3-38}$$

式(3-38)表示的是图 3.4 中点画线框内的 π 型等效电路。等效电路的参数分别为 $\boldsymbol{Z}_{\text{N1}}=\text{inv}(\boldsymbol{Y}_{cc}+(\boldsymbol{Y}_{ce}+\boldsymbol{Y}_{ec})/2)$、$\boldsymbol{Z}_{\text{N2}}=\text{inv}(\boldsymbol{Y}_{ee}+(\boldsymbol{Y}_{ce}+\boldsymbol{Y}_{ec})/2)$、$\boldsymbol{Z}_{\text{N3}}=\text{inv}((-\boldsymbol{Y}_{ce}-\boldsymbol{Y}_{ec})/2)$。

步骤 2，通过阻抗矩阵模型的并联操作将简化阻抗网络模型进一步化简为三个阻抗矩阵模型串联的形式。这三个阻抗矩阵模型分别为 $\boldsymbol{Z}_{\text{WF}}\|\boldsymbol{Z}_{\text{N1}}$、$\boldsymbol{Z}_{\text{N3}}$ 和 $\boldsymbol{Z}_{\text{AC}}\|\boldsymbol{Z}_{\text{N2}}$。

步骤 3，通过阻抗矩阵模型的串联操作，得到的目标系统的聚合阻抗矩阵为

$$\boldsymbol{Z}_{\Sigma}=\boldsymbol{Z}_{\text{WF}}\,\|\,\boldsymbol{Z}_{\text{N1}}+\boldsymbol{Z}_{\text{AC}}\,\|\,\boldsymbol{Z}_{\text{N2}}+\boldsymbol{Z}_{\text{N3}} \tag{3-39}$$

同理，可得目标系统的聚合导纳矩阵，即

$$\boldsymbol{Y}_{\Sigma}=\text{inv}(\boldsymbol{Z}_{\Sigma})=(\boldsymbol{Y}_{\text{WF}}+\boldsymbol{Y}_{\text{N1}})\,\|\,(\boldsymbol{Y}_{\text{AC}}+\boldsymbol{Y}_{\text{N2}})\,\|\,\boldsymbol{Y}_{\text{N3}} \tag{3-40}$$

式中，$\boldsymbol{Y}_{\mathrm{WF}}=\mathrm{inv}(\boldsymbol{Z}_{\mathrm{WF}})$；$\boldsymbol{Y}_{\mathrm{AC}}=\mathrm{inv}(\boldsymbol{Z}_{\mathrm{AC}})$；$\boldsymbol{Y}_{\mathrm{N1}}=\mathrm{inv}(\boldsymbol{Z}_{\mathrm{N1}})$；$\boldsymbol{Y}_{\mathrm{N2}}=\mathrm{inv}(\boldsymbol{Z}_{\mathrm{N2}})$；$\boldsymbol{Y}_{\mathrm{N3}}=\mathrm{inv}(\boldsymbol{Z}_{\mathrm{N3}})$。

以上分析虽然以 dq 坐标下的阻抗矩阵运算为例，但是相关法则和结果同样适合静止 abc 坐标系下的频率耦合阻抗矩阵运算。

3.3.3　基于聚合阻抗频率特性的稳定判据

上述研究建立了复杂风电并网系统的阻抗网络模型，并沿着振荡路径将其归集为频域聚合阻抗。该聚合阻抗可看作目标系统在频域内的闭环模型，能够准确刻画目标系统的小信号动态行为。也就是说，通过分析聚合阻抗的特性可评估系统的振荡稳定性。

对于一个可观可控的系统而言，其稳定性取决于闭环特征值(或系统极点)，即聚合阻抗逆矩阵的极点(或聚合阻抗矩阵行列式 $D_z(s)$ 的零点)，即

$$D_Z(s)=Z_{11}(s)Z_{22}(s)-Z_{12}(s)Z_{21}(s) \tag{3-41}$$

式中，$Z_{11}(s)$、$Z_{12}(s)$、$Z_{21}(s)$和 $Z_{22}(s)$为聚合阻抗矩阵中的四个元素。

由式(3-41)可知，聚合阻抗矩阵行列式 $D_Z(s)$是一个关于 s 的多项式。理论上，通过计算行列式 $D_Z(s)$的零点可精确算出目标系统中关注振荡模式的阻尼和频率。但是，实际风电系统具有大规模、高维度特性，往往包含数以千计的各类型电力设备。因此，系统的聚合阻抗矩阵模型也将具有非常高的阶数，甚至难以写出其解析表达式。对于这种高阶系统，通过直接求解方程 $D_Z(s)=0$ 计算系统零点(对应系统特征值)往往十分困难。在实际中，通常只能得到随频率 ω 变化时 $D_Z(s)$实部和虚部的数值解，即聚合阻抗矩阵行列式的频率特性。在下面的分析中，将聚合阻抗矩阵行列式 $D_Z(s)$的实部 $R_{\mathrm{D}}=\mathrm{Re}\{D_Z(\mathrm{j}\omega)\}$称为等效电阻，虚部 $X_{\mathrm{D}}=\mathrm{Im}\{D_Z(\mathrm{j}\omega)\}$称为等效电抗。

1. 稳定判据的原理

理论上，聚合阻抗矩阵行列式 $D_Z(s)$的共轭零点和共轭极点将在其等效电抗-频率特性曲线和等效电阻-频率特性曲线上产生过零点。换句话说，频率特性曲线上有两种类型的过零点，分别是零点型过零点(zeros based zero-crossing point，ZZP)和极点型过零点(poles based zero-crossing point，PZP)。值得注意的是，只有ZZP(对应系统特征值)与系统的稳定性相关。因此，首先需要辨识出哪些过零点是ZZP，哪些是 PZP。通过判断在过零点频率 ω_r 处系统等效电阻或电抗曲线的斜率可以实现过零点类型的辨识，上述电阻或电抗曲线的斜率可表示为

$$k_{\mathrm{DR}}(\omega_r)=\left[\mathrm{d}R_{\mathrm{D}}/\mathrm{d}\omega\right]\Big|_{\omega=\omega_r} \tag{3-42}$$

$$k_{\mathrm{DX}}(\omega_r)=\left[\mathrm{d}X_{\mathrm{D}}/\mathrm{d}\omega\right]\Big|_{\omega=\omega_r} \tag{3-43}$$

式中，$k_{DR}(\omega_r)$为等效电阻曲线在过零点频率 ω_r 处的斜率；$k_{DX}(\omega_r)$为等效电抗曲线在过零点频率 ω_r 处的斜率。

如果某过零点处的 $k_{DR}(\omega_r)$或者 $k_{DX}(\omega_r)$的绝对值相对较小，那么该过零点是一个 ZZP。如果某过零点处的 $k_{DR}(\omega_r)$或者 $k_{DX}(\omega_r)$是一个很大乃至接近无穷大的数值，那么该过零点是一个 PZP。

假设$\lambda_{1,2}=\alpha_o\pm j\omega_o$ 是行列式 $D_Z(s)$中的一对共轭零点，该对零点对应系统等效电阻和/或电抗曲线上的某个过零点。大量分析表明，主要存在以下两种情况。

情况 1，共轭零点对应等效电抗曲线上的一个 ZZP。

情况 2，等效电抗曲线上不存在对应共轭零点的 ZZP，但等效电阻曲线上存在一个对应的 ZZP。

对于上述两种情况，下面给出两套稳定判据，并做相应数学推导。

1) 情况 1 下的稳定判据

假设共轭零点$\lambda_{1,2}=\alpha_o\pm j\omega_o$ 对应系统等效电抗曲线 X_D 上的一个 ZZP，并且检测出该过零点频率为 ω_r。此时，可证明如下结论。

① 如果零点实部在数值上远小于零点虚部，即$|\alpha_o|\ll|\omega_o|$(该条件对关注的弱阻尼振荡模式成立)，检测到的过零点频率 ω_r 约等于共轭零点的频率 ω_o，即 $\omega_r\approx\omega_o$。

② 如果在过零点频率 ω_r 处，系统等效电抗曲线斜率大于 0，即 $k_{DX}(\omega_r)>0$，该频率处等效电阻 $R_D(\omega_r)$的符号与$-\alpha_o$ 相同；反之，等效电阻 $R_D(\omega_r)$的符号与 α_o 相同。

基于这些结论，评估系统振荡模式稳定性的判据可总结如下，如果聚合阻抗矩阵行列式 $D_Z(s)$等效电抗曲线上存在一个频率为 ω_r 的 ZZP，则该目标系统存在一个频率约为 ω_r 的振荡模式。通过分析 ZZP 处等效电阻 $R_D(\omega_r)$与等效电抗斜率 $k_{DX}(\omega_r)$之积的正负可判断该振荡模式的稳定性。如果 $R_D(\omega_r)\cdot k_{DX}(\omega_r)>0$，表明振荡模式稳定；反之，振荡模式不稳定。

2) 情况 2 下的稳定判据

如果等效电抗曲线上不存在对应共轭零点 $\lambda_{1,2}=\alpha_o\pm j\omega_o$ 的过零点，而等效电阻曲线上存在一个对应的过零点，并且过零点频率为 ω_r。此时，可证明如下结论。

① 如果$\left|\alpha_o\right|\ll\left|\omega_o\right|$，检测到的过零点频率 ω_r 约等于共轭零点的频率 ω_o，即 $\omega_r\approx\omega_o$。

② 如果在过零点频率 ω_r 处，系统等效电阻曲线斜率大于 0，即 $k_{DR}(\omega_r)>0$，该频率处等效电抗 $X_D(\omega_r)$的符号与 α_o 相同；反之，等效电抗 $X_D(\omega_r)$的符号与$-\alpha_o$ 相同。

在这种情况下，稳定判据可总结为，如果聚合阻抗矩阵行列式 $D_Z(s)$等效电阻曲线上存在一个频率为 ω_r 的 ZZP，则该系统存在一个频率约为 ω_r 的振荡模式，通过分析 ZZP 处等效电抗 $X_D(\omega_r)$ 与等效电阻斜率 $k_{DR}(\omega_r)$ 之积的正负可判断该振荡模式的稳定性。如果 $X_D(\omega_r)\cdot k_{DR}(\omega_r)>0$，表明振荡模式不稳定；反之，振荡模式稳定。

2. 稳定判据的证明

聚合阻抗矩阵行列式 $D_Z(s)$ 可表示为

$$D_Z(s)=\frac{\prod_{i=1}^{m}(s-\lambda_i)(s-\lambda_i^*)\prod_{j=1}^{n}(s-\lambda_j)}{s^k\prod_{r=1}^{p}(s-\lambda_r)(s-\lambda_r^*)\prod_{t=1}^{q}(s-\lambda_t)} \tag{3-44}$$

式中，λ_i 和 λ_i^* 为共轭零点；λ_j 为实数零点；λ_r 和 λ_r^* 为共轭极点；λ_t 表示实数极点；$i=1,2,\cdots,m$；$j=1,2,\cdots,n$；$r=1,2,\cdots,p$；$t=1,2,\cdots,q$；$k=1,2,\cdots,g$。

假设 $D_Z(s)$ 中有一对共轭零点 $\lambda_{1,2}=\alpha_o\pm \mathrm{j}\omega_o$，该对零点对应系统中的某个振荡模式。在频域中，将式(3-44)中的 s 替换为 $\mathrm{j}\omega$，经简单推导，可得

$$D_Z(\omega)=(\mathrm{j}\omega-\lambda_1)(\mathrm{j}\omega-\lambda_2)G(\omega) \tag{3-45}$$

式中，$G(\omega)$ 为关于 ω 的多项式，表示 $D_Z(\omega)$ 中的剩余项。

如果 ω 位于 ω_o 的微小邻域内，存在关系式 $G(\omega)\approx G(\omega_o)=a+\mathrm{j}b$，其中 a 和 b 是仅依赖 ω_o 的常数。因此，$D_Z(\omega)$ 可进一步表示为

$$\begin{aligned}D_Z(\omega)&\approx(\mathrm{j}\omega-\lambda_1)(\mathrm{j}\omega-\lambda_2)G(\omega_o)\\&=\underbrace{a\left(-\omega^2+\alpha_o^2+\omega_o^2\right)+2b\alpha_o\omega}_{R_D=\mathrm{Re}\{D_Z(\omega)\}}+\mathrm{j}\underbrace{\left[b\left(-\omega^2+\alpha_o^2+\omega_o^2\right)-2a\alpha_o\omega\right]}_{X_D=\mathrm{Im}\{D_Z(\omega)\}}\end{aligned} \tag{3-46}$$

以下推导分 $b\neq0$ 和 $b=0$ 两种情况开展。

(1) $b\neq0$

求解式(3-46)中的 $X_D=0$，计算可得等效电抗曲线的过零点频率 ω_r，即

$$\omega_r=\max\{\omega_{r1},\omega_{r2}\},\quad \omega_{r1,2}=\frac{\alpha_o a\pm\sqrt{(\alpha_o a)^2+b^2\left(\alpha_o^2+\omega_o^2\right)}}{-b} \tag{3-47}$$

式中，$\max\{\omega_{r1},\ \omega_{r2}\}$ 为 ω_{r1} 和 ω_{r2} 中较大的正频率，忽略较小的负频率，因为负频率不存在物理意义。

如果 $|\alpha_o|\ll|\omega_o|$（此条件适用于关注的弱阻尼振荡模式），式(3-47)可简化为

$$\omega_r\approx\omega_o \tag{3-48}$$

也就是说，电抗曲线的过零点频率 ω_r 近似等于共轭零点的频率 ω_o。

在过零点频率 ω_r 的微小邻域内，等效电抗曲线 X_D 的斜率可表示为

$$k_{\mathrm{DX}}(\omega_r) = (\mathrm{d}X_{\mathrm{D}}/\mathrm{d}\omega)\big|_{\omega=\omega_r} \approx -2b\omega_r \tag{3-49}$$

如果 $b>0$，则 $k_{\mathrm{DX}}(\omega_r)<0$，表明电抗曲线由正向负穿越 0 轴，即从电感性区域穿越到电容性区域；如果 $b<0$，则 $k_{\mathrm{DX}}(\omega_r)>0$，表明电抗曲线由负向正穿越 0 轴。

如果 $b>0$，即 $k_{\mathrm{DX}}(\omega_r)<0$，过零点频率 ω_r 可表示为

$$\omega_r = \frac{\alpha_o a - \sqrt{(\alpha_o a)^2 + b^2(\alpha_o^2 + \omega_o^2)}}{-b} \tag{3-50}$$

将式(3-50)代入式(3-46)中，可得

$$R_{\mathrm{D}}(\omega_r) = \frac{-\alpha_o\left[2\alpha_o a - 2\sqrt{(\alpha_o a)^2 + b^2\left(\alpha_o^2 + \omega_o^2\right)}\right](a^2 + b^2)}{b^2} \tag{3-51}$$

考虑 $|\alpha_o| \ll |\omega_o|$，存在

$$2\alpha_o a - 2\sqrt{(\alpha_o a)^2 + b^2\left(\alpha_o^2 + \omega_o^2\right)} \approx -2\sqrt{b^2\omega_o^2} \tag{3-52}$$

因此，式(3-46)中的 R_{D} 可整理为

$$R_{\mathrm{D}}(\omega_r) \approx \frac{2\alpha_o\sqrt{b^2\omega_o^2}(a^2 + b^2)}{b^2} \tag{3-53}$$

由于 $(a^2+b^2)\geqslant 0$，且 $b^2\geqslant 0$，因此如果 $k_{\mathrm{DX}}(\omega_r)<0$，那么 $R_{\mathrm{D}}(\omega_r)$ 的符号与 α_o 相同。相似地，如果 $b<0$，即 $k_{\mathrm{DX}}(\omega_r)>0$，过零点频率 ω_r 可表示为

$$\omega_r = \frac{\alpha_o a + \sqrt{(\alpha_o a)^2 + b^2\left(\alpha_o^2 + \omega_o^2\right)}}{-b} \tag{3-54}$$

在过零点频率 ω_r 处，等效电阻 R_{D} 可表示为

$$R_{\mathrm{D}}(\omega_r) \approx \frac{-2\alpha_o\sqrt{b^2\omega_o^2}(a^2 + b^2)}{b^2} \tag{3-55}$$

同理，如果 $k_{\mathrm{DX}}(\omega_r)>0$，$R_{\mathrm{D}}(\omega_r)$ 的符号与 $-\alpha_o$ 相同。

综上所述，在过零点频率 ω_r 处的等效电阻 R_{D} 可整理为

$$R_{\mathrm{D}}(\omega_r) \approx \begin{cases} -2\alpha_o\sqrt{b^2\omega_o^2}(a^2 + b^2)\big/b^2, & k_{\mathrm{DX}}(\omega_r) > 0 \\ 2\alpha_o\sqrt{b^2\omega_o^2}(a^2 + b^2)\big/b^2, & k_{\mathrm{DX}}(\omega_r) < 0 \end{cases} \tag{3-56}$$

如果 $k_{\mathrm{DX}}(\omega_r)>0$，$R_{\mathrm{D}}(\omega_r)$ 的符号与 $-\alpha_o$ 相同；如果 $k_{\mathrm{DX}}(\omega_r)<0$，$R_{\mathrm{D}}(\omega_r)$ 的符号与 α_o 相同。

(2) $b=0$

在这种情况下，a 一般是一个非零数，即 $a\neq 0$。此时，$D_Z(\omega)$ 可整理为

$$D_Z(\omega) \approx \underbrace{a\left(-\omega^2+\alpha_o^2+\omega_o^2\right)}_{R_{\mathrm{D}}=\mathrm{Re}\{D_Z(\omega)\}}+\mathrm{j}\underbrace{(-2a\alpha_o\omega)}_{X_{\mathrm{D}}=\mathrm{Im}\{D_Z(\omega)\}} \tag{3-57}$$

由此可知，在正频率范围内，系统等效电抗曲线不存在过零点。此时，过零点频率 ω_r 可通过求解式(3-57)中的 R_{D}=0 得到，即

$$\omega_r=\max\{\omega_{r1},\omega_{r2}\},\quad \omega_{r1,2}=\pm\sqrt{\alpha_o^2+\omega_o^2} \tag{3-58}$$

考虑$|\alpha_o|\ll|\omega_o|$，可得

$$\omega_r \approx \omega_o \tag{3-59}$$

也就是说，等效电阻曲线的过零点频率 ω_r 近似等于共轭零点的频率 ω_o。

在过零点频率 ω_r 的微小邻域内，等效电阻 R_{D} 曲线的斜率可写为

$$k_{\mathrm{DR}}(\omega_r)=(\mathrm{d}R_{\mathrm{D}}/\mathrm{d}\omega)\big|_{\omega=\omega_r}\approx -2a\omega_r \tag{3-60}$$

如果 a>0，则 $k_{\mathrm{DR}}(\omega_r)$<0，表明电阻曲线由正向负穿越 0 轴；否则，如果 a<0，则 $k_{\mathrm{DR}}(\omega_r)$>0，表明电阻曲线由负向正穿越 0 轴。

将式(3-58)中的正频率 ω_r 代入式(3-57)中，可得

$$X_{\mathrm{D}}(\omega_r)=-2a\alpha_o\sqrt{\alpha_o^2+\omega_o^2} \tag{3-61}$$

可见，如果 a>0，即 $k_{\mathrm{DR}}(\omega_r)$<0，$X_{\mathrm{D}}(\omega_r)$的符号与$-\alpha_o$相同；如果 a<0，即 $k_{\mathrm{DR}}(\omega_r)$>0，$X_{\mathrm{D}}(\omega_r)$的符号与 α_o 相同。

3.3.4 基于聚合 RLC 电路模型的定量分析

对于工程实际而言，上述情况 1 是最常见的情况。此时，在 SSSO 模式邻域内，可以将系统的聚合阻抗用一个二阶 RLC 电路的阻抗进行等效，通过拟合电路参数开展 SSSO 稳定性的定量分析。

假设共轭零点$\lambda_{1,2}=\alpha_o\pm\mathrm{j}\omega_o$对应系统的 SSSO 模式，且存在$|\alpha_o|\ll|\omega_o|$。在 SSSO 模式的微小邻域中，式(3-44)中聚合阻抗矩阵行列式 $D_Z(\omega)$可表示为

$$\begin{aligned}D_Z(\omega)&\approx(a_1+\mathrm{j}b_1)(\mathrm{j}\omega-\lambda_1)(\mathrm{j}\omega-\lambda_2)/(\mathrm{j}\omega)\\&=(a_1+\mathrm{j}b_1)\frac{(\alpha_o^2+\omega_o^2)-\mathrm{j}2\alpha_o\omega-\omega^2}{\mathrm{j}\omega}\end{aligned} \tag{3-62}$$

式中，a_1 和 b_1 为依赖 ω_o 的常数。

一个串联 RLC 二阶电路的阻抗为

$$Z_{\mathrm{RLC}}(\omega)=R+\mathrm{j}\omega L+\frac{1}{\mathrm{j}\omega C}=L\frac{\dfrac{1}{LC}+\mathrm{j}\dfrac{R}{L}\omega-\omega^2}{\mathrm{j}\omega} \tag{3-63}$$

可见，式(3-62)和式(3-63)具有相似的表达形式。这表明，在 SSSO 模式邻域内，聚合阻抗矩阵行列式可近似表示为一个串联 RLC 电路阻抗与一个复数乘积的形式，即在 $\lambda_{1,2}$ 的微小邻域内，将聚合阻抗矩阵行列式 $D_Z(\omega)$表示为

$$D_Z(\omega) \approx Z_{\mathrm{eq}}(\omega) = AZ_{\mathrm{RLC}}(\omega, R, L, C) \tag{3-64}$$

式中，A 为复数乘子；R、L 和 C 为聚合 RLC 电路的等效电阻、电感和电容。

对于高阶系统，一般能够得到其聚合阻抗矩阵行列式 $D_Z(s)$的阻抗频率特性曲线。在关注的 SSSO 模式频率附近，取行列式 $D_Z(s)$的等效电阻-频率特性曲线和等效电抗-频率特性曲线，通过曲线拟合技术计算式(3-64)中参数 A、R、L 和 C 的具体数值。所述曲线拟合思路可整理归结为求解一个最优化问题，即

$$\begin{aligned} &\min \left\| Z_{\mathrm{eq}}(\omega) - D_Z(\omega) \right\|_2^2 \\ &\text{s.t.} \quad \omega \in [\omega_r - \Delta\omega, \omega_r + \Delta\omega] \end{aligned} \tag{3-65}$$

式中，$Z_{\mathrm{eq}}(\omega)$为串联 RLC 电路阻抗与一个复数的乘积；$\Delta\omega$ 为微小的频率范围。

基于 MATLAB 中的曲线拟合函数编写求解程序，可以方便求解式(3-65)中的最优化问题，进而得到聚合 RLC 电路模型的参数 R、L 和 C，如图 3.5 所示。

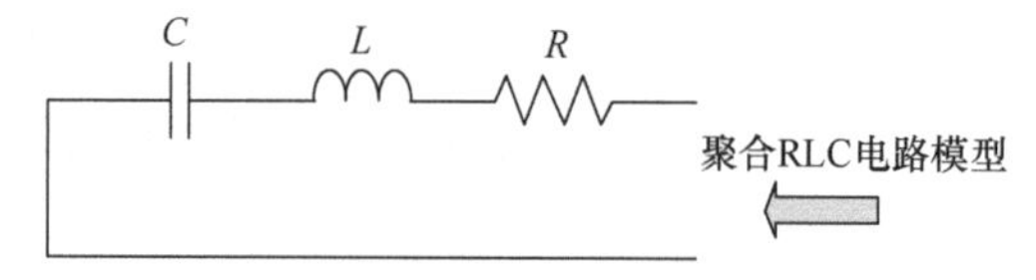

图 3.5　聚合 RLC 电路模型

基于聚合 RLC 电路参数，系统 SSSO 模式的阻尼 σ_{SSSO} 和频率 f_{SSSO} 可通过下式精确计算，即

$$\sigma_{\mathrm{SSSO}} = -\alpha_{\mathrm{SSSO}} = R/(2L) \tag{3-66}$$

$$f_{\mathrm{SSSO}} = \omega_{\mathrm{SSSO}}/(2\pi) = \sqrt{1/(LC) - (R/2L)^2} \Big/ (2\pi) \tag{3-67}$$

3.3.5　与特征值分析和电磁暂态仿真的比较

本节以图 2.11 所示的直驱风电机组并网系统为例，对频域聚合阻抗分析、特征值分析和电磁暂态仿真三种方法进行对比研究。

1. 风电 SSSO 的频域聚合阻抗分析

根据频域阻抗建模方法，建立直驱风电机组在统一 dq 坐标系下的阻抗模型，即

$$\boldsymbol{Z}_{\mathrm{PMSG}}^{-1}(s) = \boldsymbol{C}_{\mathrm{u}dq}(s\boldsymbol{I} - \boldsymbol{A}_{\mathrm{u}dq})^{-1}\boldsymbol{B}_{\mathrm{u}dq} + \boldsymbol{D}_{\mathrm{u}dq} \tag{3-68}$$

式中，$\boldsymbol{Z}_{\text{PMSG}}(s) = [Z_{\text{P}dd}(s)\ Z_{\text{P}dq}(s);\ Z_{\text{P}qd}(s)\ Z_{\text{P}qq}(s)]$为 2×2 阶阻抗矩阵，每个矩阵元素均是关于 s 的多项式。

交流输电线路的阻抗模型可表示为

$$\boldsymbol{Z}_{\text{grid}}(s)=\begin{bmatrix} r_\Sigma + sL_\Sigma & -\omega_0 L_\Sigma \\ \omega_0 L_\Sigma & r_\Sigma + sL_\Sigma \end{bmatrix} \tag{3-69}$$

式中，$\boldsymbol{Z}_{\text{grid}}(s)$为 2×2 阶阻抗矩阵。

因此，整个系统在统一 dq 坐标系下的聚合阻抗矩阵模型为

$$\boldsymbol{Z}_{\text{T}}(s) = \boldsymbol{Z}_{\text{PMSG}}(s)/n + \boldsymbol{Z}_{\text{grid}}(s) \tag{3-70}$$

式中，$\boldsymbol{Z}_{\text{T}}(s)$为 2×2 阶阻抗矩阵。

综上，直驱风电机组并网系统的小信号等效电路如图 3.6 所示。假设系统中存在一个电压扰动$\boldsymbol{U}_{\text{grid}}(s)$，系统产生一个增量电流$\boldsymbol{I}_{\text{g}}(s)$，可表示为

$$\begin{aligned}\boldsymbol{I}_{\text{g}}(s) &= \text{inv}\left(\frac{\boldsymbol{Z}_{\text{PMSG}}(s)}{n} + \boldsymbol{Z}_{\text{grid}}(s)\right)\cdot \boldsymbol{U}_{\text{grid}}(s) \\ &= \text{inv}(\boldsymbol{Z}_{\text{T}}(s))\cdot \boldsymbol{U}_{\text{grid}}(s) \\ &= \frac{1}{\det(\boldsymbol{Z}_{\text{T}}(s))}\cdot \text{adj}(\boldsymbol{Z}_{\text{T}}(s))\cdot \boldsymbol{U}_{\text{grid}}(s)\end{aligned} \tag{3-71}$$

式中，$\det(\boldsymbol{Z}_{\text{T}}(s))$为 $\boldsymbol{Z}_{\text{T}}(s)$的行列式；$\text{adj}(\boldsymbol{Z}_{\text{T}}(s))$为 $\boldsymbol{Z}_{\text{T}}(s)$的伴随矩阵。

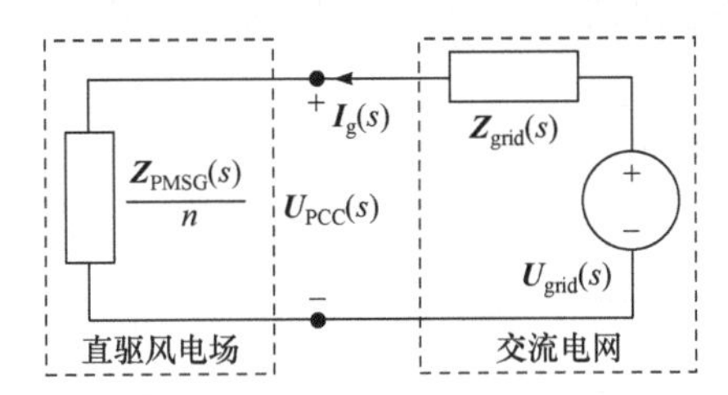

图 3.6　直驱风电机组并网系统的小信号等效电路

目标系统的稳定性决定于系统的极点，或者闭环系统特征值。根据式(3-71)可知，系统极点与系统阻抗矩阵 $\boldsymbol{Z}_{\text{T}}(s)$的行列式零点一致。也就是说，系统阻抗矩阵 $\boldsymbol{Z}_{\text{T}}(s)$的行列式零点可表示闭环系统特征值。在 2.3.3 节提出的典型工况下，计算阻抗逆矩阵 $\text{inv}(\boldsymbol{Z}_{\text{T}}(s))$的极点和聚合阻抗行列式零点(表 3.1)。可见，系统存在一对次同步频率范围内的共轭特征值($\lambda_{10,11}$)，对应直驱风电场与弱交流电网相互作用导致的次/超同步振荡模式，其实部为正，说明该模式不稳定。

表 3.1　*dq* 坐标系下特征值、阻抗逆矩阵极点与聚合阻抗行列式零点

编号	特征值	inv(Z_T)极点	聚合阻抗行列式零点
1, 2	–410.92±j81501.31	–410.92±j81501.31	–410.92±j81501.31
3, 4	–411.53 ±j810872.98	–411.53 ±j810872.98	–411.53 ±j810872.98
5	–914.92	–914.92	–914.92
6	–742.46	–742.46	–742.46
7	–695.76	–695.76	–695.76
8, 9	–115.75 ±j486.22	–115.75 ±j486.22	–115.75 ±j486.22
10,11	**3.19 ±j193.27**	**3.19±j193.27**	**3.19 ±j193.27**
12	–41.06	–41.06	–41.06
13,14	–48.83 ±j25.76	–48.83 ±j25.76	–48.83 ±j25.76
15,16	–12.71 ±j17.28	–12.71 ±j17.28	–12.71 ±j17.28
17	–862.07		
18	–862.07		

计算聚合阻抗的频率特性，采用前述稳定性判据评估系统的振荡模式稳定性，并采用提出的定量分析方法计算振荡模式的阻尼和频率。图 3.7 所示为在不同 SCR 情况下直驱风电机组阻抗矩阵 $\boldsymbol{Z}_{\mathrm{PMSG}}(s)$中各元素的频率特性曲线。此处，SCR 的调整通过改变线路电抗实现，考虑的 SCR 分别为 1.56(稳定)、1.34(不稳定)和 1.17(不稳定)。可见，总体上 SCR 对直驱风电机组的阻抗频率特性影响不大。如图 3.7(a)所示，当频率高于 12.5Hz 时，阻抗矩阵元素 $Z_{Pdd}(s)$将表现出负电阻特性。对于其他元素 Z_{Pdq}、Z_{Pqd} 和 Z_{Pqq}，它们在低频时表示出负电阻特性。

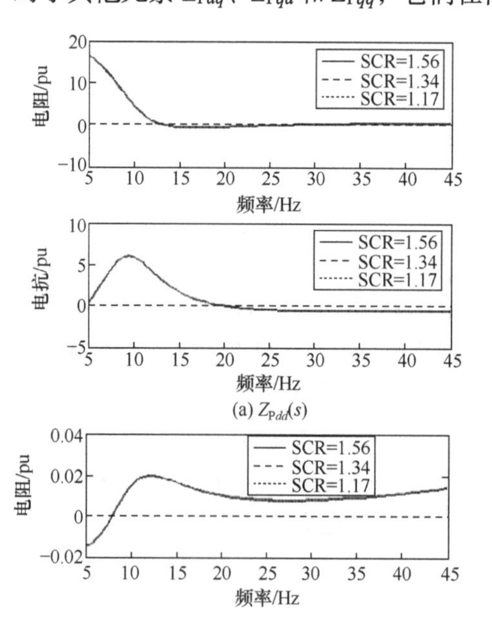

(a) $Z_{Pdd}(s)$

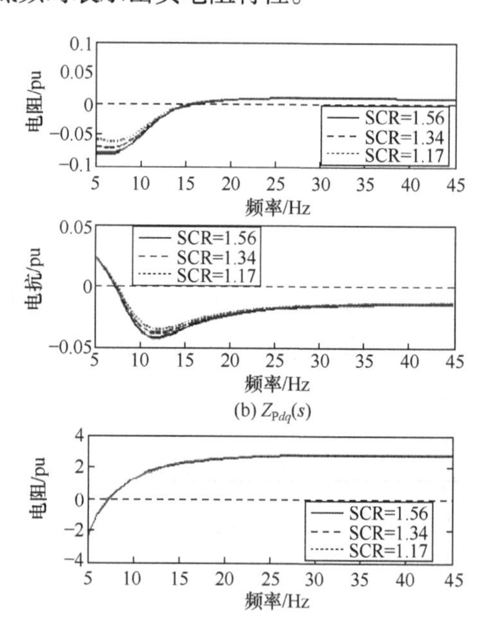

(b) $Z_{Pdq}(s)$

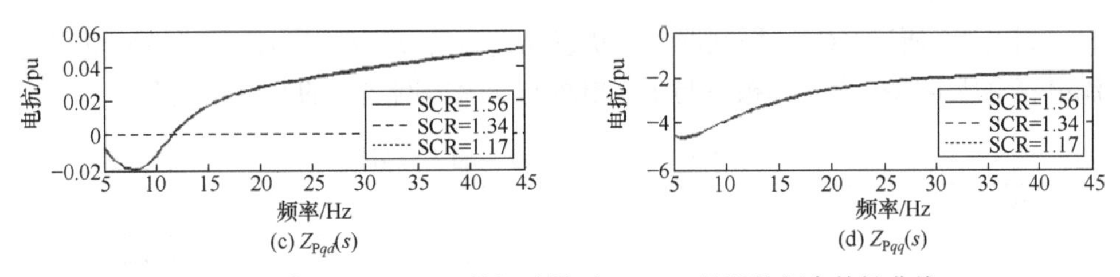

图 3.7　直驱风电机组阻抗矩阵模型 Z_{PMSG}(s)的阻抗频率特性曲线

图 3.8 所示为不同 SCR 情况下聚合阻抗矩阵行列式的频率特性曲线。可见，三条电抗曲线均由负向正穿越 0 轴，在过零点处三条电抗曲线的斜率均为正。当 SCR=1.56 时，辨识出的过零点频率为 33.03Hz，且过零点频率处的等效电阻为正。根据前述稳定判据，对应的振荡模式稳定。采用基于聚合 RLC 电路模型的定量分析方法，可得到振荡模式的阻尼和频率分别为 σ_{SSSO} = 8.19s^{-1} 和 ω_{SSSO} = 2π×33.03rad/s。当 SCR=1.34 时，电抗过零点处的等效电阻变为负值，表明系统将发生不稳定的振荡。计算得到的振荡模式阻尼和频率分别为 σ_{SSSO} = 3.58s^{-1} 和 ω_{SSSO} = 2π×30.81rad/s。可见，随着 SCR 的下降，振荡模式频率逐渐降低，阻尼逐渐变差。

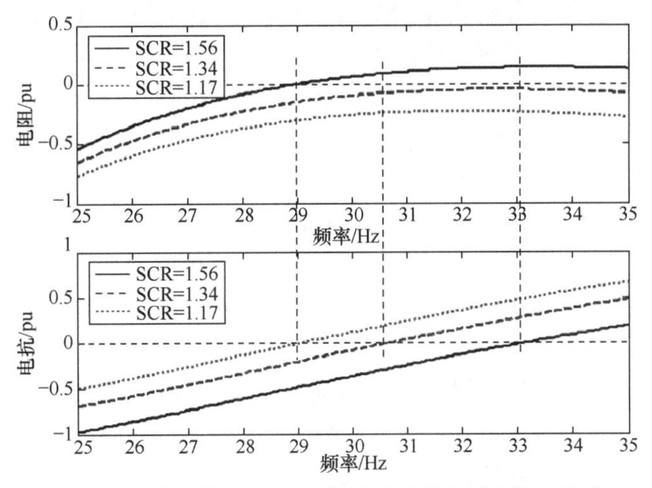

图 3.8　聚合阻抗矩阵 $Z_T(s)$行列式的阻抗频率特性曲线

2. 风电 SSSO 的特征值分析

在 2.3.3 节所述的典型工况下，计算直驱风电机组并网系统在 dq 坐标系下的系统特征值(表 3.1)。可见，dq 坐标系下系统的闭环特征值、阻抗逆矩阵 inv($\boldsymbol{Z}_T(s)$)的极点和聚合阻抗矩阵 $\boldsymbol{Z}_T$(s)的行列式零点三者一致。但后两者的个数比特征值少 2 个，这是矩阵计算过程中零极点对消造成的。其中，共轭特征根$\lambda_{10,11}$对应直驱风电场与弱交流电网相互作用导致的 SSSO 模式。SSSO 模式的实部为正，说明系统将发生不稳定的 SSSO 问题。

如表 3.2 所示，GSC 控制器中的状态变量 x_1 和 x_2、线路电流的 d 轴分量和直流电容电压等状态变量积极参与了风电场与交流电网之间的 SSSO 现象。

表 3.2　状态变量的参与因子分析

编号	状态变量	参与因子
1	GSC 控制器中的状态变量 x_1	**0.3054**
2	GSC 控制器中的状态变量 x_2	**0.4443**
3	GSC 控制器中的状态变量 x_3	0.0486
4	滤波器输入电流的 d 轴分量	0.0846
5	滤波器输入电流的 q 轴分量	0.0045
6	线路电流的 d 轴分量	**0.3945**
7	线路电流的 q 轴分量	0.0258
8	直流电容电压	**0.4092**

3. 风电 SSSO 的时域仿真分析

基于电磁暂态仿真分析软件 PSCAD/EMTDC，建立图 2.11 所示系统的非线性仿真模型。下面通过电磁暂态仿真研究多直驱风电机组与交流电网相互作用导致的 SSSO 问题。初始时，将仿真模型的运行工况设置为 2.3.3 节的典型工况，唯一的不同点是将 220kV 线路电感 L_{L2} 设置为 0.4pu。在 2s 时刻，将线路电感 L_{L2} 阶跃增加为 0.65pu，模拟交流系统强度突然变弱。

图 3.9 所示为仿真系统中一台直驱风电机组的 A 相输出电流、有功功率和 d 轴电流参考值 i_{sdref}。图 3.10 所示为图 3.9 在 1.9～2.9s 内的局部放大。可见，线路电抗改变之前，直驱风电机组保持稳定运行，A 相输出电流是正弦波形，且波形光滑无谐波，仅包含工频分量。直驱风电机组的输出有功功率稳定，并且 d 轴电流参考值 i_{sdref} 也保持稳定。然而，在 2s 时刻，当线路电抗增加、系统变弱后，上述三种信号将立即振荡发散。此时，系统发生不稳定的 SSSO 现象。当参考信号 i_{sdref} 被限幅后，系统进入持续的振荡状态。此时，直驱风电机组输出电流畸变严重，并且有功功率中包含幅值很大的次同步分量。

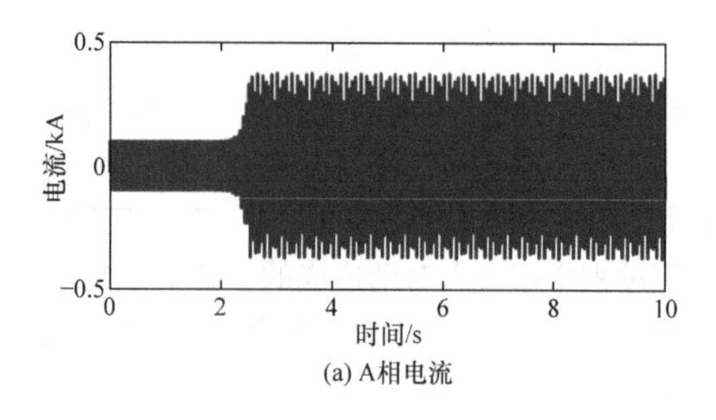

(a) A相电流

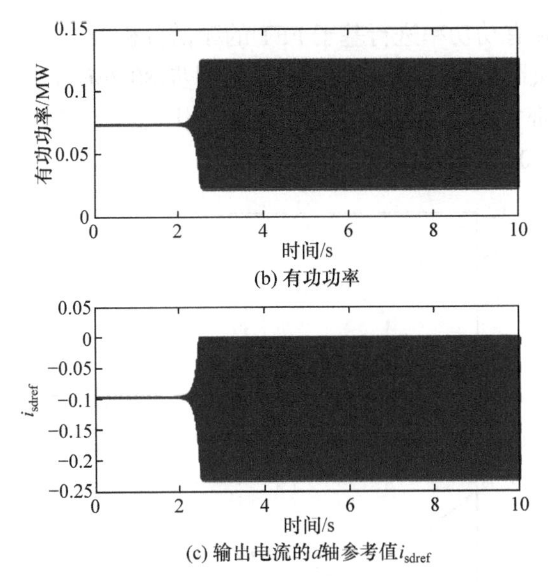

(b) 有功功率

(c) 输出电流的d轴参考值i_{sdref}

图 3.9　仿真系统中一台直驱风电机组的输出动态

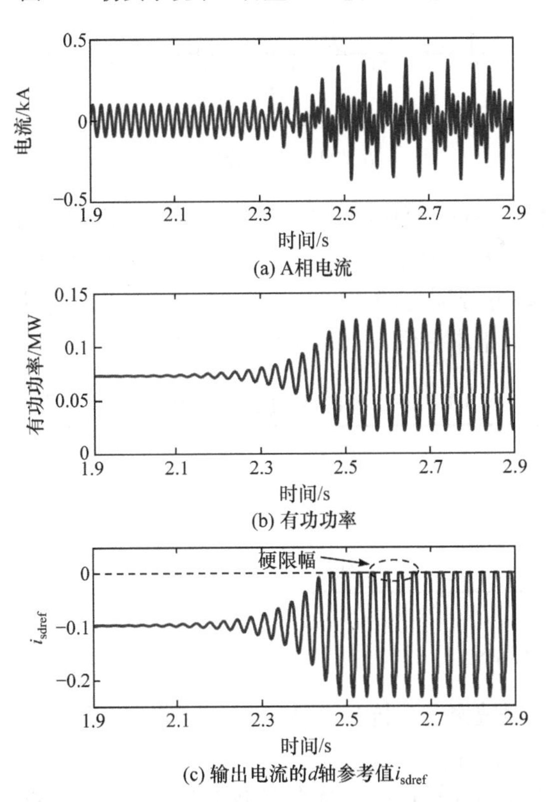

(a) A相电流

(b) 有功功率

(c) 输出电流的d轴参考值i_{sdref}

图 3.10　1.9～2.9s 内直驱风电机组的输出动态

对输出电流和有功功率进行基于 FFT 的频谱分析，结果如图 3.11 所示。可见，电流中有明显的次同步(频率为 19.24Hz)和超同步(80.76Hz)分量，后者的幅值甚至比基波分量幅值都大。有功功率中包含与次/超同步电流频率互补的次同步分量(50–19.24=80.76–50=30.76Hz)。

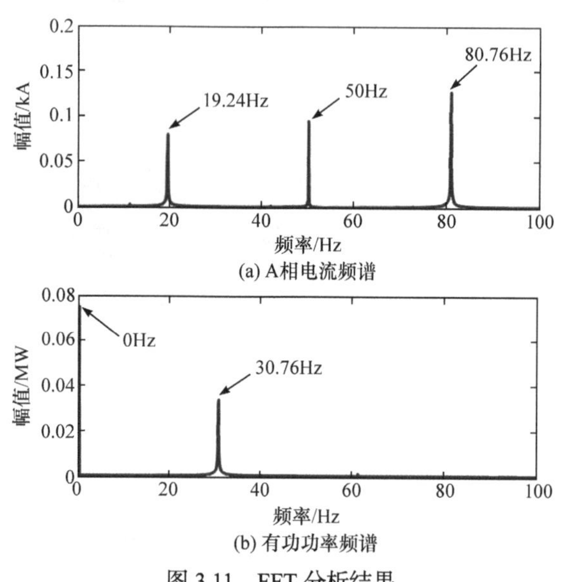

图 3.11　FFT 分析结果

如表 3.3 所示，Prony 分析结果与 FFT 分析结果相似，直驱风电机组输出电流中除了工频分量外，还存在次同步频率分量(19.2Hz)和超同步频率分量(80.8Hz)，它们的阻尼分别为$-3.12\mathrm{s}^{-1}$和$-3.14\mathrm{s}^{-1}$。因此，电磁暂态仿真结果与上述频域阻抗分析结果基本一致，两者可以相互验证。

表 3.3　2～3.5s 内 A 相电流的 Prony 分析结果

编号	频率/Hz	阻尼/s^{-1}
1	19.2	–3.12
2	50.0	0.001
3	80.8	–3.14

4. 三种方法的比较

本节分别采用频域聚合阻抗法、特征值分析法和时域仿真法研究直驱风电机组并网系统的 SSSO 特性。

使用三种方法分别计算目标系统在典型工况下风电 SSSO 模式的振荡频率和阻尼，计算结果一致，可以互为验证。除此之外，特征值分析方法可以获得相关状态变量对风电 SSSO 模式的参与因子，时域仿真分析方法可以考虑电流参考值限幅等非线性因素的作用，频域聚合阻抗法可以揭示 SCR 对风电 SSSO 模式的影响规律。

本节选取的算例为简单的风电机组并网系统，后续章节将针对实际复杂风电并网系统的 SSSO 问题展开分析，充分体现频域聚合阻抗法的优势和特点。

参考文献

[1] Wen B, Boroyevich D, Burgos R, et al. Small-signal stability analysis of three-phase AC systems in the presence of constant power loads based on measured dq frame impedances. IEEE Transactions on Power Electronics, 2015, 30(10): 5952-5963.

[2] Fan L, Zhu C, Miao Z, et al. Modal analysis of a DFIG-based wind farm interfaced with a series compensated network. IEEE Transactions on Energy Conversion, 2011, 26(4): 1010-1020.

[3] Sun J. Impedance-based stability criterion for grid-connected inverters. IEEE Transactions Power Electronics, 2011, 26(11): 3075-3078.

[4] Leon A E, Solsona J A. Subsynchronous interaction damping control for DFIG wind turbines. IEEE Transactions on Power Systems, 2015, 30(1): 419-428.

[5] Huang M, Peng Y, Tse C K, et al. Bifurcation and large-signal stability analysis of three-phase voltage source converter under grid voltage dips. IEEE Transactions on Power Electronics, 2017, 32(11):8868-8879.

[6] Sun J, Wang G, Du X, et al. A theory for harmonics created by resonance in converter-grid systems. IEEE Transactions on Power Electronics, 2019, 34(4):3025-3029.

[7] Varma R K, Moharana A. SSR in double-cage induction generator based wind farm connected to series-compensated transmission line. IEEE Transactions on Power Systems, 2013, 28(3): 2573-2583.

[8] Moharana A, Varma R K. Subsynchronous resonance in single-cage self-excited-induction-generator-based wind farm connected to series-compensated lines. IET Generation, Transmission and Distribution, 2011, 5(12): 1221-1232.

[9] Moharana A, Varma R K, Seethapathy R. Modal analysis of type-1 wind farm connected to series compensated transmission line and LCC HVDC transmission line//IEEE Electrical Power and Energy Conference, London, 2012: 202-209.

[10] Prada M D, Dominguez-Garcia J L, Mancilla-David F, et al. Type-2 wind turbine with additional sub-synchronous resonance damping//IEEE Green Technologies Conference (GreenTech), Denver, 2013: 226-232.

[11] Daniel J, Wong W, Ingestrom G, et al. Subsynchronous phenomena and wind turbine generators//IEEE PES Transmission and Distribution Conference, Orlando, 2012: 1-6.

[12] Ghofrani M, Arabali A, Etezadi-Amoli M. Modeling and simulation of a DFIG-based wind-power system for stability analysis//IEEE PES General Meeting, San Diego,2012: 1-8.

[13] Zhu C, Hu M, Wu Z. Parameters impact on the performance of a double-fed induction generator-based wind turbine for subsynchronous resonance control. IET Renewable Power

Generation, 2012, 6(2): 92-98.

[14] Wu M, Xie L, Cheng L, et al. A study on the impact of wind farm spatial distribution on power system sub-synchronous oscillations. IEEE Transactions on Power Systems, 2016, 31(3): 2154-2162.

[15] Zhang X, Xie X, Shair J, et al. A grid-side subsynchronous damping controller to mitigate unstable SSCI and its hardware-in-the-loop tests. IEEE Transactions on Sustainable Energy, 2020, 11(3): 1548-1558.

[16] Shair J, Xie X, Li Y, et al. Hardware-in-the-loop and field validation of a rotor-side subsynchronous damping controller for a DFIG connected to a series compensated line. IEEE Transactions on Power Delivery, 2021, 36(2): 698-709.

[17] Johansson N, Angquist L, Nee H P. A comparison of different frequency scanning methods for study of subsynchronous resonance. IEEE Transactions on Power Systems, 2011, 26(1): 356-363.

[18] Gupta S, Moharana A, Varma R K. Frequency scanning study of sub-synchronous resonance in power system//2013 26th IEEE Canadian Conference on Electrical and Computer Engineering, Regina, 2013:1-6.

[19] Cheng Y, Sahni M, Muthumuni D, et al. Reactance scan crossover-based approach for investigating SSCI concerns for DFIG-based wind turbines. IEEE Transactions on Power Delivery, 2013, 28(2): 742-751.

[20] 刘威, 段荣华, 谢小荣, 等. 直驱风电机组频率耦合阻抗模型的辨识. 电网技术, 2020, 44(8): 2868-2874.

[21] Harnefors L. Analysis of subsynchronous torsional interaction with power electronic converters. IEEE Transactions on Power Systems, 2007, 22(1): 305-313.

[22] Harnefors L. Proof and application of the positive-net-damping stability criterion. IEEE Transactions on Power Systems, 2011, 26(1): 481-482.

[23] 周际城, 彭晓涛, 罗鹏, 等. 基于复转矩系数法的双馈风机次同步控制相互作用阻尼特性研究. 电网技术, 2020, 44(4): 1247-1257.

[24] 王一珺, 杜文娟, 陈晨, 等. 基于改进复转矩系数法的风电场并网引发电力系统次同步振荡研究. 电工技术学报, 2020, 35(15): 3258-3269.

[25] Xu W, Huang Z, Cui Y, et al. Harmonic resonance mode analysis. IEEE Transactions on Power DeLivery, 2005, 20(2): 1182-1190.

[26] Sancha J L, Perez-Arriaga I J. Selective modal analysis of power system oscillatory instability. IEEE Transactions on Power Systems, 1988, 3(2): 429-438.

[27] Zhan Y, Xie X, Liu H, et al. Frequency-domain modal analysis of the oscillatory stability of power systems with high-penetration renewables. IEEE Transactions on Sustainable Energy, 2019, 10(3): 1534-1543.

[28] Xu Z , Wang S , Xing F , et al. Study on the method for analyzing electric network resonance stability. Energies, 2018, 11(3): 1-13.

[29] Cespedes M, Sun J. Impedance modeling and analysis of grid-connected voltage-source converters. IEEE Transactions on Power Electronics, 2014, 29(3): 1254-1261.

[30] Miao Z. Impedance-model-based SSR analysis for type 3 wind generator and series-compensated network. IEEE Transactions Energy Conversation, 2012, 27(4): 984-991.

[31] Wen B, Dong D, Boroyevich D, et al. Impedance-based analysis of grid-synchronization stability for three-phase paralleled converters. IEEE Transactions on Power Electronics, 2016, 31(1): 26-38.

[32] Harnefors L, Bongiorno M, Lundberg S. Input-admittance calculation and shaping for controlled voltage-source converters. IEEE Transactions on Industrial Electronics, 2007, 54(6): 3323-3334.

[33] Harnefors L, Finger R, Wang X, et al. VSC input-admittance modeling and analysis above the Nyquist frequency for passivity-based stability assessment. IEEE Transactions on Industrial Electronics, 2017, 64(8): 6362-6370.

[34] Xin H, Huang L, Zhang L, et al. Synchronous instability mechanism of P-f droop-controlled voltage source converter caused by current saturation. IEEE Transactions on Power Systems, 2016, 31(6): 5206-5207.

[35] Shah S, Parsa L. Impedance-based prediction of distortions generated by resonance in grid-connected converters. IEEE Transactions on Energy Conversion, 2019, 34(3):1264-1275.

[36] Liu H, Xie X, Liu W. An oscillatory stability criterion based on the unified dq-frame impedance network model for power systems with high-penetration renewables. IEEE Transactions on Power Systems, 2018, 33(3): 3472-3485.

[37] Liu H, Xie X, Gao X, et al. Stability analysis of SSR in multiple wind farms connected to series-compensated systems using impedance network model. IEEE Transactions on Power Systems, 2018, 33(3): 3118-3128.

[38] Liu H, Xie X, Zhang C, et al. Quantitative SSR analysis of series-compensated DFIG-based wind farms using aggregated RLC circuit model. IEEE Transactions on Power Systems, 2017, 32(1): 474-483.

[39] Boylestad R L. Introductory Circuit Analysis. Columbus: Pearson Prentice Hall, 2015.

[40] Semlyen A I. S-domain methodology for assessing the small signal stability of complex systems in nonsinusoidal steady state. IEEE Transactions on Power Systems, 1999, 14(1): 132-137.

第4章　双馈风电集群-串补输电系统的次同步振荡分析

4.1　次同步振荡的特征与机理

4.1.1　风电并网系统及典型次同步振荡事件

1. 冀北沽源风电并网系统

河北省北部沽源地区(冀北沽源)风电场分布及电网结构如图4.1所示。截至2014年底，该地区共接入24个风电场，总装机容量达到3426.55MW，区内负荷不到20MW，是典型的风电送出系统。各风电场通过220kV线路汇集至义缘、白龙山、察北和沽源变电站。在沽源变电站内，风电通过两台750MVA变压器升压后汇入500kV交流电网，经汗沽双线(汗海-沽源)、沽太(沽源-太平)双线分别馈入内蒙古电网、华北电网。汗沽双线和沽太双线分别装有串补度为40%和45%的固定串补。

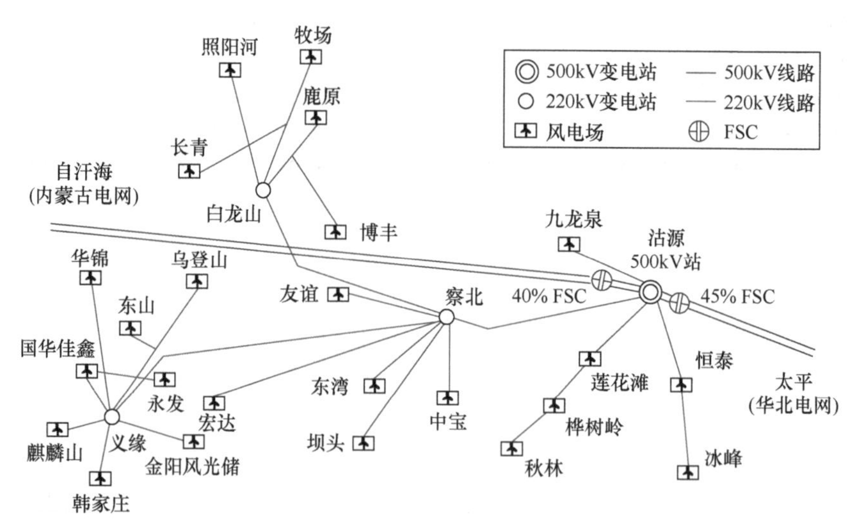

图4.1　河北省北部沽源地区(冀北沽源)风电场分布及电网结构示意图

沽源地区主要有三种类型的风电机组，包括绕线型异步风电机组(Type 2)、双馈风电机组(Type 3)和直驱风电机组(Type 4)，占比分别为 1.8%、82.8%和 15.4%，即双馈风电机组占绝大多数。例如，韩家庄、中宝、牧场、麒麟山等风电场均采用双馈风电机组，且大部分风电场仅安装一种机型；友谊、东山等风电场采用直驱风电机组；仅金阳、坝头、恒泰和冰峰风电场安装有两种或三种类型的风电机组。

输电线路和典型风电机组的主要参数如表 4.1～表 4.3 所示。

表 4.1　冀北沽源系统的主要线路参数

编号	线路	电压等级/kV	长度/km	电阻/(Ω/km)	感抗/(Ω/km)	容抗/(MΩ · km)	回数
1	沽源-汗海	500	193.1	0.016	0.201	0.175	2
2	沽源-太平	500	272	0.016	0.201	0.175	2
3	沽源-察北	220	65	0.018	0.262	0.238	1
4	察北-白龙山	220	67	0.023	0.287	0.269	1
5	察北-义缘	220	106	0.023	0.287	0.269	1
6	九龙泉-沽源	220	24.6	0.074	0.392	0.355	1
7	恒泰-沽源	220	6.6	0.032	0.241	0.275	1
8	莲花滩-沽源	220	24.3	0.020	0.161	0.320	1

表 4.2　冀北沽源风电场典型双馈风电机组的基本参数

编号	参数	单位	数值
1	额定功率	MW	1.5
2	额定电压	kV	0.69
3	额定频率	Hz	50
4	直流电容	F	0.005
5	直流电容电压	kV	1.5
6	定子绕组电阻	pu	0.022
7	定子绕组漏抗	pu	0.28
8	转子绕组电阻	pu	0.027
9	转子绕组漏抗	pu	0.31
10	激磁电抗	pu	12.9

表 4.3　冀北沽源风电场典型直驱风电机组的基本参数

编号	参数	单位	数值
1	额定功率	MW	1.5
2	额定电压	kV	0.62

续表

编号	参数	单位	数值
3	额定频率	Hz	50
4	直流电容电压	kV	1.15
5	定子绕组电阻	pu	0.017
6	定子绕组漏抗	pu	0.064
7	直轴电抗(不饱和值)X_d	pu	0.5
8	横轴电抗(不饱和值)X_q	pu	0.5

2. 典型次同步振荡事件

自 2010 年 10 月沽源站 4 套固定串补投运以后，风电系统正常送出情况下沽源站主变多次发生异常振动声响，同时沽源地区多个风电场也出现主变异常声响。通过对异常声响时段录波数据的分析，沽源地区各风电场和汇集站电流中出现较大幅值的次同步频段振荡，频率约为 2～5Hz。随后沽源地区新建风电场大量接入，振荡频率逐步提高到 6～12Hz。

经统计，仅 2012 年 12 月～2013 年 12 月期间，沽源站共监测到 58 起 SSO 事件。在振荡过程中，风电机组因不平衡电流超过限值导致保护动作，造成大量机组脱网，对电网安全稳定运行造成较大威胁。此外，SSO 还造成 220kV 母线差动保护启动，使相关设备无法按照正常方式运行，给主变、串补等设备的安全稳定运行带来不利影响[1-3]。

下面以 2012 年 12 月 25 日与 2013 年 3 月 19 日发生的两起典型 SSO 事件为例，简述其发生、发展过程。

1) 2012 年 12 月 25 日的 SSO 事件

该日，运行监控人员发现沽源地区风电场的上送电流中存在较大的次同步电流，造成大量风电机组脱网。事后分析广域测量系统(wide area measurement system，WAMS)的录波数据，大致可重构振荡事件的发展历程。8 点 45 分，电网中出现幅值较小、缓慢发散的次同步电流；8 点 46 分 40 秒开始，次同步电流的幅值迅速增大；8 点 47 分 30 秒，因次同步电流过大，部分机组保护报输出故障电流越限，动作跳机，造成机组脱网，整个风电场输出的基波电流骤然下降，风电输出功率减少；随后，次同步电流的幅值整体上缓慢地衰减；8 点 55 分左右，次同步电流迅速衰减；至 8 点 56 分，次同步电流基本消失。整个振荡过程持续 11 分钟后结束。

SSO 发生过程中沽源变电站 1 号主变 220kV 侧的故障录波波形如图 4.2 所示。可见，220kV 母线电压轻微畸变，但线路电流严重畸变，其次同步频率分量的幅值甚至超过基波分量。

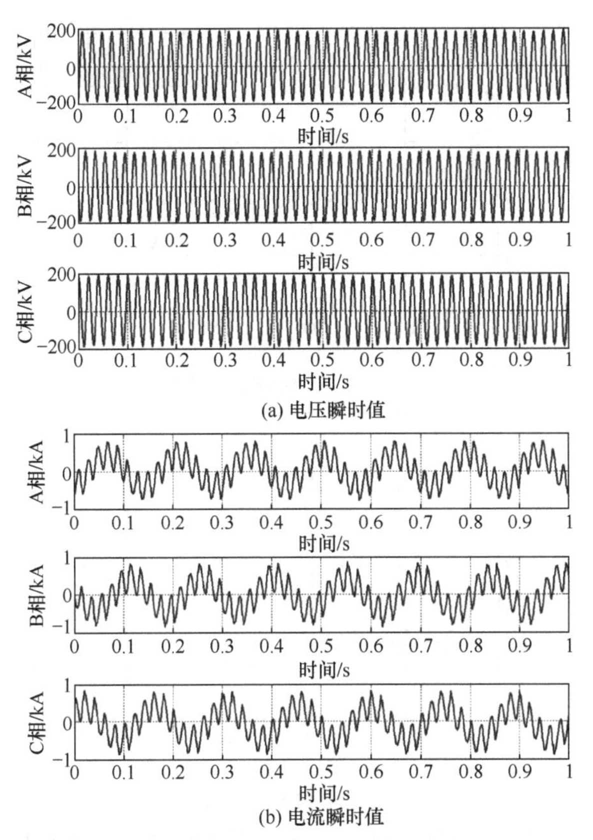

(a) 电压瞬时值

(b) 电流瞬时值

图 4.2　SSO 发生过程中沽源变电站 1 号主变 220kV 侧的故障录波波形

对变电站故障录波器记录的数据进行频谱分析,抽取基波和次同步频率分量。如图 4.3 所示，在 SSO 发生过程中，次同步电压分量很小，不到基波分量的 3%; SSO 发生后，次同步电流发散很快，到达一定幅值后，导致部分风电机组脱网。之后，基波电流和次同步电流都迅速减小，随后基波电流维持基本不变，次同步

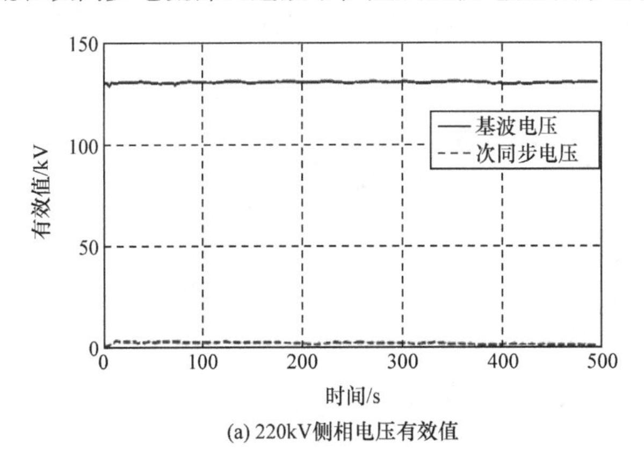

(a) 220kV侧相电压有效值

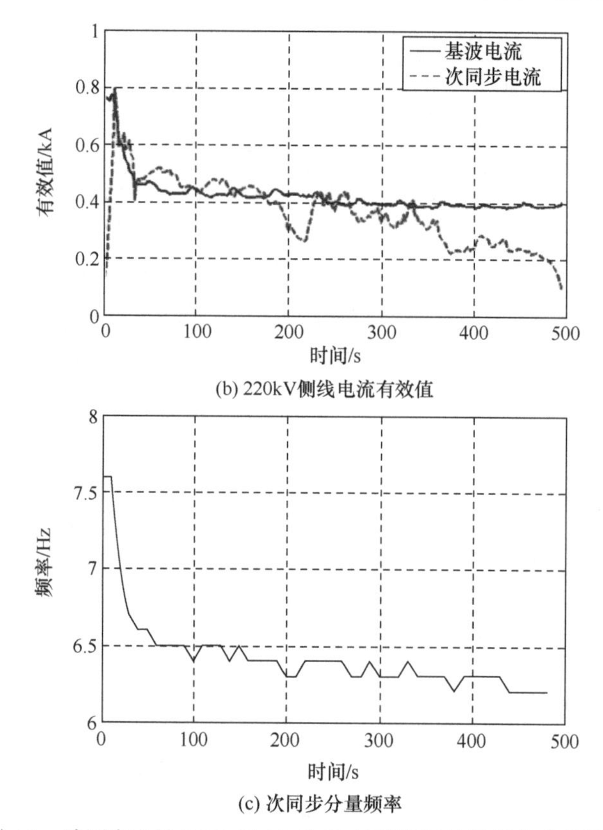

(b) 220kV侧线电流有效值

(c) 次同步分量频率

图 4.3　沽源变电站 2012 年 12 月 25 日故障录波数据的分析结果

电流缓慢衰减。最后，次同步电流迅速衰减。在 SSO 起始阶段，振荡频率约为 7.6Hz，随着风电机组脱网，迅速降低至 6.5Hz 左右，最终逐渐降至 6.2Hz。

2) 2013 年 3 月 19 日的 SSO 事件

2013 年，随着沽源地区风电装机容量增加，发生 SSO 现象的频度有所提高。3 月 19 日的 SSO 事件造成大量机组停运，尤其受到关注。图 4.4 所示为 SSO 发生

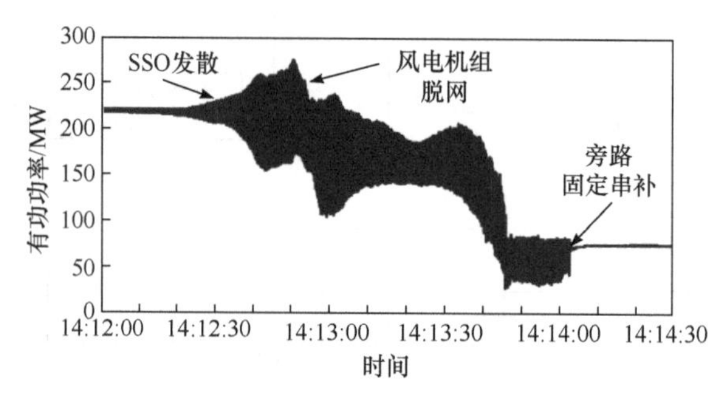

图 4.4　SSO 发生过程中沽源变电站 1 号主变的有功功率波形

过程中沽源变电站 1 号主变的有功功率波形，可以大致还原 SSO 事件的发展过程：14 点 12 分，电网中观察到幅值较小、缓慢发散的次同步有功功率；14 点 12 分 15 秒后，次同步功率迅速增长；14 点 12 分 48 秒，振幅达到基波有功功率的 25%左右，风电机组纷纷脱网，基波功率逐步下降，但 SSO 仍然存在；直到 14 点 14 分 3 秒，调度部门操作退出一套固定串补后，SSO 才平息。该次振荡事件持续 108s，风电功率从 219.5MW 降至 74.5MW，损失约 66%的初始功率。

图 4.5 和图 4.6 所示为 SSO 发生过程中沽源变电站 1 号主变 A 相电压波形和电流波形及频谱。可见，A 相电压波形基本为工频正弦波，仅含幅值很小的次/超同步频率分量(8.1Hz/91.9Hz)；A 相电流波形畸变严重，含有频率分别为 8.1Hz 和 91.9Hz 的次/超同步分量，其中次同步分量超过基波分量的一半，超同步分量很小，不到次同步分量的 10%，可以忽略。

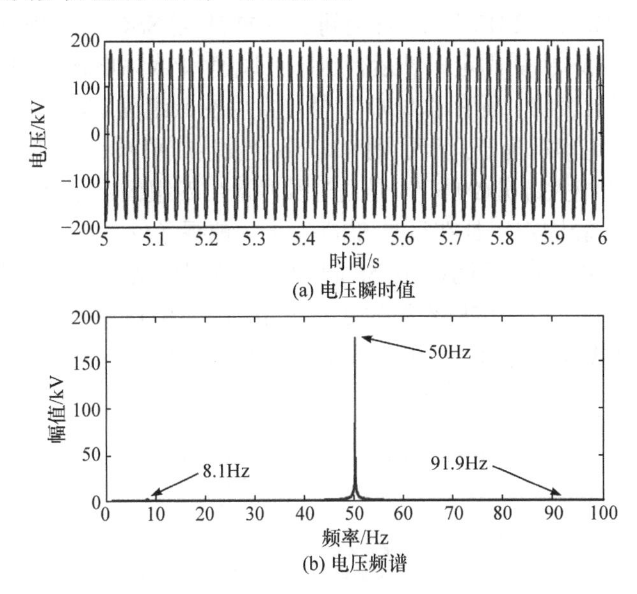

(a) 电压瞬时值

(b) 电压频谱

图 4.5　SSO 发生过程中沽源变电站 1 号主变 A 相电压波形及频谱

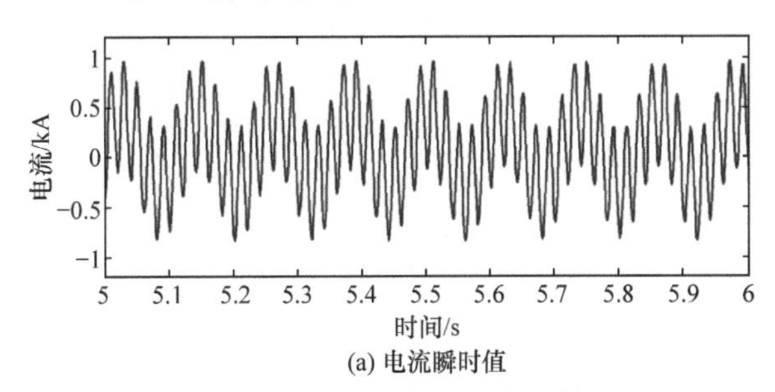

(a) 电流瞬时值

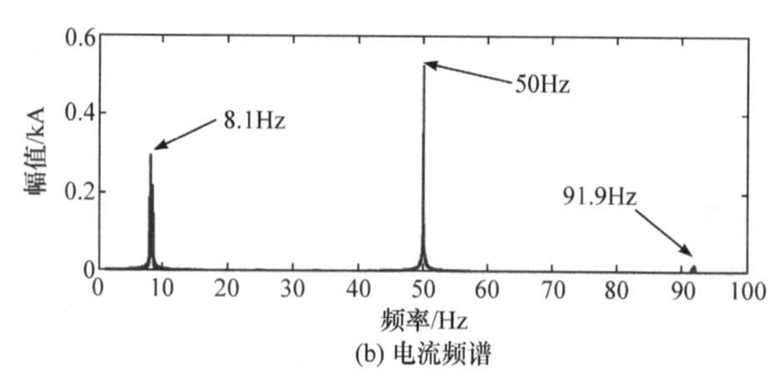

(b) 电流频谱

图 4.6　SSO 发生过程中沽源变电站 1 号主变 A 相电流波形及频谱

4.1.2　主要特征

1. SSO 发生的必要条件

对 2012 年 12 月～2013 年 12 月期间发生的 58 起 SSO 事件进行整理和分析，发现 SSO 的发生时机受固定串补运行状态、风速和/或风电输出功率等多重因素的影响。运行记录表明，所有的 SSO 事件均发生在四组固定串补全投运状态。如果一组或多组固定串补退出运行，则 SSO 不会发生或可被有效抑制。实际上，58 起 SSO 事件中的绝大部分(约 90%)是通过及时退出四组固定串补中的一组而消除的。显然，全部四套固定串补在运是 SSO 发生的前提条件。另一个显著的特征是，SSO 发生时风电出力通常很小。在 58 起 SSO 事件中，沽源地区平均风电出力在 88～360 MW 之间，仅占装机容量的 2.6%～10.5%。SSO 事件数量及其占比与风电出力的关系如图 4.7 所示。可见，当风电出力在 100～300MW 之间时，SSO 事件数量占比达到 87%。

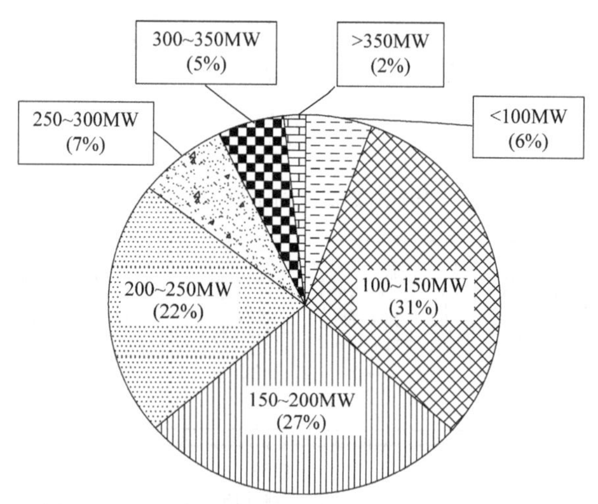

图 4.7　SSO 事件数量及其占比与风电出力的关系

如图 4.8 所示，曲线记录了 12 起 SSO 事件，并在图中标出 SSO 发生时的风电功率。可见，大多数(12 起中的 10 起)SSO 事件出现在风电出力 100～300MW，且 SSO 通常是在风电出力呈下降趋势时发生。根据华北电网提供的统计数据，该地区风电机组的在运率一般在 80%左右。因此，100MW 和 300MW 分别相当于装机容量的 4%和 11%。根据风电机组的风速与输出功率的关系，对应的平均风速在 3～5m/s。这是一个相对较低的风速值。

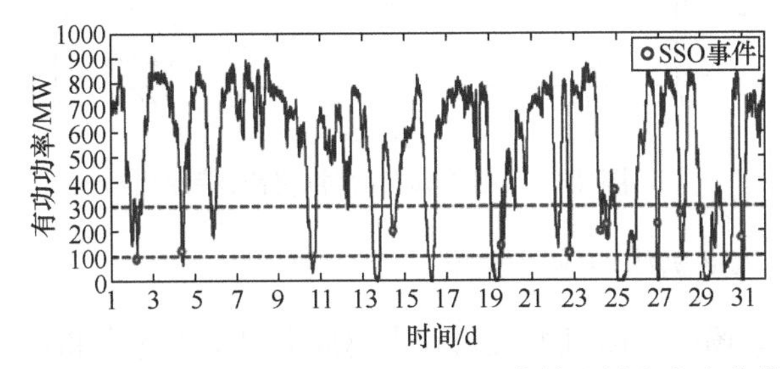

图 4.8　2013 年 3 月沽源地区的 SSO 事件和风电出力曲线

以上分析表明，沽源地区风电系统发生 SSO 的两个必要条件是，所有在运 500kV 串补线路的固定串补装置为投运状态；风电场的风速或出力相对较低。

2. 振荡频率特征

图 4.9 所示为 SSO 事件频率分布。可见，振荡频率均在 6～9Hz 之间。其中 54 起 SSO 事件的振荡频率在 6～8Hz 之间，占比达到 93.1%。然而，沽源地区风电机组轴系的固有频率约为 1.8Hz，其互补频率为 48.2Hz，与观察到的 SSO 频率相差甚远，因此可以判断这种 SSO 并非由风电机组轴系扭振引起的，是一种新的纯电气振荡。

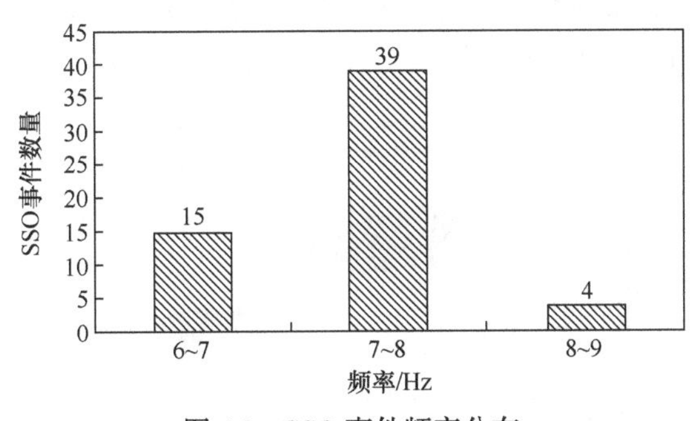

图 4.9　SSO 事件频率分布

此外，这种新型 SSO 的频率即使在单个事件中也不是恒定不变的。如图 4.10 所示，SSO 发生时，振荡频率大约为 8.5Hz，当振荡逐渐发散增强导致部分风电机组脱网后，振荡频率逐步下降，在 10s 内从 8.5Hz 逐步下降到 8.1Hz，然后在

30s 内下降到 7.7Hz。尽管频率随时间变化，但不同位置风电场感受到的 SSO 频率完全相同。这意味着，所有并网风电机组都参与了该 SSO 模式。

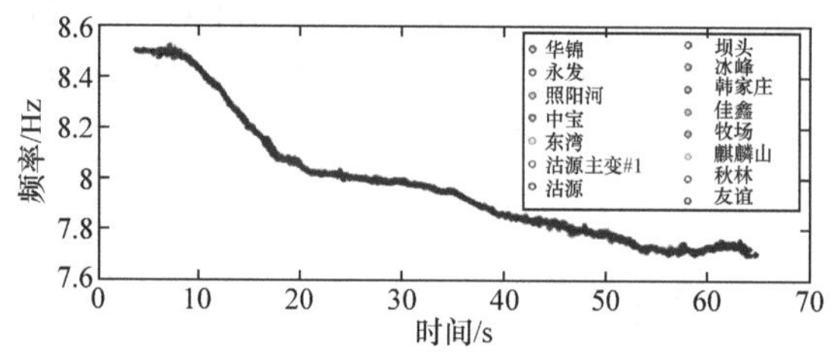

图 4.10　SSO 频率的时空分布特性

3. 不同类型风电机组的响应特征

沽源地区风电场中双馈风电机组和直驱风电机组占比之和达到 98.2%，而绕线型异步风电机组仅占 1.8%。根据能获取的录波数据，重点分析 SSO 事件中双馈和直驱风电机组的响应特征。

图 4.11 所示为 2013 年 3 月 19 日 SSO 事件中，基于双馈风电机组的宏达风电场和基于直驱风电机组的友谊风电场的有功功率曲线。这两个风电场均安装 67 台 1.5MW 的风电机组，总容量为 100.5MW。由此可见，宏达风电场和友谊风电场的初始风电功率分别为装机容量的 16%和 22%。SSO 发生后，随着振荡的增强，宏达风电场中双馈风电机组输出功率的振荡幅值迅速增大，最大达到基波功率的 50%，进而导致大量机组跳闸脱网，输出的风电功率迅速下降。当振荡在 2min 后减弱时，该风电场的输出功率降低 62%。然而，友谊风电场的直驱风电机组表现出不同的响应特性，功率振荡幅值小于 5%。整个事件中没有机组脱网，SSO 消失时风电功率几乎保持不变。更多的数据分析均表明，双馈风电机组的振荡幅值较大，主动参与到 SSO 中；直驱风电机组则振幅普遍较低，属于被动参与 SSO。

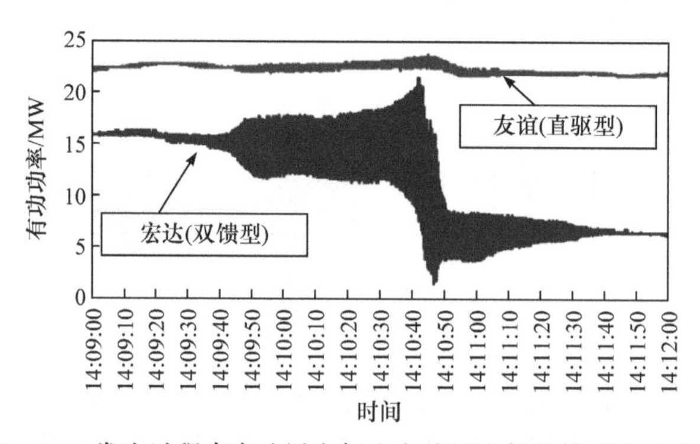

图 4.11　SSO 发生过程中宏达风电场和友谊风电场的输出有功功率曲线

4. 次、超同步电压和电流分量的特征

在沽源地区发生的风电 SSO 事件中，风电机组输出的三相电压波形基本保持工频正弦，虽然含有互补的次同步和超同步频率分量(即次同步频率与超同步频率之和为两倍工频)，但其值相对非常小，实践中很难观察到。但是，风电机组输出三相电流波形则畸变严重，往往含有幅值较大的次同步电流分量和幅值较小的超同步电流分量；次同步电流幅值，甚至会超过基波电流幅值，是主要的间谐波形式。

对上述现象的定性解释如下。

① 风电机组向电网看过去的视在阻抗较低或者说 SCR 较高，使次、超同步电流不会导致较高的同频率间谐波电压。这跟第 5 章分析的弱电网(低 SCR)情况下的 SSSO 有显著的差异。

② 双馈风电机组由异步发电机和变流器构成。异步发电机容量相对较大而对称性较好，变流器容量相对较小且对称性较差。这种构造使整个机组的外特性比全功率变流器具有更好的对称性，加上异步发电机对次同步频率和超同步频率的阻抗特性差异，双馈风电机组中次、超同步频率的耦合较弱，导致该 SSO 现象中超同步分量要远小于次同步分量，甚至可以忽略不计。这也是通常将这种振荡称为 SSO 的原因。

4.1.3　电路机理分析与实测验证

1. 冀北沽源风电并网系统的简化模型

为便于阐述 SSO 的电路机理，基于以下假设条件对图 4.1 所示的复杂系统进行简化建模。

① 因为直驱风电机组占比和参与度小，将其忽略，假设该地区所有风电机组为单机容量 1.5MW 的同型号双馈风电机组。

② 假设机组的运行状态相同，且与各风电场汇流变压器呈等距分布。

③ 各风电场变压器工况一致且均匀承担风电外送功率。

④ 沽源变电站经 500kV 串补线路接入的华北电网(内蒙古电网也是华北电网的一部分)在其末端进行等值。

在这些假设条件下，原风电系统可近似表达为图 4.12 所示的简化系统。进一步，对后者进行参数等效，即所有风电机组可视为经箱式变压器升压到 35kV 并等距接入汇流母线，沽源地区 220kV 以下到 35kV 风电场的放射式网络合并为一台 35/220kV 升压变串联一条 220kV 线路，沽源 500kV 向外到华北电网的网络等效为一条串补线路。最终，得到如图 4.13 所示的简化等值系统。考虑线路和变压器模型和参数，忽略影响不大的并联支路，可进一步得到如图 4.14 所示的简化电路模型。线路和变压器的参数如表 4.4 所示。值得一提的是，以上电路简化过程会不可避免地带来误差，但只要在关注的次同步频率上保持电路的等效性，即可用于 SSO 的机理诠释。

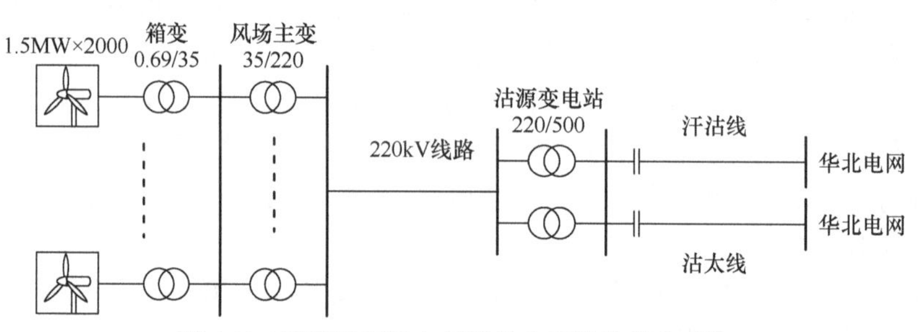

图 4.12　沽源地区风电场及输电系统的简化系统

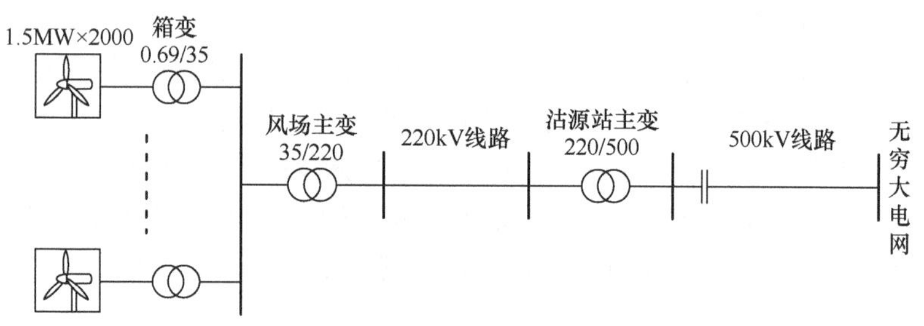

图 4.13　沽源地区风电场及输电系统的简化等值系统

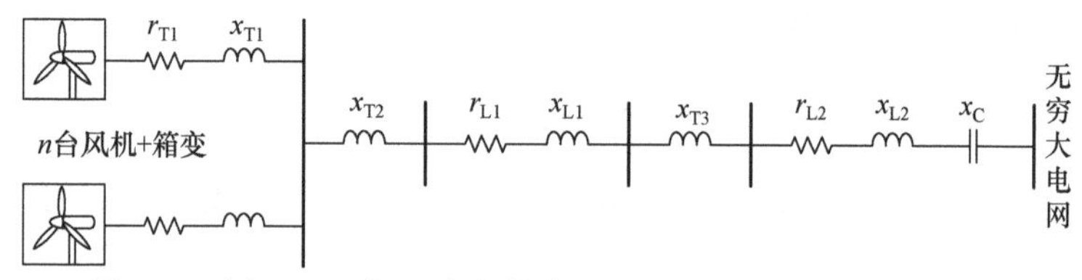

图 4.14　用于 SSO 机理诠释的沽源地区风电系统简化电路模型

表 4.4　线路和变压器的参数(基值：1500MVA)

参数名称	符号	数值
220kV 线路电阻	r_{L1}	0.01pu
220kV 线路电抗	x_{L1}	0.10pu
500kV 线路电阻	r_{L2}	0.005pu
500kV 线路电抗	x_{L2}	0.06pu
串补电容阻抗	x_C	0.024pu
风场 35/220kV	x_{T2}	0.06pu
沽源站 220/500kV	x_{T3}	0.14pu

2. SSO 的电路机理

图 4.14 所示的电路中双馈风电机组的典型结构和控制策略参考图 2.14～

图 2.16。假设风电机组端口输出交流电流包括工频 ω_0 和次同步频率 ω_{SSO} 的电流分量，则机组转子电流中除了与工频电流对应的频率为$|\omega_0-\omega_r|$的电流外(其中 ω_r 为转子角频率)，还存在一个频率为 $\omega=|\omega_{\mathrm{SSO}}-\omega_r|$的交流电流扰动量。在 dq 坐标下，该扰动电流可表示为相量形式，具体表达式为 $\Delta i_{\mathrm{r}}=\Delta i_{\mathrm{rd}}+\mathrm{j}\Delta i_{\mathrm{rq}}$，其中 Δi_{rd} 和 Δi_{rq} 为扰动电流的 d 轴和 q 轴分量。在 RSC 参考电流保持不变的情况下，根据图 2.15，RSC 电压参考值的扰动量可通过下式计算，即

$$\begin{cases}\Delta v_{2\mathrm{d}}=-\Delta i_{\mathrm{rd}}\left(K_{\mathrm{p}}+\dfrac{K_{\mathrm{i}}}{\mathrm{j}\omega}\right)-s_0X'\Delta i_{\mathrm{rq}}\\[2ex]\Delta v_{2\mathrm{q}}=-\Delta i_{\mathrm{rq}}\left(K_{\mathrm{p}}+\dfrac{K_{\mathrm{i}}}{\mathrm{j}\omega}\right)+s_0X'\Delta i_{\mathrm{rd}}\end{cases}\tag{4-1}$$

式中，$\Delta v_{2\mathrm{d}}$ 和 $\Delta v_{2\mathrm{q}}$ 为电压参考值扰动量的 d 轴和 q 轴分量；K_{p} 和 K_{i} 为 RSC 电流跟踪控制的比例系数和积分系数；$s_0=(\omega_0-\omega_r)/\omega_0$ 为转子角频率相对工频的转差率。

若 RSC 输出电压与其参考值完全相同，输出电压扰动量的相量可表示为

$$\Delta v_{\mathrm{r}}=\Delta v_{2\mathrm{d}}+\mathrm{j}\Delta v_{2\mathrm{q}}=-K_{\mathrm{p}}\Delta i_{\mathrm{r}}+\mathrm{j}\left(\frac{K_{\mathrm{i}}}{\omega}+s_0X'\right)\Delta i_{\mathrm{r}}\tag{4-2}$$

双馈感应电机的稳态等效电路如图 4.15 所示[1]。图中，v_{r} 为 RSC 的输出电压，$s_{\mathrm{p}}=(\omega_{\mathrm{SSO}}-\omega_r)/\omega_{\mathrm{SSO}}$ 为转子转速相对定子扰动电流频率的转差率，r_{r} 和 r_{s} 为转子绕组和定子绕组的电阻，x_{r} 和 x_{s} 为转子绕组和定子绕组的漏抗，x_{m} 为激磁电抗。

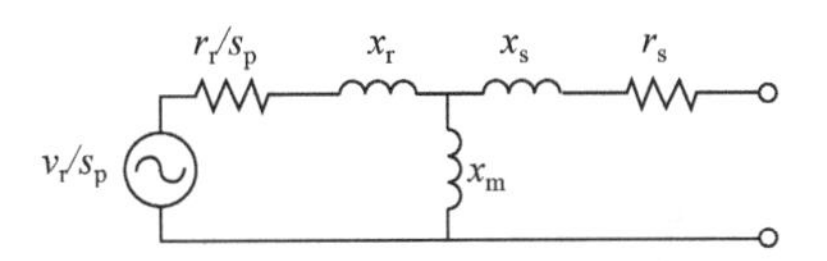

图 4.15　双馈感应电机的稳态等效电路

研究表明，RSC 控制参数对 SSO 特性的影响明显大于 GSC 控制参数的影响。因此，在分析 SSO 时，可暂时不考虑 GSC 部分的等效电路。根据式(4-2)，在仅考虑扰动量的情况下，图 4.15 可重绘为图 4.16(a)。利用阻抗代替其中 RSC 扰动量的等效电压源，图 4.16(a)可进一步简化为图 4.16(b)，其中

$$X_{\mathrm{e}}=\frac{s_0\omega X'+K_{\mathrm{i}}}{\omega s_{\mathrm{p}}}\tag{4-3}$$

图 4.16(b)描述的是单台双馈风电机组的等效电路。考虑风电场建模为 n 台相同型号机组并联在同一条交流母线上，对于准稳态的扰动量而言，风电场等值模型的等效电路如图 4.17 所示。其中，箱式变压器的电阻和电抗为 r_{T1} 和 x_{T1}；外电网简化建模为一条带串补的交流线路；r_{L} 和 x_{L} 为线路电阻和电抗；x_{C} 为串补电容的容抗。

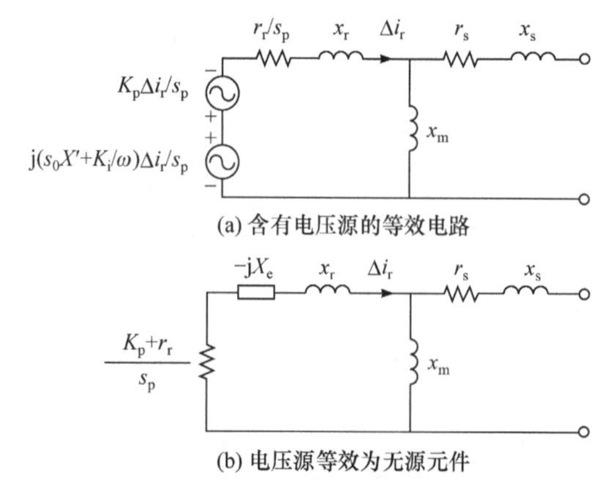

图 4.16　仅考虑扰动量时双馈风电机组的等效电路图

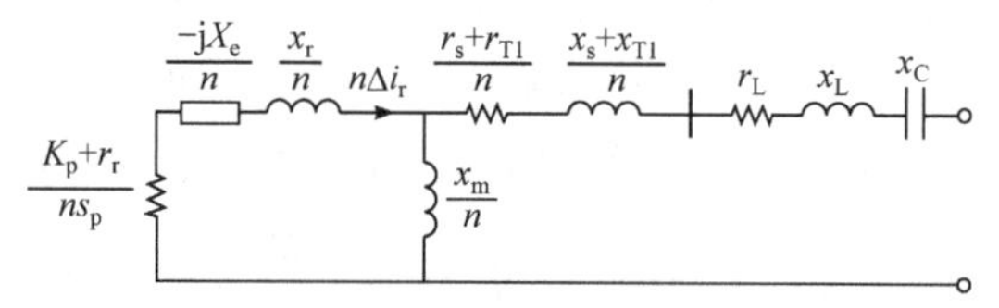

图 4.17　扰动量下风电场等值模型的等效电路

在图 4.16 中，激磁电抗 x_m 一般远大于其左侧转子等效支路阻抗。上述两条支路的并联阻抗接近于转子等效支路阻抗，因此图 4.16(b)中的激磁电抗支路可以忽略，进而得到扰动量下双馈风电机组的近似等效电路(图 4.18)。

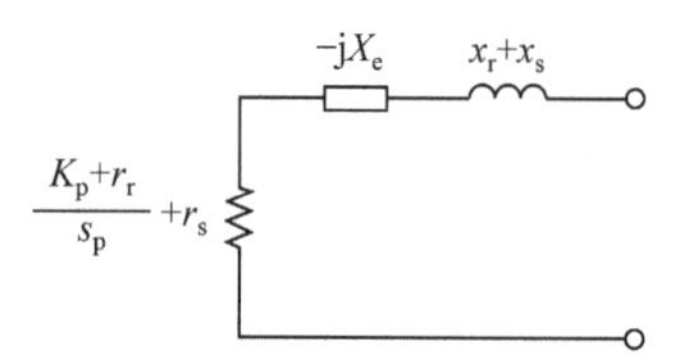

图 4.18　扰动量下双馈电机的近似等效电路

综上所述，图 4.17 中风电场等值模型的近似等效电路图可简化为图 4.19。

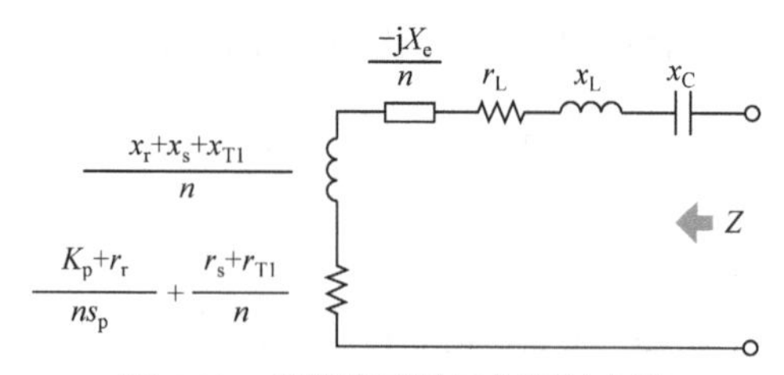

图 4.19　等值模型的近似等效电路

在次同步频率 ω_{SSO} 处，定义整个系统的等效阻抗为

$$
\begin{aligned}
Z(\omega_{\text{SSO}}) &= R(\omega_{\text{SSO}}) + \mathrm{j}X(\omega_{\text{SSO}}) \\
&\approx \frac{K_{\mathrm{p}} + r_{\mathrm{r}}}{ns_{\mathrm{p}}} + \frac{r_{\mathrm{s}} + r_{\mathrm{T1}}}{n} + r_{\mathrm{L}} \\
&\quad + \mathrm{j}\left[\omega_{\text{SSO}}\left(\frac{x_{\mathrm{r}} + x_{\mathrm{s}} + x_{\mathrm{T1}}}{n} + x_{\mathrm{L}}\right) - \frac{x_{\mathrm{C}}}{\omega_{\text{SSO}}} - \frac{s_0(\omega_{\text{SSO}} - \omega_{\mathrm{r}})X' + K_{\mathrm{i}}}{s_{\mathrm{p}}n(\omega_{\text{SSO}} - \omega_{\mathrm{r}})}\right]
\end{aligned}
\tag{4-4}
$$

由于线路串补度小于 100%，必然有 ω_{SSO} 为次同步频率。当系统的等效电抗 $X(\omega_{\text{SSO}})\approx 0$，且等效电阻 $R(\omega_{\text{SSO}})<0$ 时，在频率 ω_{SSO} 上，系统将发生幅值发散的电气振荡，即 SSO。

在传统汽轮机组的 IGE 现象中，整个系统的负阻尼由发电机转子电阻与转差率之比(即 $r_{\mathrm{r}}/s_{\mathrm{p}}$)提供。由式(4-4)可知，当大量安装双馈风电机组的风电场发生 SSO 时，双馈风电机组的变流器也参与负阻尼的产生，其中 RSC 的电流跟踪比例系数 K_{p} 直接参与等效负阻尼的产生。因此，为了准确地描述这类电气振荡现象的本质和发生机理，本书将基于双馈风电机组的风电场与含有固定串补系统间的 SSO 现象称为变流器控制参与的 IGE。该新型 SSO 现象主要源于变流器控制与串补电网之间的动态相互作用。因此，该现象也被广泛称为次同步控制相互作用。

基于图 4.19 中的近似等效电路，下面简单分析转子转速(即风速)、并网风电机组台数、RSC 电流跟踪比例参数、输电线路参数等关键因素对 SSO 特性的影响。

1) 转子转速(即风速)

当仅考虑切入风速与切出风速之间的正常运行区间时，双馈风电机组的转子转速与风速呈现线性正相关，且具有一一对应关系，因此转子转速和风速对 SSO 特性的影响趋势一致。

以转子转速为例开展分析，对于发生 SSO 的次同步频率，有转差率 $s_{\mathrm{p}}<0$，随着转子转速的提高，s_{p} 的绝对值不断增大，使双馈风电机组等效负电阻 $(K_{\mathrm{p}}+r_{\mathrm{r}})/s_{\mathrm{p}}$ 的绝对值不断减小，造成式(4-4)中等效电阻 $R(\omega_{\text{SSO}})$ 逐渐变大。从阻尼的角度看，系统 SSO 阻尼逐步增强。伴随着系统阻尼特性的改变，振荡频率也会发生轻微的改变。

2) 并网风电机组台数

为便于后续分析，定义等效电感 L_{e} 为

$$
L_{\mathrm{e}} = \frac{x_{\mathrm{r}} + x_{\mathrm{s}} + x_{\mathrm{T1}}}{n} + x_{\mathrm{L}}
\tag{4-5}
$$

显然，随着并网风电机组台数 n 的增大，L_{e} 逐渐减小。由式(4-4)可知，振荡频率会随之升高。由于 L_{e} 中存在风电机组台数 n 的倒数项，因此风电机组台数越少，台数变化对 L_{e} 的影响越大，对振荡频率的影响也就越大。

根据式(4-4)可看出，随着 n 增大，等效负电阻$(K_p+r_r)/ns_p$的绝对值减小，系统阻尼增加。随着 n 减小，振荡频率逐渐降低，激磁电抗 $\omega_{SSO}x_m$ 也会减小。当激磁电抗降低到一定程度后，就不能再忽略了。转子等效阻抗与较小的激磁电抗并联，使最终负电阻的绝对值减小，致使系统阻尼增强。因此，SSO 阻尼特性与并网发电机台数间呈现出非线性关系，即随着并网机组台数的增加，SSO 阻尼先减弱后增强。

3) RSC 电流跟踪比例参数

由图 4.19 可知，K_p 与转子等效电阻直接相关，K_p 越大，转子提供的负阻尼就越强，所以 K_p 越大，SSO 发散就越严重。为了使风电机组保持一定的响应速度，在风电机组设计时 K_p 不能设置得太小，导致双馈风电机组转子绕组在 SSO 频率上的等效负电阻较大。这是双馈风电机组容易诱发 IGE 的根本原因。

4) 串补线路的阻抗参数

线路电阻为正电阻，随着线路电阻的增大，整个系统的等效电阻增大，系统的阻尼增强。随着线路电抗的增加，由式(4-4)可知，振荡频率会随之降低，同样转速下的转差率的绝对值会增加，使等效负电阻的绝对值减小，因此整个系统的阻尼增加。随着串补容量的增加，线路串补度相应增加，系统的振荡频率升高，同样转速下的转差率的绝对值会变小，使等效负电阻的绝对值增大，因此整个系统的阻尼减小。

3. 基于现场实测参数的验证

在 2013 年 3 月 19 日，提取某风电场在 SSO 频率处的次同步电压和次同步电流波形，分别计算次同步电压相量 $\dot{U}_{SSO}$ 和次同步电流相量 $\dot{I}_{SSO}$，进而计算该风电场在 SSO 频率处的实测阻抗，即

$$Z_m(\omega_{SSO}) = R_m(\omega_{SSO}) + jX_m(\omega_{SSO}) = \frac{\dot{U}_{SSO}}{\dot{I}_{SSO}} \tag{4-6}$$

式中，R_m 和 X_m 为该风电场实测电阻和实测电抗。

如图 4.20 所示，基于双馈风电机组的九龙泉风电场实测电阻为负值，实测电抗为正值，因此九龙泉风电场在电路上可等效为负电阻和电感串联的形式。基于直驱风电机组的友谊风电场实测电阻为正值，实测电抗为负值，因此友谊风电场在电路上可等效为正电阻和电容串联的形式。

在 SSO 频率处，由双馈风电机组构成的九龙泉风电场对外体现为负电阻特性，即表现为电源特性，说明该风电场向外电网注入次同步频率的振荡功率，主动参与到系统 SSO。由直驱风电机组构成的友谊风电场对外体现为正电阻特性，即电阻特性，属于被动参与系统 SSO。阻抗实测结果与上节基于电路的分析结果

一致，验证了电路分析结果的有效性。

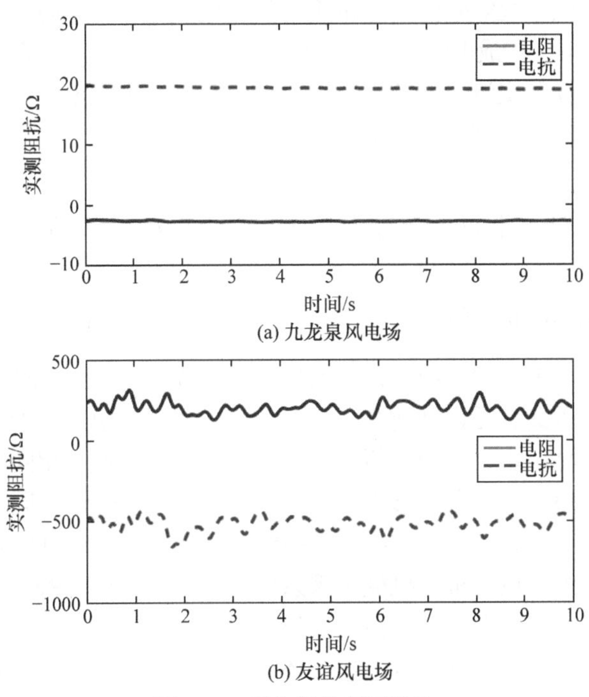

(a) 九龙泉风电场

(b) 友谊风电场

图 4.20　风电场的实测阻抗

双馈/直驱风电场-串补输电系统振荡机理分析如图 4.21 所示。从电路阻抗角

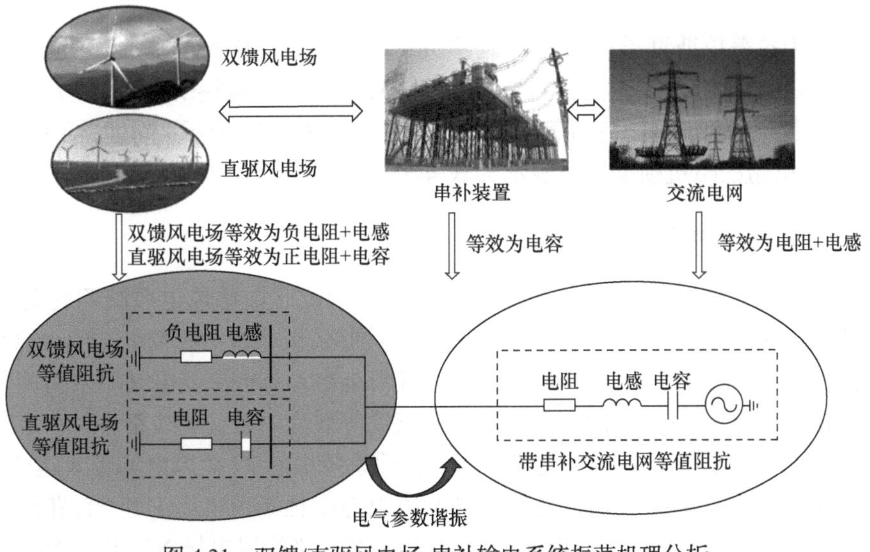

图 4.21　双馈/直驱风电场-串补输电系统振荡机理分析

度来看，双馈风电场等效为负电阻与电感串联，直驱风电场等效为正电阻与电容串联，而串补输电系统等效为一条带串补的输电线路，即电阻、电感和电容的串联。可见，整体系统构成 RLC 振荡电路。在某种系统工况下，双馈风电场的负电阻抵消直驱风电场和交流电网的正电阻时，该系统将出现电气参数振荡。这就是冀北沽源风电场产生新型 SSO 问题的机理。

4.2　基于阻抗网络模型的风电次同步振荡分析

4.2.1　风电机组的阻抗模型

在冀北沽源风电并网系统中，双馈风电机组(Type 3)和直驱风电机组(Type 4)占比超过 98%。因此，需详细建立上述两种风电机组的阻抗模型，用于风电系统 SSO 特性分析评估。由上一节分析知，双馈风电机组中次、超同步频率的耦合较弱，沽源地区 SSO 现象中超同步分量要远小于次同步分量，超同步分量可忽略不计。因此，可以在静止 *abc* 坐标系下用一维正序阻抗刻画风电机组的动态特性。

双馈风电机组由风力机、机械轴系系统、感应发电机、RSC 及其控制系统、GSC 及其控制系统、直流电容和 LC 滤波器等环节构成，如图 2.14～图 2.16 所示。基于阻抗建模技术，可建立包含上述各环节动态特性的风电机组阻抗模型。在复频域，双馈风电机组的阻抗模型可表示为关于 s 的高阶多项式，即

$$Z_{\mathrm{DFIG}}(s)=\frac{a_m s^m + a_{m-1}s^{m-1}+\cdots+a_0}{b_n s^n + b_{n-1}s^{n-1}+\cdots+b_0} \tag{4-7}$$

式中，s 为拉普拉斯算子；a_m 和 b_n 为系数；m 和 n 为正整数。

直驱风电机组由风力机、同步发电机、MSC 及其控制系统、GSC 及其控制系统、直流电容和 LC 滤波器等构成，如图 2.18 和图 2.19 所示。同理，在复频域，直驱风电机组的阻抗模型也可表示为式(4-7)所示的高阶多项式。

4.2.2　阻抗网络模型的构建

为便于后续分析而不失一般性，将图 4.1 中冀北沽源风电系统简化建模为图 4.22 所示的等效系统模型。对于 500kV 电力网络，仅保留沽源变电站两台 500kV 主变和四条串补线路，将外部电网分别在汗海变电站和太平变电站等效为内蒙古电网和华北电网，两个电网之间的其余联络线等效为一条输电线路。对于 220kV 风电汇集系统，根据系统拓扑连接关系，将原系统中的 24 个风电场等效建模为 7 个大容量聚合风电场，分别是九龙泉风电场(JLQ)、恒泰风电场(HT)、莲花滩风电场(LHT)、坝头风电场(BT)、白龙山风电场(BLS)、义缘风电场(YY)和友谊风电场

(YYI)。假设前 6 个风电场中安装的全部是同型号双馈风电机组，友谊风电场中安装的全部是同型号直驱风电机组。每个聚合风电场的装机容量根据实际风电场装机容量相加得到，并且每个聚合风电场内所有的风电机组均通过箱式变压器连接于同一条母线上(图 4.14)，各聚合风电场内的风电机组台数(n)标注于图 4.22 中。

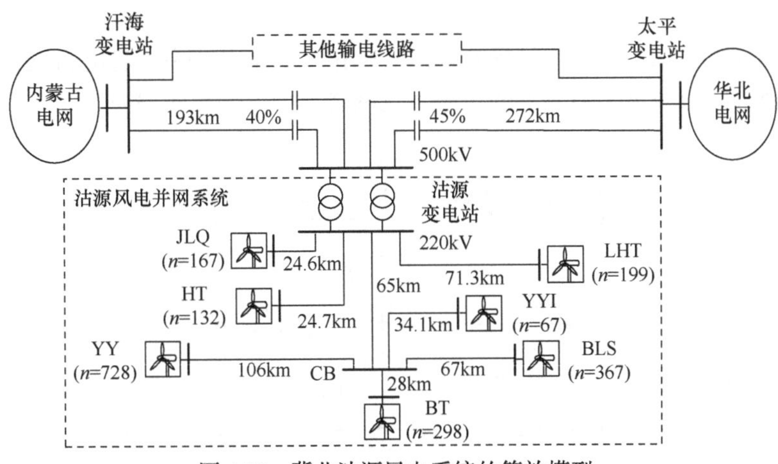

图 4.22 冀北沽源风电系统的等效模型

2013 年 3 月 19 日 SSO 事故发生时，图 4.22 所示系统内的各条 500kV 输电线路均投入运行，且四套串补装置也并网运行。表 4.5 给出了沽源系统中各风电场的运行工况。可见，由于风速的地理分布特性，各风电场中风电机组感受到的实时风速并不同，因此各机组的运行状态存在差别。

表 4.5 2013 年 3 月 19 日 SSO 事故中沽源系统各聚合风电场的运行状态

风电场	风速/(m/s)	并网风电机组台数	风电场	风速/(m/s)	并网风电机组台数
JLQ	4.6	145	BT	4.8	186
HT	4.7	116	BLS	4.9	317
LHT	4.4	155	YY	4.9	628
YYI	5.0	55			

采用阻抗网络建模技术建立沽源风电并网系统的正序阻抗网络模型，具体流程如下[4-6]。

① 收集冀北沽源风电系统的机网参数。双馈风电机组和直驱风电机组的系统结构和控制策略/参数由设备生产厂家提供。沽源系统的网架拓扑、线路/变压器的阻抗参数，以及固定串补装置阻抗参数由国网冀北电力有限公司提供。

② 在 2013 年 3 月 19 日 SSO 事件工况下，计算图 4.22 中等效电网的潮流分布。由图可知，沽源系统共有 13 个节点，将内蒙古电网母线设置为平衡节点，选

择 7 个风电场的端口母线和华北电网母线为 PV 节点，其余母线设置为 PQ 节点。根据表 4.5 中沽源系统各聚合风电场的运行工况，计算得到系统内各母线电压和线路潮流，为双馈风电机组和直驱风电机组的阻抗建模提供稳态运行点。

③ 建立沽源系统内所有双馈风电场、直驱风电场和输电线路等电力设备的正序阻抗模型。

④ 根据图 4.22 所示的目标系统的实际拓扑，将系统中所有电力设备的正序阻抗模型拼接为静止坐标系下的正序阻抗网络模型，如图 4.23 所示。

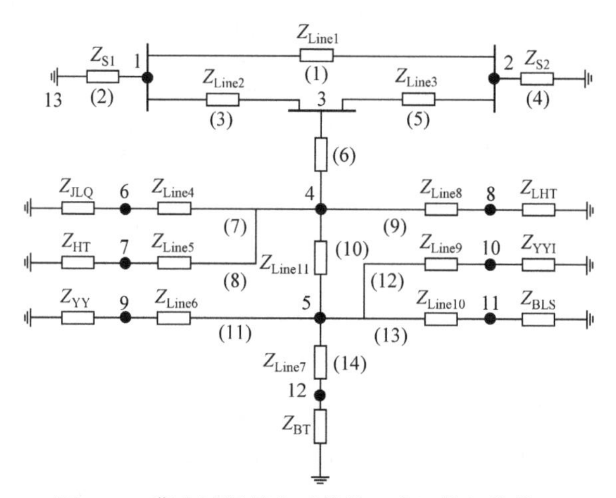

图 4.23 冀北沽源风电系统的正序阻抗网络模型

4.2.3 基于阻抗网络的频域模式分析

如图 4.23 所示，冀北沽源风电系统的阻抗网络共有 13 个节点(节点 13 为参考节点)和 14 条支路。对网络各节点和各支路进行编号，其中支路编号写在括号里。

根据 2.6 节，建立阻抗网络的节点导纳矩阵和回路阻抗矩阵，其行列式为 196 阶的多项式，利用酉矩阵结合 QR 分解法计算行列式的零点，从而获得系统的振荡模式。其中存在一个不稳定的振荡模式，频率为 7.14Hz，阻尼为$-0.078\mathrm{s}^{-1}$，即系统的 SSO 模式。

为了分析不同设备对 SSO 模式的参与度，计算各节点对模式的参与因子和各设备的灵敏度，结果如表 4.6 和表 4.7 所示。可见，SSO 的主要参与节点和设备包括节点 3 和接入节点 3 的串补线路，以及节点 4 和接入节点 4 的各风电场。由此可以推断，沽源风电系统的 SSO 主要涉及双馈风电场与串补线路间的动态相互作用。

表 4.6　节点参与因子

节点编号	参与因子/%	节点编号	参与因子/%	节点编号	参与因子/%
1	0.00	5	10.76	9	9.50
2	0.00	6	11.44	10	0.00
3	12.38	7	11.60	11	10.62
4	11.64	8	11.60	12	10.46

表 4.7　设备灵敏度

设备	灵敏度	设备	灵敏度	设备	灵敏度
线路 1	0.00	恒泰风电场	11.74	莲花滩风电场	11.74
串补线路 2	12.63	线路 5	0.00	线路 8	0.00
串补线路 3	12.57	义缘风电场	9.61	友谊风电场	0.00
沽源变电站	0.00	线路 6	0.00	线路 9	0.00
九龙泉风电场	11.58	坝头风电场	10.58	白龙山风电场	10.75
线路 4	0.00	线路 7	0.00	线路 10	0.00

为了解 SSO 的分布特征，计算各支路对振荡模式的可观度和各节点对振荡模式的可控度，结果如表 4.8 和表 4.9 所示。可见，SSO 电流沿着串补线路和双馈风电场构成的路径进行流动，双馈风电场与串补电容是导致 SSO 的源头[7]。

表 4.8　支路对 SSO 模式的可观度

支路编号	可观度/%	支路编号	可观度/%	支路编号	可观度/%
1	3.89	6	19.98	11	6.27
2	9.83	7	2.94	12	0
3	13.52	8	2.37	13	3.68
4	11.31	9	1.85	14	3.16
5	8.18	10	13.02		

表 4.9　节点对 SSO 模式的可控度

节点编号	可控度/%	节点编号	可控度/%	节点编号	可控度/%
1	0.00	5	10.94	9	10.28
2	0.00	6	11.28	10	0.00
3	11.74	7	11.36	11	10.87
4	11.38	8	11.36	12	10.79

4.2.4 基于聚合阻抗频率特性的次同步振荡分析

录波数据分析表明，冀北沽源风电系统中的次同步功率潮流由各风电场流向带串补的交流输电系统。因此，可沿该振荡路径将沽源系统的正序阻抗网络模型归集为聚合阻抗。沽源系统具有相对简单的放射式网络拓扑(图 4.24)，可采用串并联、Y/Δ变换等电路变换方法实现阻抗网络模型的聚合。具体聚合过程如下。

首先，计算串补输电网的正序阻抗 $Z_N(s)$，即

$$Z_N(s) = (Z_{N1} + Z_{S1}) \| (Z_{N2} + Z_{S2}) + Z_{N3} \tag{4-8}$$

式中，$Z_{N1}= Z_{Line1} Z_{Line2}/Z_{SUM}$；$Z_{N2}= Z_{Line1} Z_{Line3}/Z_{SUM}$；$Z_{N3}= Z_{Line2} Z_{Line3}/Z_{SUM}$；$Z_{SUM}= Z_{Line1}+Z_{Line2}+Z_{Line3}$。

然后，计算沽源风电系统的正序阻抗 $Z_{WFs}(s)$，即

$$Z_{WFs}(s) = Z_{W1} \| Z_{W2} \| Z_{W3} \| \left(Z_{W4} \| Z_{W5} \| Z_{W6} \| Z_{W7} + Z_{Line11}\right) + Z_{Trans.GY} \tag{4-9}$$

式中，$Z_{W1}=Z_{JLQ}+Z_{Line4}$；$Z_{W2}=Z_{HT}+Z_{Line5}$；$Z_{W3}=Z_{LHT}+Z_{Line8}$；$Z_{W4}=Z_{YY}+Z_{Line6}$；$Z_{W5}=Z_{CB}+Z_{Line7}$；$Z_{W6}=Z_{YYI}+Z_{Line9}$；$Z_{W7}=Z_{BLS}+Z_{Line10}$。

最后，将两者串联相加，即可得聚合阻抗模型 Z_Σ，即

$$Z_\Sigma(s) = Z_N(s) + Z_{WFs}(s) \tag{4-10}$$

聚合阻抗本质上是一个关于 s 的高阶多项式。在频域内，将聚合阻抗的实部和虚部分开，实部可称为等效电阻，虚部可称为等效电抗。

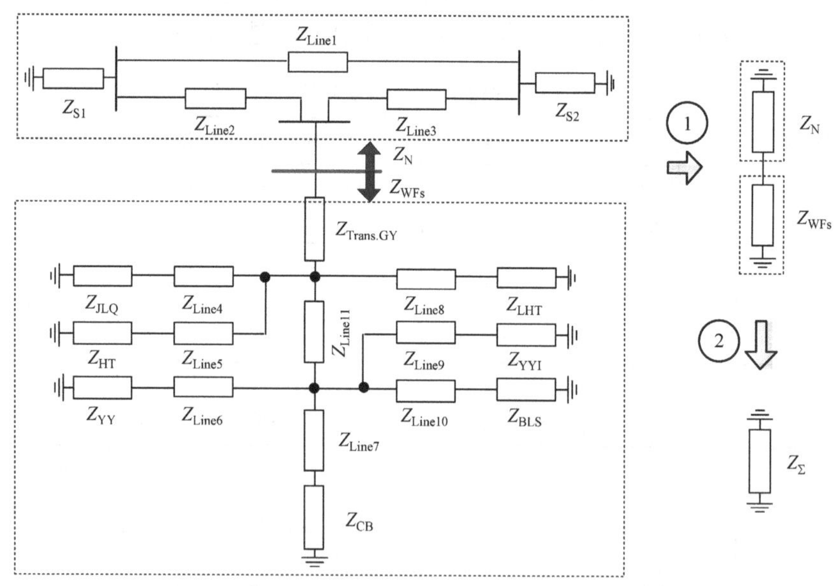

图 4.24 冀北沽源风电系统正序阻抗网络模型的聚合

图 4.25 所示为聚合阻抗在 3～93Hz 的阻抗频率特性曲线。可见，等效电抗曲

线上总共有三个电抗曲线过零点，其频率分别为 f_1=7.16Hz、f_2=43.35Hz 和 f_3=48.76Hz，对应系统中的三个振荡模式。表 4.10 所示为等效电抗曲线过零点特性统计表。对于第一个过零点，过零点处等效电抗曲线斜率为正，且等效电阻小于零，根据提出的稳定判据，存在 $R_D(f_1)\cdot k_{DX}(f_1)<0$，该振荡模式不稳定。同理，可判断另外两个过零点对应系统模式均为稳定。上述不稳定的振荡模式即系统中风电场与串补输电系统相互作用导致的 SSO 模式。

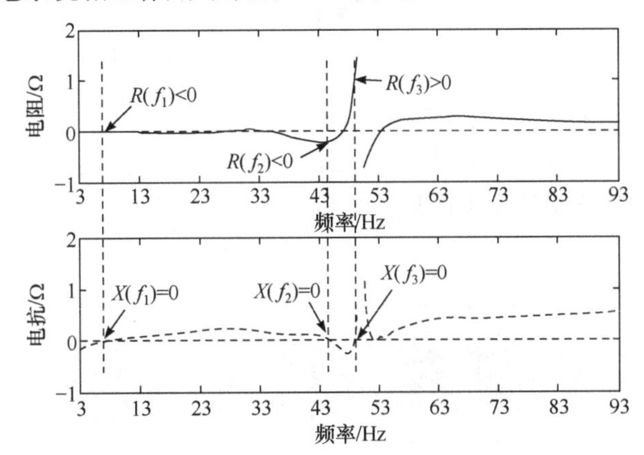

图 4.25　聚合阻抗的频率特性曲线(3～93Hz)

表 4.10　等效电抗曲线过零点特性统计表

项目	第一个	第二个	第三个
f_r	7.16Hz	43.35Hz	48.76Hz
类型	ZZP	ZZP	ZZP
$k_{DX}(f_r)$	P	N	P
$R_D(f_r)$	N	N	P
$R_D(f_r)\cdot k_{DX}(f_r)$	N	P	P
稳定性	不稳定	稳定	稳定

注：“P” 表示正数，“N” 表示负数。

图 4.26 所示为聚合阻抗在 6～8Hz 的阻抗频率特性曲线。在过零点频率临近的微小范围内，拟合聚合 RLC 二阶电路参数，得到的等效电阻、电感和电容参数分别为 $R=-8.21\mathrm{e}^{-4}$pu，L=1.67pu 和 C=29.48pu。进而，计算 SSO 模式阻尼和频率，分别为 $\sigma_{SSO}=-0.077\mathrm{s}^{-1}$ 和 $\omega_{SSO}=2\pi\times7.12$rad/s。

4.2.5　现场录波及电磁暂态仿真验证

1. 现场录波验证

图 4.27 所示为 2013 年 3 月 19 日 SSO 事故过程中沽源变电站变压器电流的

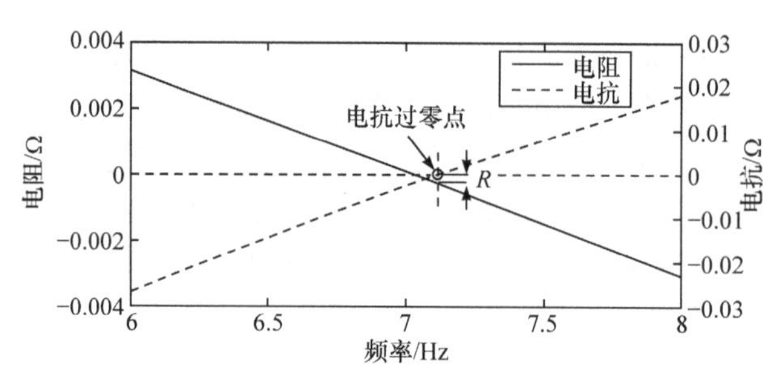

图 4.26　聚合阻抗的频率特性曲线(6～8Hz)

录波波形及 FFT 分析。可见，变压器电流中不仅含有工频分量，还含有一个频率为 7.1Hz 的次同步分量，且该次同步分量随时间逐渐振荡发散，其阻尼为–0.08s^{-1}。实测结果与上述基于阻抗模型的理论分析结果基本一致，验证了分析方法的有效性和准确性。

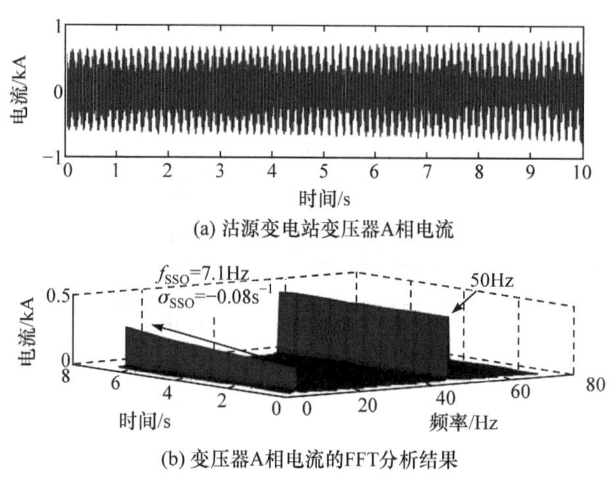

图 4.27　沽源变电站中变压器录波电流波形及 FFT 分析

图 4.28 所示为九龙泉风电场(双馈风电场)和友谊风电场(直驱风电场)的输出

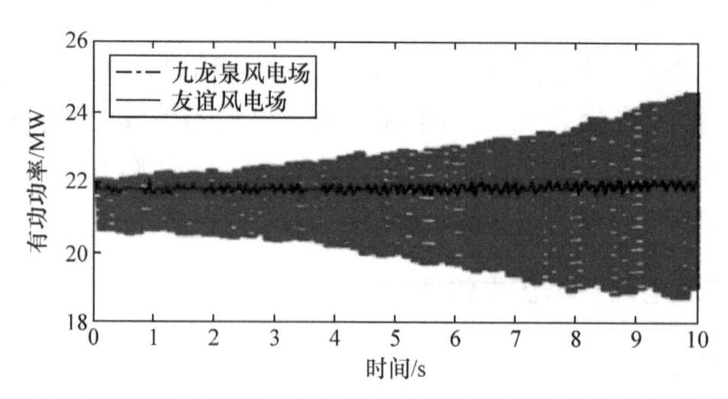

图 4.28　九龙泉风电场和友谊风电场的输出有功功率波形

有功功率波形。可见，九龙泉风电场的输出有功功率随时间振荡发散，而友谊风电场的输出有功功率仅有非常微小的振荡。

2. 电磁暂态仿真验证

基于电磁暂态仿真软件 PSCAD/EMTDC，建立如图 4.22 所示的沽源系统的非线性仿真模型，具体包括 6 个双馈风电场、1 个直驱风电场，以及各电压等级输电线路等。在仿真模型中，将沽源系统工况设置为 SSO 事件工况。

初始时，设置沽源-汗海 500kV 线路上的串补电容未投运。在 1.5s 时刻，将串补电容投入运行。图 4.29 所示为沽源变电站变压器次同步电流仿真波形及其 FFT 分析结果。可见，当串补电容未投运时，系统稳定运行，电流中无次同步电流分量。串补电容投运后，系统出现不稳定的 SSO，导致次同步电流逐渐振荡发散。FFT 的分析结果表明，SSO 的频率和阻尼分别是 7.15Hz 和$-0.076s^{-1}$。这些结果与上述实测结果和基于阻抗模型的分析结果基本一致，三者可以相互验证。

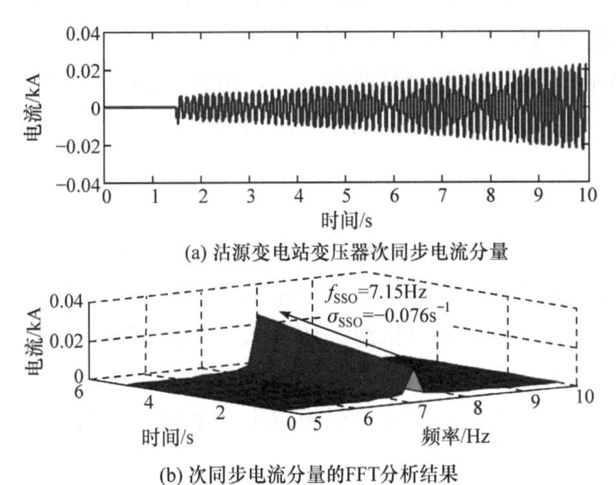

(a) 沽源变电站变压器次同步电流分量

(b) 次同步电流分量的FFT分析结果

图 4.29　沽源变电站变压器次同步电流仿真波形及其 FFT 分析结果

九龙泉风电场和友谊风电场输出有功功率仿真波形如图 4.30 所示。可见，当

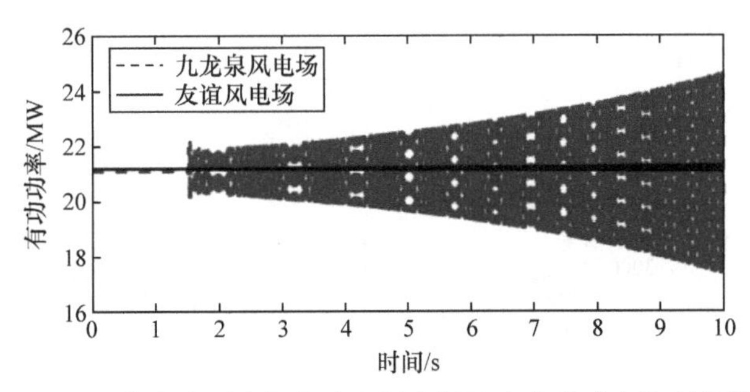

图 4.30　九龙泉风电场与直驱风电场输出有功功率仿真曲线

串补投入后，九龙泉风电场输出有功功率逐渐振荡发散，而友谊风电场输出有功功率振荡很小。仿真结果与图 4.28 所示的风电场实测波形一致，表明双馈风电场主动参与了系统的 SSO 现象，而直驱风电场仅仅是被动参与。

4.3　主要影响因素分析

4.1 节中采用电路分析方法简要探讨了风速、并网风电机组台数、风电机组控制参数，以及串补度等关键因素对风电 SSO 特性的影响。下面采用基于聚合 RLC 电路模型的量化分析方法深入研究冀北沽源风电系统中上述关键因素对 SSO 特性的影响。

为简化分析过程，针对该等效系统做如下假设。

① 忽略友谊风电场(直驱风电场)及友谊-察北 220kV 输电线路的影响。

② 剩余六个聚合风电场中均安装有相同型号的双馈风电机组。

③ 忽略风能的地域差异性，假设各聚合风电场感受到的风速一致。

这些假设条件与实际情况会有所差异，但可作为研究的起点，进一步分析时根据需要逐步加入实际因素，做更细节性的研究。

4.3.1　风速的影响

根据某双馈风电机组生产厂商提供的资料，绘制风电机组转速、风速与输出功率的关系，如图 4.31 所示。可见，在一定的转速和风速下，机组存在一个输出功率最大点。基于此，双馈风电机组采用最大功率点追踪(maximum power point tracking，MPPT)技术，在一定的风速下，通过控制风电机组的电磁转矩控制风电机组转子转速达到最佳转速，使风电机组输出功率最大，从而实现风能捕捉利用的最大化。

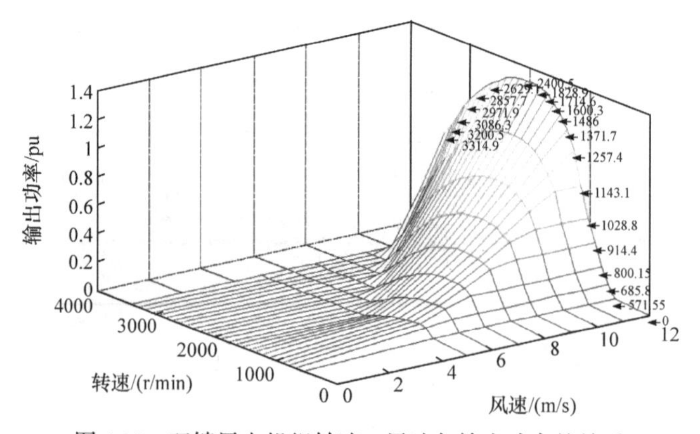

图 4.31　双馈风电机组转速、风速与输出功率的关系

在冀北沽源风电系统中，双馈风电机组采用测风速-查表方法控制发电机转子转速，实现最大功率跟踪。取功率基值为 1.5MW、转速基值为同步速，风电机组的风速-转速-输出功率对应关系如表 4.11 所示。分别用曲线描述风电机组风速与转速、转速与输出功率之间的关系，具体结果如图 4.32 和图 4.33 所示。可见，双馈风电机组的设计切入风速为 3m/s，设计切出风速为 25m/s，并且风电机组的运行区域可以分为以下三段。

(1) *AB* 段，即低风速下的恒转速运行段。在该段内，风速范围为 3～5m/s，风电机组转子转速恒定为 0.667pu，风电机组输出功率随风速增加，范围为 0～0.11pu。

(2) *BC* 段，即最大功率跟踪运行段。在该段内，风速范围为 5～8m/s，风电机组转子转速范围覆盖 0.667～1.2pu，风电机组输出功率实现最大跟踪，范围为 0.11～0.5pu。

(3) *CD* 段，即高风速下的恒转速运行段。在该段内，风速范围为 8～25m/s，风电机组转子转速恒为 1.2pu，风电机组输出功率变化范围为 0.5～1.0pu。当风速大于 10.5m/s 时，机组输出功率恒为 1.0pu。

表 4.11　典型双馈风电机组的风速-转速-输出功率关系(基值：1.5MW)

风速/(m/s)	转速/pu	输出功率/pu
3	0.667	0.003
4	0.667	0.048
5	0.667	0.110
6	0.844	0.200
7	1.022	0.326
8	1.200	0.500
9	1.200	0.710
10	1.200	0.931
10.5	1.200	1.000
25	1.200	1.000

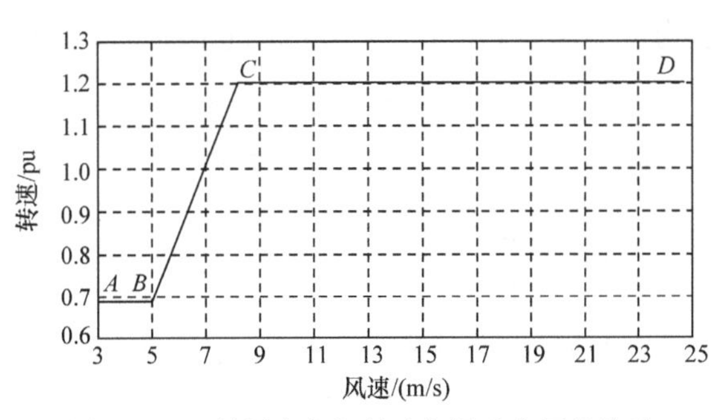

图 4.32　双馈风电机组转速与风速之间的关系

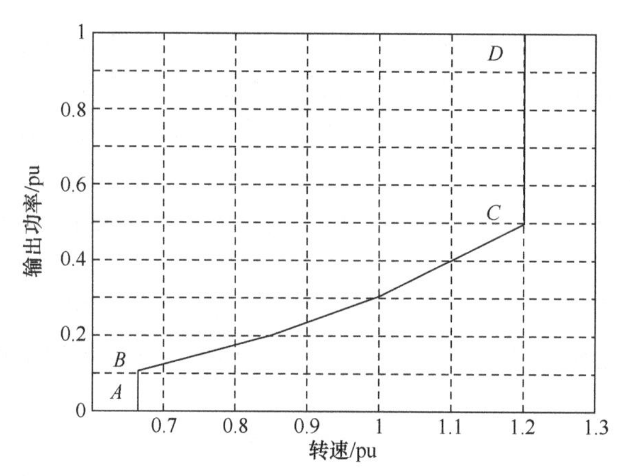

图 4.33 双馈风电机组输出功率与转速之间的关系

通过 4.1 节的电路分析可知，风速通过改变风电机组转子转速和转差率，影响风电机组的阻抗特性。此外，以不同风速工况为边界条件，可得冀北沽源风电系统的阻抗网络模型，进而通过聚合 RLC 电路分析方法得到聚合电路的等效电阻、等效电感和等效电容参数(表 4.12)。根据第 3 章的分析，当采用聚合 RLC 电路分析法时，可根据聚合电路中等效电阻的正负判断 SSO 的稳定性，同时根据其变化规律得到 SSO 阻尼的变化规律。等效电感和等效电容对 SSO 频率均有较大影响，但变化率较大者对 SSO 频率变化起主导作用。因此，可根据两个参数的变化特性分析 SSO 频率的变化规律。

各电路参数随风速变化的曲线如图 4.34 所示。可见，当风速在 5～8m/s 之间变化时，随着风速的增加，等效电阻逐渐变大，等效电感逐渐减小，而等效电容基本保持不变；当风速小于 5m/s，或者大于 8m/s 时，等效电路参数基本保持不变。造成这种现象的根本原因是风电机组模型中控制模式的切换。如表 4.11 所示，当风速在 5～8m/s 之间变化时，双馈风电机组采用最大功率追踪控制模式，风电机组转子转速随风速的变化而变化，造成转差率变化，进而影响风电机组的阻抗特性，具体表现为聚合 RLC 电路等效参数的变化。当风速小于 5m/s 或者大于 8m/s 时，风电机组切换为恒转速控制模式(当风速超过 10.5m/s，风电机组输出功率恒

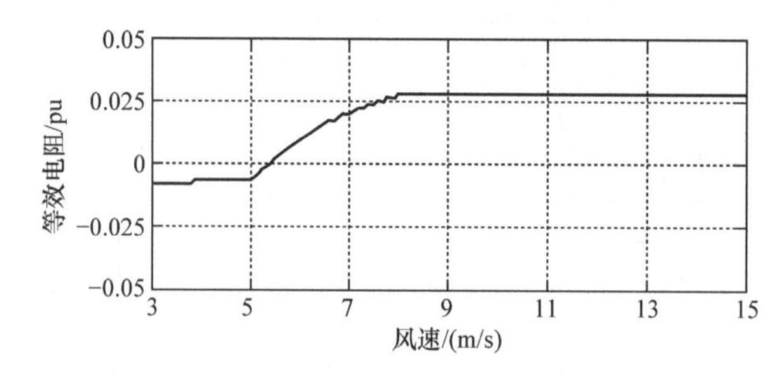

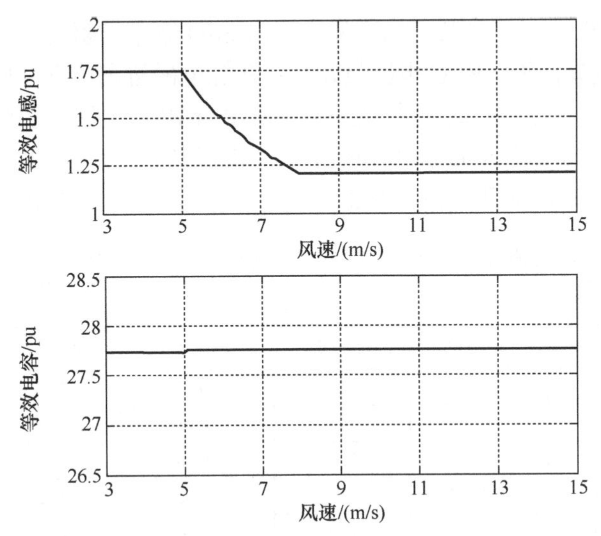

图 4.34　等效电路参数随风速变化的曲线

定为 1.0pu)。因此，风速变化对聚合 RLC 电路参数的影响非常小。

表 4.12　聚合 RLC 电路参数随风速变化

风速/(m/s)	聚合 RLC 电路参数		
	R/pu	*L*/pu	*C*/pu
3	−0.0081	1.73	27.71
5	−0.0075	1.74	27.71
5.3	−0.0019	1.65	27.72
5.4	−0.00002	1.63	27.72
5.5	0.0015	1.61	27.72
7	0.0197	1.29	27.72
8	0.0266	1.21	27.73
15	0.0270	1.21	27.73

当风速由 5m/s 逐步变化为 8m/s 时,等效电阻由负数变为正数。根据前述 SSO 判据，SSO 由不稳定变为稳定。由于等效电阻随风速增加而增大，等效电感随风速的增加而减小。根据聚合电路参数与 SSO 阻尼和频率之间的计算公式可知,SSO 阻尼随风速的增加而增加。对该算例而言，$\frac{1}{LC}\times\left(\frac{R}{2L}\right)^2$，SSO 频率特性主要由第一项决定。由图 4.34 可知，等效电感的变化率远大于等效电容变化率，因此等效电感变化对 SSO 频率变化起主导作用，即 SSO 频率随风速增加逐渐变大。

基于聚合 RLC 电路参数可以方便计算出 SSO 频率和阻尼。为方便比较，将特征值分析法、基于聚合 RLC 电路量化分析法和电磁暂态仿真分析法的结果列于表 4.13。分析表中数据可知，特征值分析法和聚合 RLC 电路分析法均能精确给出各种风速工况下的系统 SSO 频率和阻尼，并准确判断出 SSO 的稳定性。随风速的增加，SSO 频率逐渐升高，阻尼逐渐变大，与前述电路分析的结果一致。

表 4.13 特征值分析、聚合 RLC 电路分析与电磁暂态仿真分析结果比较

风速/(m/s)	特征值分析		聚合 RLC 电路分析		电磁暂态仿真分析	
	频率/Hz	阻尼/s^{-1}	频率/Hz	阻尼/s^{-1}	频率/Hz	阻尼/s^{-1}
3	7.19	–0.70	7.22	–0.73	7.21	–0.71
5	7.19	–0.66	7.22	–0.68	7.21	–0.67
5.3	7.36	–0.16	7.39	–0.18	7.37	–0.19
5.4	7.43	–0.0055	7.44	–0.0021	7.45	–0.0134
5.5	7.50	0.13	7.48	0.14	7.52	0.15
7	8.38	2.40	8.35	2.40	8.20	2.43
8	8.64	3.45	8.61	3.46	8.66	3.48
15	8.64	3.51	8.61	3.52	8.66	3.55

4.3.2 并网风电机组台数的影响

在冀北沽源等效系统中，六个聚合风电场中风电机组装机台数分别为 167、199、132、298、367 和 728。本节在分析并网风电机组台数对 SSO 特性影响时，需将风电机组总台数根据各聚合风电场装机台数比例进行折算，进而确定每个聚合风电场的并网台数。

以不同并网风电机组台数为边界条件，建立各工况下冀北沽源风电系统的阻抗网络模型，进而计算其聚合阻抗。如表 4.14 和图 4.35 所示，随着并网风电机组台数的增加，等效电阻先减小后增加，两者存在非线性关系，而等效电感逐渐增加，等效电容逐渐减小。可知，SSO 阻尼与并网风电机组台数存在非线性关系，随并网风电机组台数的增加，阻尼将先减小后增大。由于等效电容变化率大于等效电感变化率，SSO 频率随并网发风电机组台数的增加而增大。

表 4.14 聚合 RLC 电路参数随并网风电机组台数变化

并网风电机组台数	聚合 RLC 电路参数		
	R/pu	L/pu	C/pu
500	0.013	1.12	84.06
1000	0.0088	1.31	42.07
1500	0.0088	1.50	27.78
2000	0.011	1.67	20.93

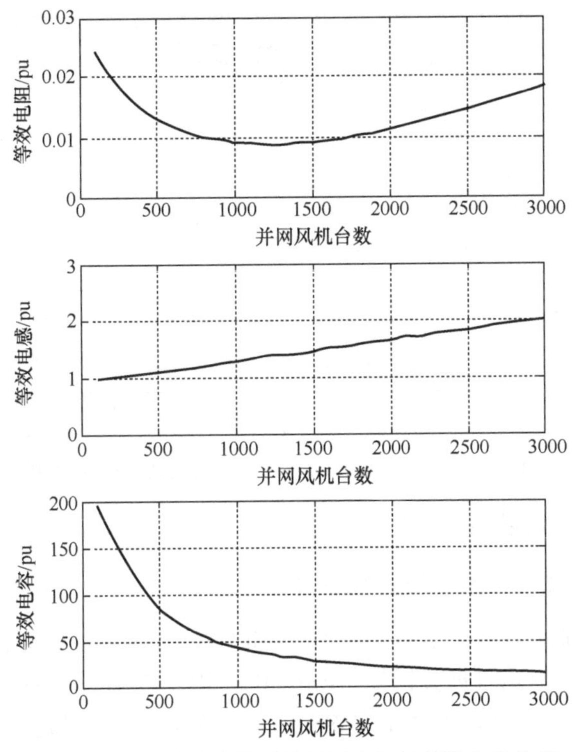

图 4.35　等效电路参数随并网风电机组台数变化曲线

为直观展示风速和并网风电机组台数对风电 SSO 特性的影响，分别计算在不同风速、不同并网风电机组台数多种工况下 SSO 的阻尼和频率。对比表 4.11 中风速-转子转速关系可知，SSO 的阻尼特性与风电机组转子转速正相关，即转速越高，阻尼越大；转速越低，阻尼越小。并网风电机组台数和 SSO 阻尼呈现非线性关系，即在不同转速下，都存在 SSO 阻尼最差的并网风电机组台数。在此基础上，发电机台数增加或减少，系统的 SSO 阻尼都会增加。SSO 频率与并网风电机组台数和转速均表现为正相关，即发电机转速越高，系统的振荡频率就越高。随着并网风电机组台数的减少，振荡频率也逐渐降低，且并网台数越少，台数变化对振荡频率的影响就越大。

通过图 4.36 可以看出，SSO 的发生频率约为 6～8Hz，这与 4.1 节中的现场数据和 4.2 节中的仿真结果基本一致，与轴系固有频率或其互补频率存在很大的差距，进一步印证了双馈风电集群-串补输电系统中 SSO 问题并非机电振荡现象，而是一种纯电气振荡问题。

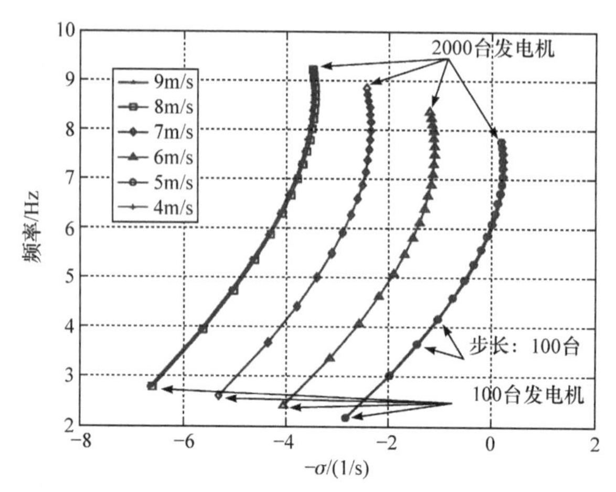

图 4.36 并网风电机组台数和风速对 SSO 特性的影响

4.3.3 风电机组控制参数的影响

1. RSC 电流跟踪控制环增益的影响

由第 2 章可知，双馈风电机组中 RSC 和 GSC 有 6 个控制环，共计 12 个控制参数。根据 4.1 节电路机理分析知，RSC 电流跟踪控制环增益直接参与负阻尼的产生，对风电集群-串补输电系统中 SSO 特性影响最大。因此，本部分首先详细分析该参数对 SSO 特性的影响，然后简单分析其他控制参数对 SSO 的影响。

RSC 电流跟踪控制环增益取值不同时，聚合 RLC 电路参数随 RSC 电流跟踪控制环增益的变化如表 4.15 所示。等效电路参数随增益变化的曲线如图 4.37 所示。可见，随着增益系数的增加，等效电阻显著减小，说明该增益对负电阻的产生有重要影响，使系统更容易发生不稳定的 SSO。随着增益系数的增加，等效电感稍有增加，等效电容稍有减小，分析发现等效电感变化率比等效电容变化率大，因此等效电感变化对 SSO 频率变化的贡献更大。根据前述理论，随着该增益的增加，SSO 阻尼和频率均逐渐减小。

表 4.15 聚合 RLC 电路参数随 RSC 电流跟踪控制环增益的变化

增益 K_p	聚合 RLC 电路参数		
	R/pu	L/pu	C/pu
0.02	0.033	1.50	27.79
0.04	0.021	1.50	27.78
0.07	0.0031	1.50	27.78
0.075	0.0001	1.50	27.78
0.08	−0.0029	1.50	27.77
0.12	−0.027	1.51	27.73
0.18	−0.062	1.53	27.62

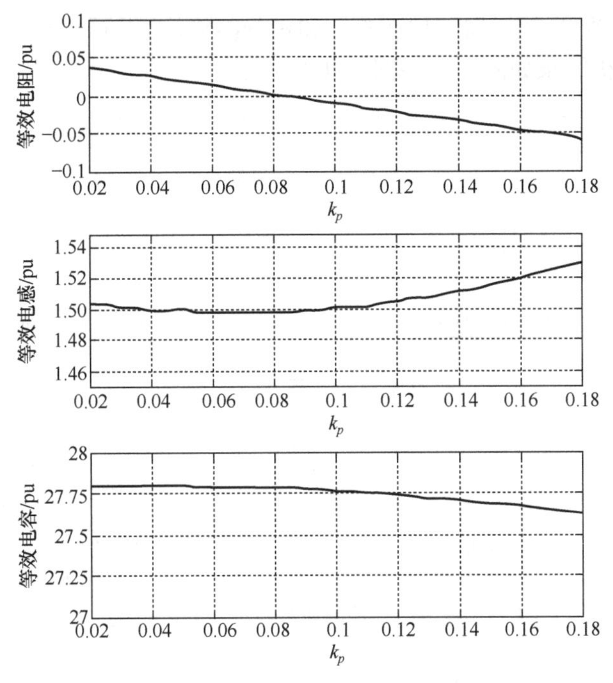

图 4.37　等效电路参数随增益变化的曲线

为便于分析，特征值分析、聚合 RLC 电路分析与电磁暂态仿真分析结果比较如表 4.16 所示。可见，随着增益系数的增加，SSO 频率基本保持不变，SSO 阻尼逐渐变小，SSO 由稳定逐渐变为不稳定。在电路意义上，负电阻可为系统的 SSO 提供能量，其值大小影响电气振荡的发散速度。因此，进一步确认了双馈风电机组的控制器参与风电 SSO 的动态过程。

表 4.16　特征值分析、聚合 RLC 电路分析与电磁暂态仿真分析结果比较

增益 K_p	特征值分析		聚合 RLC 电路分析		电磁暂态仿真分析	
	频率/Hz	阻尼/s^{-1}	频率/Hz	阻尼/s^{-1}	频率/Hz	阻尼/s^{-1}
0.02	7.74	3.42	7.72	3.45	7.75	3.40
0.04	7.76	2.18	7.74	2.21	7.75	2.19
0.07	7.74	0.31	7.75	0.33	7.76	0.30
0.075	7.74	0.0016	7.75	0.0076	7.75	0.0156
0.08	7.72	–0.29	7.75	–0.30	7.74	–0.35
0.12	7.72	–2.77	7.73	–2.79	7.73	–2.77
0.18	7.60	–6.31	7.62	–6.32	7.64	–6.35

2. RSC 控制参数的影响

将 RSC 的 6 个控制参数，即电流跟踪控制环、转子转速控制环和定子无功控制环的参数(包括 PI 控制器的比例参数和积分参数)，在 0.1～10 倍之间变化时，SSO 特性的分析结果如图 4.38～图 4.40 所示。

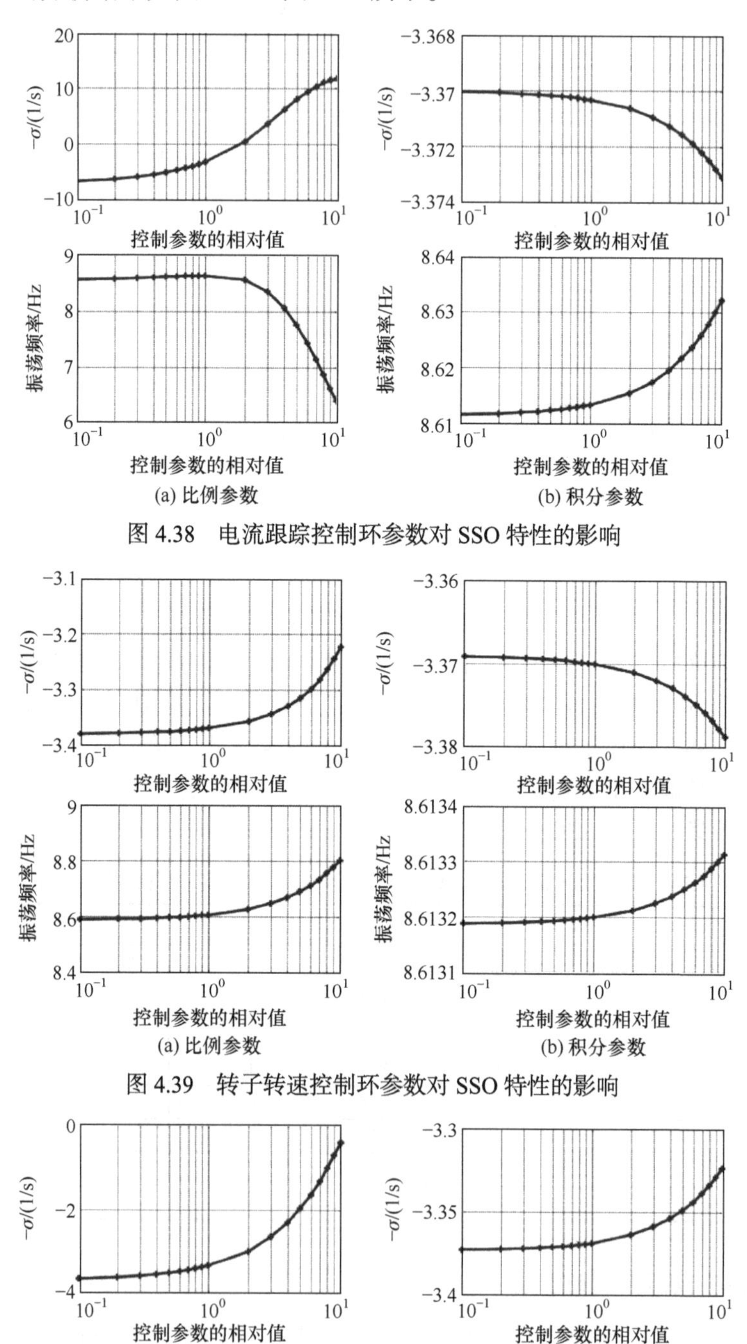

图 4.38　电流跟踪控制环参数对 SSO 特性的影响

图 4.39　转子转速控制环参数对 SSO 特性的影响

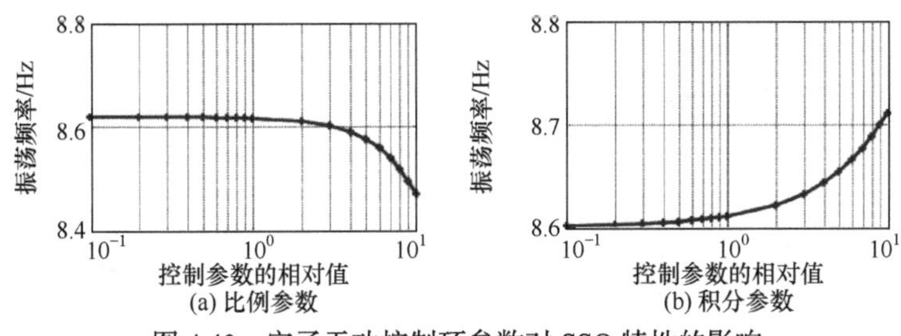

图 4.40 定子无功控制环参数对 SSO 特性的影响

3. GSC 控制参数的影响

将 GSC 的控制参数，即电流跟踪控制环、直流电压控制环和机端电压控制环参数在 0.1～10 倍之间变化时，SSO 特性的分析结果如图 4.41～图 4.43 所示。

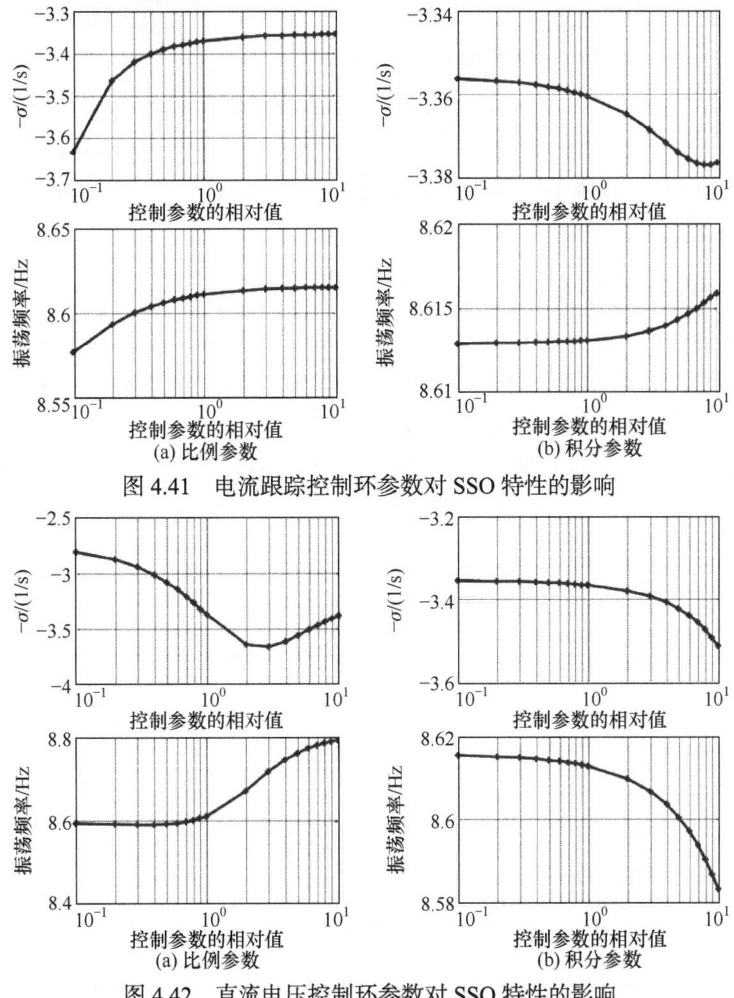

图 4.41 电流跟踪控制环参数对 SSO 特性的影响

图 4.42 直流电压控制环参数对 SSO 特性的影响

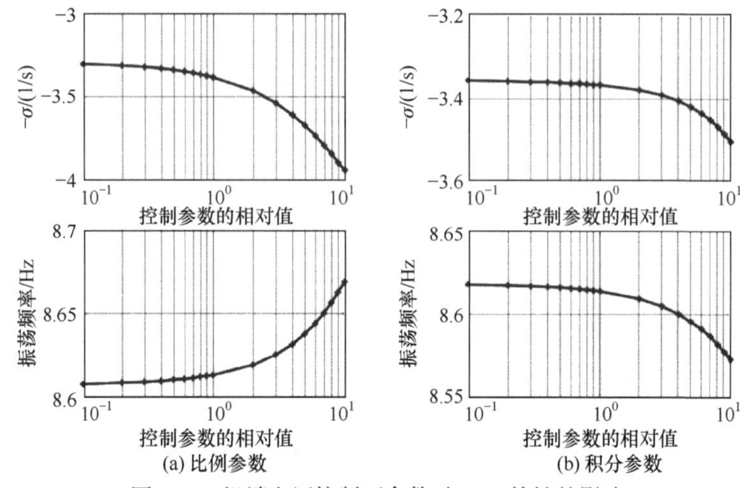

图 4.43　机端电压控制环参数对 SSO 特性的影响

根据上述分析结果，对 SSO 特性影响最大的控制参数依次为，RSC 电流跟踪比例系数，与系统阻尼特性负相关；定子输出无功功率控制的比例系数，与系统阻尼特性负相关；直流电压控制比例系数，与系统阻尼特性呈非线性关系；机端电压控制比例系数，与系统阻尼特性正相关。

4.3.4　串补度的影响

沽源变电站的 4 回 500kV 出线均安装有固定串补，可分别改变沽源-汗海、沽源–太平线路的串补度来分析线路串补度对 SSO 特性的影响。由于两者具有相似的结果，后续重点分析沽源-汗海线路串补度的影响。

基于图 4.22 中的冀北沽源等效系统，分别设置汗海-沽源线路串补度为 30%、40%和 50%三种工况，建立各工况下沽源系统的阻抗网络模型，进而计算其聚合

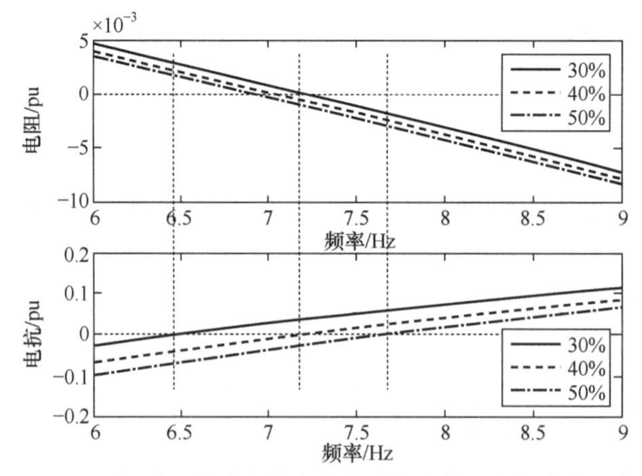

图 4.44　汗海-沽源线路串补度变化时的聚合阻抗频率特性曲线

阻抗。汗海-沽源线路串补度变化时的聚合阻抗频率特性曲线如图 4.44 所示。可见，三条等效电抗曲线均从负向正穿越 0 轴，即电抗曲线在过零点频率处的斜率均为正。当串补度为 30%时，过零点频率处的等效电阻为正值，表明系统 SSO 稳定。当串补度增加为 40%或者 50%时，等效电阻变为负值，说明系统将出现不稳定的 SSO。随着串补度的增加，SSO 频率逐渐升高，但阻尼逐渐变差。

参 考 文 献

[1] Wang L, Xie X, Jiang Q, et al. Investigation of SSR in practical DFIG-based wind farms connected to a series-compensated power system. IEEE Transactions on Power Systems, 2015, 30(5): 2772-2779.

[2] 王亮, 谢小荣, 姜齐荣, 等. 大规模双馈风电场次同步谐振的分析与抑制. 电力系统自动化, 2014, 38(22): 26-31.

[3] 董晓亮, 谢小荣, 韩英铎, 等. 基于定转子转矩分析法的双馈风机次同步谐振机理研究. 中国电机工程学报, 2015, 35(19): 4861-4869.

[4] Liu H, Xie X, Li Y, et al. A small-signal impedance method for analyzing the SSR of series-compensated DFIG-based wind farms//IEEE PES General Meeting, Denver, 2015: 1-5.

[5] Liu H, Xie X, Gao X, et al. Stability analysis of SSR in multiple wind farms connected to series-compensated systems using impedance network model. IEEE Transactions on Power Systems, 2018, 33(3): 3118-3128.

[6] Liu H, Xie X, Zhang C, et al. Quantitative SSR analysis of series-compensated DFIG-based wind farms using aggregated RLC circuit model. IEEE Transactions on Power Systems, 2017, 32(1): 474-483.

[7] Zhan Y, Xie X, Liu H, et al. Frequency-domain modal analysis of the oscillatory stability of power systems with high-penetration renewables. IEEE Transactions on Sustainable Energy, 2019, 10(3): 1534-1543.

第5章 直驱风电集群-弱交流系统的次/超同步振荡分析

5.1 次/超同步振荡的特征与机理

5.1.1 风电并网系统及典型次/超同步振荡事件

1. 新疆哈密风电并网系统

本章将以新疆哈密风电系统为例，论述大规模风电 SSSO 的分析方法。新疆哈密地区风电场分布及电网结构如图 5.1 所示。截至 2015 年 7 月严重 SSSO 事件发生时，该地区共接入 18 个风电场，总装机容量达到 1381.5MW，几乎所有的风电机组均是相同型号的 1.5MW 直驱风电机组(Type 4)。该地区当地负荷很小，几

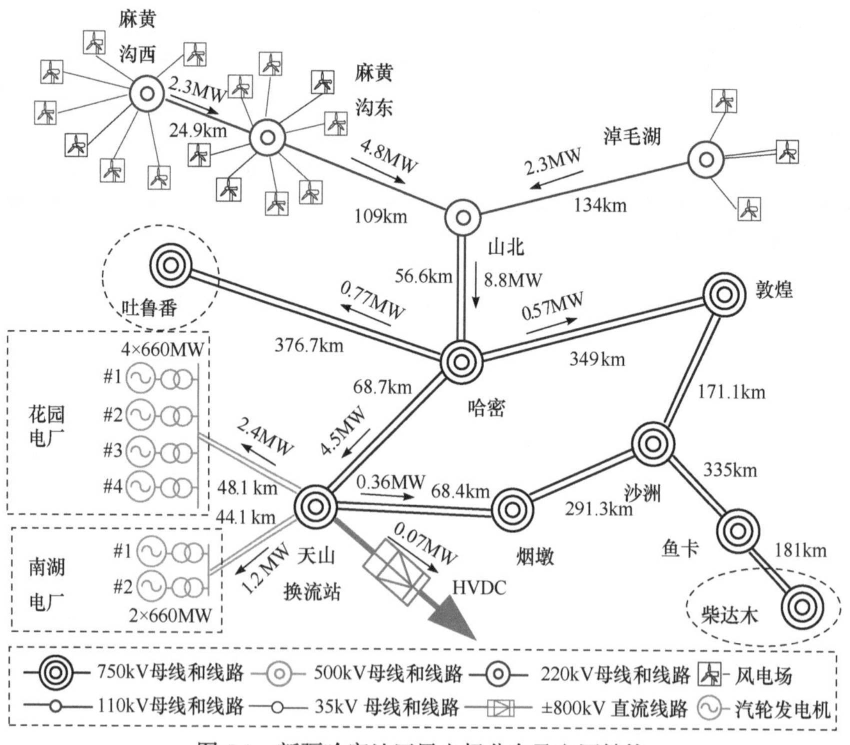

图 5.1 新疆哈密地区风电场分布及电网结构

乎是一个纯粹的风电送出系统。各风电场发出的电力通过 35/110kV 线路汇集到 220kV 麻黄沟西、麻黄沟东和淖毛湖变电站；再通过 220kV 麻山线(麻黄沟东-山北)、淖山线(淖毛湖-山北)汇集到山北变电站，这两条线路的长度分别为 109km、134km。山北站通过 220kV 哈山双线(山北-哈密)馈入 750kV 哈密变电站，进而接入新疆 750kV 主网。特高压天中直流送端天山换流站通过两回 750kV 输电线路与哈密站相连，天山站近区配套建设两个火电厂，即花园电厂和南湖电厂。其中，花园电厂安装四台同型号 660MW 火电机组，南湖电厂安装两台同型号 660MW 火电机组。新疆哈密地区的火电和风电采用风火打捆的方式通过天中直流输送至华中电网。

新疆哈密系统的主要线路参数如表 5.1 所示。表 5.2 所示为花园电厂和南湖电厂同步发电机的基本参数。两个电厂的机组轴系均采用多质块-弹簧模型，具体模型参数如表 5.3 和表 5.4 所示。轴系模型包含 4 个质量块和 3 个“弹簧”，因此有 3 个扭振模式，其频率如表 5.5 所示。典型直驱风电机组的参数如表 5.6 所示。

表 5.1 新疆哈密系统的主要线路参数

编号	线路	长度/km	电阻/(Ω/km)	感抗/(Ω/km)	容抗/(MΩ · km)	回数
1	麻黄沟西-麻黄沟东	24.9	0.035	0.311	0.241	1
2	麻黄沟东-山北	109	0.035	0.311	0.241	1
3	淖毛湖-山北	134	0.035	0.311	0.241	1
4	哈密-山北	56.6	0.035	0.311	0.241	2
5	哈密-吐鲁番	376.7	0.015	0.267	0.243	2
6	哈密-敦煌	349	0.014	0.267	0.226	2
7	哈密-天山换流站	68.7	0.013	0.267	0.569	2
8	天山换流站-烟墩	68.4	0.013	0.267	0.555	2
9	烟墩-沙洲	291.3	0.013	0.267	0.230	2
10	沙洲-敦煌	171.1	0.013	0.267	0.230	2
11	沙洲-鱼卡	335	0.013	0.267	0.240	2
12	鱼卡-柴达木	181	0.013	0.267	0.230	2
13	花园电厂-天山换流站	48.1	0.012	0.275	0.240	2
14	南湖电厂-天山换流站	44.1	0.012	0.275	0.240	1

表 5.2　花园电厂和南湖电厂同步发电机的基本参数

编号	项目	单位	数值
1	额定容量	MW	660
2	定子额定电压	kV	22
3	直轴同步电抗(不饱和值)X_d	%	208
4	直轴瞬变电抗(不饱和值) X'_d	%	30
5	直轴开路瞬变时间常数 T'_{d0}	s	8.45
6	直轴超瞬变电抗(不饱和值) X''_d	%	21
7	直轴开路超瞬变时间常数 T''_{d0}	s	0.047
8	横轴同步电抗(不饱和值)X_q	%	208
9	横轴瞬变电抗(不饱和值) X'_q	%	41
10	横轴开路瞬变时间常数 T'_{q0}	s	0.939
11	横轴超瞬变电抗(不饱和值) X''_q	%	21
12	横轴开路超瞬变时间常数 T''_{q0}	s	0.066

表 5.3　花园电厂机组轴系模型参数

编号	集中质量模块名称	惯性时间常数/ $(kg \cdot m^2)$	扭矩比例/ pu	质块	块间等效弹簧弹性常数/ $((kN \cdot m)/rad)$
1	高中压缸 HIP	5032	0.308	1～2	87598
2	低压缸 LPA	14698	0.355	2～3	136557
3	低压缸 LPB	14887	0.337	3～4	175715
4	发电机转子 GEN	9860			

表 5.4　南湖电厂机组轴系模型参数

编号	集中质量模块名称	惯性时间常数/ $(kg \cdot m^2)$	扭矩比例/ pu	质块	块间等效弹簧弹性常数/ $((kN \cdot m)/rad)$
1	高中压缸 HIP	985	0.318	1～2	117597
2	低压缸 LPA	2799	0.392	2～3	188078
3	低压缸 LPB	29694	0.290	3～4	117200
4	发电机转子 GEN	10648			

表 5.5 花园电厂与南湖电厂机组的扭振模式

编号	电厂	机组	模式 1/Hz	模式 2/Hz	模式 3/Hz
1	花园电厂	#1/#2/#3/#4	15.38	25.27	30.76
2	南湖电厂	#1/#2	18.25	31.45	39.45

表 5.6 典型直驱风电机组的参数

编号	项目	单位	数值
1	额定功率	MW	1.5
2	额定电压	kV	0.62
3	额定频率	Hz	50
4	直流电容电压	kV	1.15

2. 典型 SSSO 事件

2014 年 6 月，新疆哈密电网北部风电集中开发的三塘湖地区(包括 220kV 山北变、麻黄沟东变、麻黄沟西变)220kV 联络线、220kV 变电站电压首次记录到次同步频率范围内的功率振荡现象，与主电网联络的 220kV 哈山一、二线功率波动较小，对哈密 750kV 变电站未造成影响。此后，该现象时常发生，多数在发生后短时(大约数分钟)复归。据统计，截至 2015 年 7 月 3 日，相关调度部门监控到持续时间较长的功率振荡事件 24 次，振荡均出现在哈密地区，表现为风电场近区功率振幅明显，振荡频率时变不定，风电场运行人员发现场站内的电灯有忽明忽暗的情况。

2015 年 7 月 1 日，该地区发生严重的 SSSO 事件(简称“7.1”振荡事件)，导致近区花园电厂 3 台 660MW 机组轴系扭振保护相继动作跳闸，共损失功率 1280MW，天中直流功率由 4500MW 紧急降至 3000MW，进一步导致西北电网频率由 50.05Hz 下降到 49.91Hz，严重威胁电力系统安全稳定运行。下面介绍“7.1”振荡事件的发生、发展过程。

7 月 1 日，按照调度机构日前方式安排，天中直流双极双换流器运行，功率方向为西北电网送华中电网，输送功率为 4500MW。天山站近区电网主接线全方式运行，花园电厂#1、#2、#3 机组运行，机端出力分别为 280MW、580MW 和 600MW，#4 机组检修。南湖电厂#1、#2 机组运行，机端出力分别为 630MW、600MW。西北电网总负荷为 65940MW，系统频率为 50.05Hz。

7 月 1 日上午 9:46，调度运行值班人员和风电场运行值班人员发现风电场送出线路有功功率中出现频率为 27Hz 左右的功率振荡，振荡幅值基本保持恒定，

随时间缓慢变化。图 5.2 所示为某风电场上午 9:46～9:47 和上午 11:52～11:53 两个时间段内的有功功率录波曲线。可见，在上午 9:46:40，风电场输出有功功率快速振荡发散，随后进入持续的振荡状态，后续分析表明此时有功功率的振荡频率为 26.95Hz。上午 11:52～11:53，风电场的输出有功功率仍然保持持续的振荡状态，但功率振荡的频率变为 30.66Hz(f_p)，表明系统振荡频率随着系统运行方式的变化呈现出时变特性[1]。对 11:52～11:53 直驱风电机组输出三相电流进行分析，发现电流中包含显著的次同步(f_s=19.34Hz)和超同步(f_c=80.66Hz)频率分量，各频率之间关于系统工频(f_0=50 Hz)呈现互补关系，即 $f_s+f_c=2f_0$、$f_p=|f_0-f_s|$、$f_p=|f_0-f_c|$。

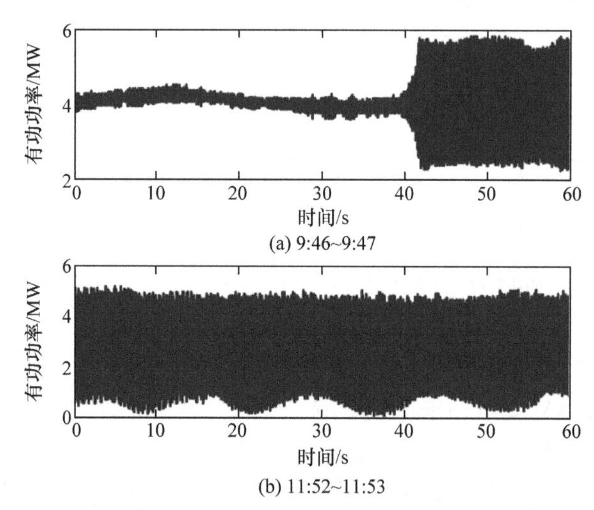

图 5.2　新疆哈密系统某风电场有功功率录波曲线

“7.1”振荡事件共持续约 3 小时 20 分钟。通过分析录波数据，绘制整个振荡事件中振荡频率的变化过程(图 5.3)。可见，在该事件中，有功功率的振荡频率在 27～33Hz 内随时间逐渐变化。图中也标出位于该频率范围内的相关汽轮机组扭振模式频率，即南湖电厂机组的模式 2(频率为 31.45Hz)和花园电厂机组的模式 3(频率为 30.76Hz)。在振荡事件中，有功功率的振荡频率共四次穿越这些扭振模式频率。其中，前三次穿越过程非常迅速，功率振荡并未在机组轴系激发出强烈扭振。也就是说，在前三次穿越过程中，汽轮发电机组的轴系扭振幅值很小，机组能够保持持续运行。然而，由图 5.3 中的局部放大图可知，第四次穿越持续大约 360s，功率的振荡频率与花园电厂机组模式 3 的频率基本吻合，导致花园电厂机组出现模式 3 频率上的剧烈扭振。

图 5.4 所示为花园电厂#2 机组三个扭振转速幅值的变化情况。可见，在第四次穿越过程中，机组扭振模式 1 和 2 的转速幅值很小，但模式 3 转速幅值高达 0.91rad/s。如此大的扭振幅值会造成机组轴系疲劳寿命损失，因此机组扭振保护

将动作切除机组以保障设备安全。从事件记录情况来看，该日 11:53:45、11:54:50、11:55:24，花园电厂#2、#1、#3 机组的扭应力继电器(torsinal stress relay，TSR)相继动作跳闸(动作定值：模式 3 转速 0.188 rad/s)，共损失功率 1280MW。在此期间，南湖电厂#1、#2 机组 TSR 也启动了，但未达到动作定值而于 20s 后复归。

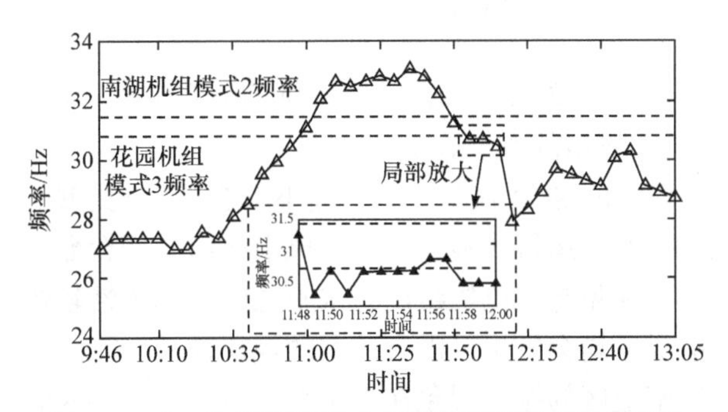

图 5.3　“7.1”振荡事件中功率振荡频率的变化过程

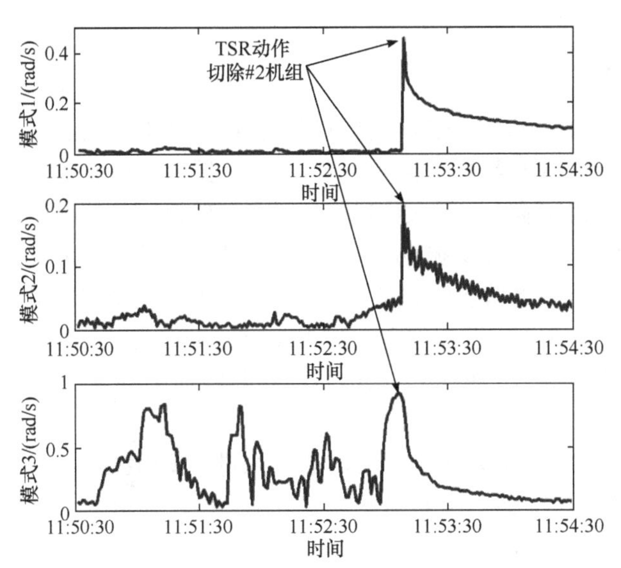

图 5.4　花园电厂#2 机组三个扭振模式转速幅值的变化情况

5.1.2　主要特征

1. 振荡发生条件

2014 年之前，哈密地区风电装机容量较小，风电汇集站的 SCR 较大，电网相对较强，风电送出系统能保持安全稳定运行。进入 2014 年，该地区风电装机快速增长，风电汇集站 SCR 逐渐变小，电网相对变弱，该地区频繁出现振荡问题。需要注意的是，SCR 最早是用于直流输电系统中描述直流所接入交流系统相对强弱的重要指标。本节将风电场汇集站的 SCR 定义为风电场并网母线处的短路容量除以风电场的总装机容量，用于描述风电并网系统的相对强弱。在“7.1”振荡事件对应的初始工况下，220 kV 麻黄沟西站的 SCR 可大致计算如下，即

$$\mathrm{SCR} = \frac{S_{\mathrm{B}}/x_{\Sigma}}{nS_{\mathrm{PMSG}}} \approx 1.34 \tag{5-1}$$

式中，S_{B} 为基准容量；x_{Σ} 为麻黄沟西站到系统的等效电抗；n 为并网风电机组台数；S_{PMSG} 为直驱风电机组的额定容量。

可见，麻黄沟西站的 SCR 仅为 1.34，远小于 3，属于典型的风电场接入弱交流电网情况。此外，调度运行实践发现，当风电机组并网台数较多时，系统更容易出现振荡现象。该现象与风电机组出力水平之间的相关性较弱，振荡在风电送出线路各个功率情况下均会发生，没有一定的规律性。

综上，新疆哈密地区的振荡现象在大量直驱风电机组接入弱交流系统时容易发生。

2. 振荡路径

由图 5.1 可知，新疆哈密电网含有汽轮机组、风电机组、天中特高压直流、各电压等级交流线路等多类型电力设备。“7.1”振荡事件发生时，原因不明。由于汽轮机组被 TSR 切除，运行人员最初怀疑是汽轮机组与特高压直流换流站之间的 SSTI 或装置型次同步振荡(device-dependent subsynchronous oscillation，D-SSO)。然而，已有经验表明，SSTI 或 D-SSO 大多是激发机组轴系的低频扭振模式，如模式 1。在该振荡事件中，被激发的是花园电厂汽轮机组的轴系扭振模式 3，且该扭振现象在花园电厂投运后较长时间内的各种运行方式下并没有被 TSR 检测到。

为了更清晰地定位振荡事件的源头，搜集大量同步相量测量(phasor measurement unit，PMU)录波数据。通过分析这些录波数据，可计算出“7.1”振荡事件中次同步功率(即有功功率中次同步频率波动部分的幅值)的分布和流向，即振荡路径，如图 5.1 所示。可见，系统中的次同步功率源于北部的直驱风电场，流经 220kV 麻黄沟西站、麻黄沟东站和淖毛湖站注入山北变电站，然后沿着哈密变电站和天山换流站流至花园电厂和南湖电厂。进一步分析发现，天山换流站和天中直流之间的次同步功率很小，表明天中特高压直流不是激发该振荡事件的主要因素。因此，系统中出现的持续次同步功率振荡是由大规模直驱风电场与弱交流电网之间的相互作用导致的。次同步功率沿着交流电网传播，激发花园电厂汽轮机组相应频率的轴系扭振，当扭振值超过机组保护装置定值时，会导致保护动作、机组被切除。

3. 振荡频率

2014 年 6 月～2016 年 12 月，哈密电网发生百余次频率低于 50Hz 的次同步功率振荡现象。统计发现，振荡频率在单次振荡事件过程中都不固定，呈现出大范围时变的特征，并且绝大多数振荡的功率波动频率在 15～40Hz 之间变化。现场实测发现，该地区电网电压、电流分量中长期存在 10～35Hz、65～90Hz 的次/超同步间谐波分量。由于电压/电流振荡频率涵盖次、超同步频段(10Hz～2 倍工频)，功率振荡频率范围与汽轮机组机械扭振频段重叠，具有激发临近汽轮机组轴系扭振的风险。

4. 次、超同步电压和电流分量的特征

哈密地区发生的风电振荡事件中，风电机组输出的有功功率往往先迅速起振，随后保持在近乎恒幅振荡的状态。三相电压、电流波形畸变严重，含有频率互补的次同步和超同步频率分量，而且大多数情况下超同步电压/电流分量的幅值还高于次同步电压/电流分量的幅值。结合不同类型风电机组的阻抗模型，可定性解释如下。

① 当直驱风电机组接入弱交流电网时，接入点 SCR 较低或者说向电网“看过去”的视在阻抗较大，其中超同步分量对应的 SCR 更低、视在阻抗更大，使超同步频率更不稳定，产生的超同步电压/电流更显著。这与第 4 章分析的场景有显著的差异。

② 直驱风电机组通过容量较大的全功率变流器并网，机组外特性主要由变流器及其控制系统决定，与双馈风电机组相比(异步发电机的对称性相对较好)，其对称性较差，使直驱风电机组中次、超同步频率的耦合性更强，导致该振荡现象中次、超同步分量总是耦合出现，且后者幅值往往较大。为区别于一般的 SSO，往往将这种振荡称为次/超同步耦合振荡或者 SSSO。需要注意的是，当用次同步、超同步描述电压、电流和功率时，一般指后者包含的频率成分。但是，用来描述振荡时，可能引起误解或表述不一致的情况，因为功率中的次同步频率分量既可能是次同步频率电压(电流)和工频电流(电压)的乘积产生的，也可能是超同步频率电压(电流)和工频电流(电压)的乘积产生的。因此，本章明确采用 SSSO 的说法，是为了突出电压和电流中同时含有不可忽略且相互耦合的次同步和超同步频率分量。

5.1.3　振荡机理简析与实测验证

1. 新疆哈密风电系统的简化模型

为研究方便，参考第 4 章的简化建模思路，将新疆哈密风电并网系统简化建模为图 5.5 所示的等值系统模型。具体建模过程不再赘述，关键要点如下。

① 将风电场建模为 n 台同型 1.5MW 直驱风电机组连接于同一条母线上，且各台机组的控制系统参数及运行状态一致。

② 风电机组发出的功率通过箱式变压器(0.62kV/35kV)升压后接入汇流站母线，然后经 35kV 线路和升压变压器(35kV/500kV)后连接至 500kV 变电站。各级阻抗采用集中参数 $r_{L1}+jx_{L1}$、$r_{L2}+jx_{L2}$ 等效表示。

③ 风电场汇流母线处安装有动态无功补偿设备 SVG。

④ 汽轮发电机组接入 500kV 电网，交流系统其他部分等值为理想电源，整体模拟风火打捆外送系统。

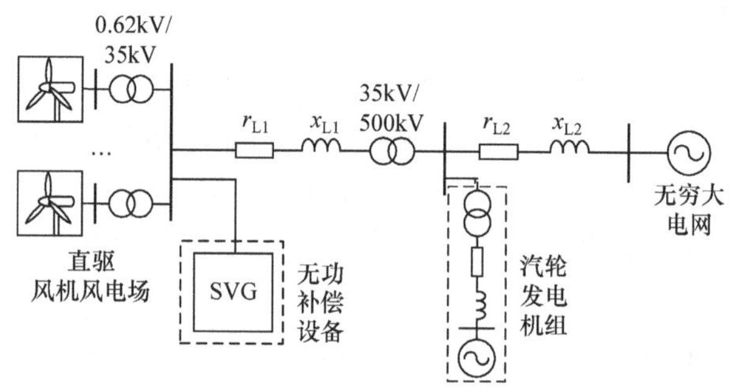

图 5.5　新疆哈密风电并网系统的简化模型

2. 简化模型的电磁暂态仿真分析

采用电磁暂态仿真方法简要分析前述直驱风电机组与交流电网的相互作用机理。在电磁暂态仿真软件 PSCAD/EMTDC 中搭建图 5.5 所示系统，其中机组模型及其控制参数由风电机组供应商提供。

仿真通过改变并网风电机组台数、机组出力，以及系统连接电抗的大小，研究系统是否出现 SSSO。结果表明，在某些运行工况下确实会出现持续的振荡现象。一种典型仿真工况如下，即 700 台风电机组并网运行，单机出力水平为 4%左右，在仿真进入稳态后的 3.5s，将 35kV 连接电抗从 0.5pu 提高到 0.77pu，模拟电网强度变弱的扰动，总仿真时间设置为 20s。图 5.6 所示为直驱风电机组动态(从上到下依次为 A 相电流、有功功率和控制量 i_{2dref})。其局部放大如图 5.7 所示。风电机组输出电流和功率的频谱分析如图 5.8 所示。可见，当连接电抗增加或电网变弱后，风电机组的 A 相电流、有功功率和控制输出信号均迅速振荡发散，然后当控制输出达到限幅后，输出电流和有功功率则维持在等幅振荡状态。此时，电流畸变严重，包含频率互补的 19Hz 和 81Hz 分量，两者幅值均超过工频分量，且超同步分量幅值更大，而有功功率中则包含幅值很大且频率与 19Hz 和 81Hz 关于工频 50Hz 成互补关系的 31Hz 次同步频率分量，即发生 SSSO。

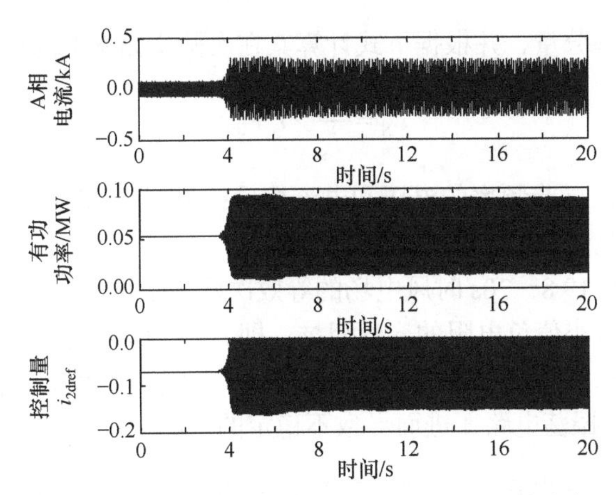

图 5.6　直驱风电机组动态(从上到下依次为 A 相电流、有功功率和控制量 i_{2dref})

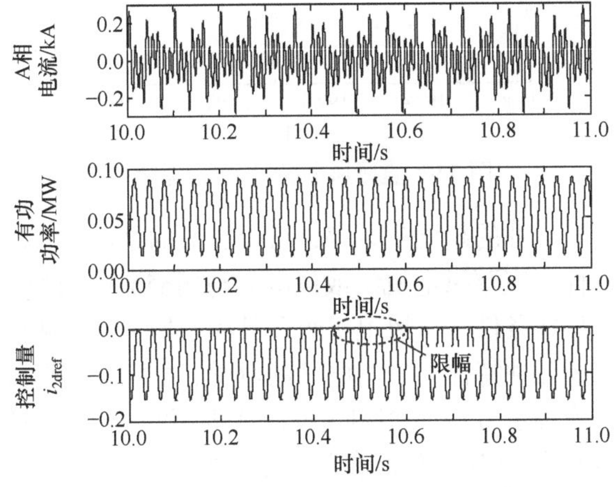

图 5.7　直驱风电机组动态的局部放大

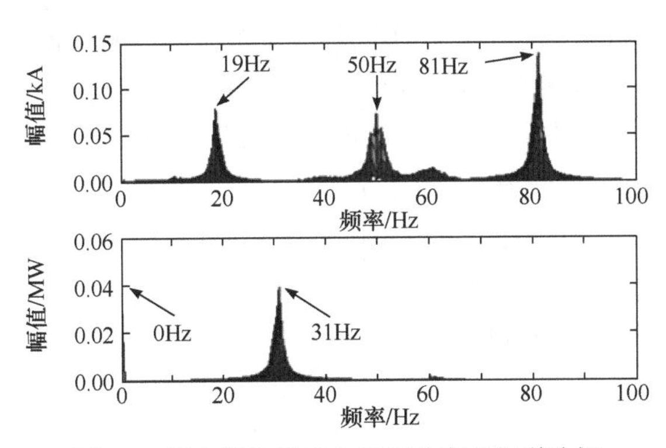

图 5.8　风电机组输出电流和功率的频谱分析

为从电路上探讨 SSSO 的发生机理，对风电场母线电压和输出电流进行滤波，

得到其次同步频率分量，并根据下式计算其在次同步频率上的视在阻抗，即

$$Z_S = \frac{\dot{U}_S}{\dot{I}_S} = r + jx_c \tag{5-2}$$

式中，$\dot{U}_S$ 和 $\dot{I}_S$ 为次同步频率的电压和电流相量；r 和 x_c 为视在阻抗的实部和虚部，对应等效次同步电阻和电抗。

图 5.9 所示为 19.8～20s 时风电场的等效次同步阻抗。可见，风电场在次同步频率上表现为具有小值负电阻的容性阻抗，即 r、$x_c<0$。也就是说，在该频率上，风电场的微变动态等效为电容 C 和负电阻 $r<0$，它与交流系统(等值为电抗 L)形成 L-C-R 二阶负阻尼振荡电路，进而导致不稳定的 SSO。

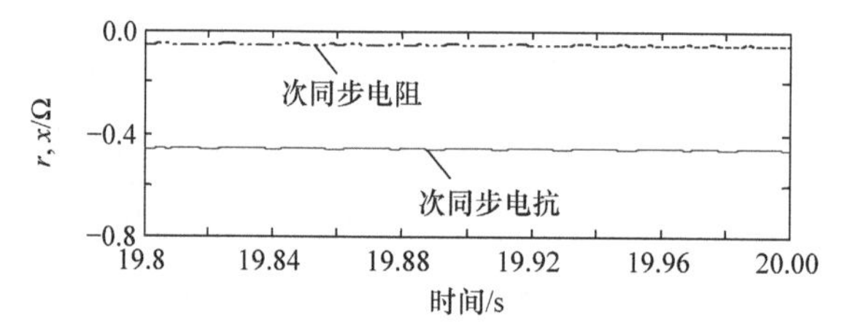

图 5.9　直驱风电场的次同步阻抗

以上分析应用于互补的超同步频率，可得类似的结论。考虑次同步和超同步动态的耦合互激特性，直驱风电机组或风电场与弱交流电网相互作用引发 SSSO 的电路机理是，在特定条件下，风电机组及其控制器在次、超同步频率范围内呈现出负电阻和电容的元件特性；它与电网的电感、电阻支路形成串联谐振回路，当总等效电阻小于或等于 0 时，将出现发散或等幅的 SSSO。前述特定条件包括在线机组数量、风电机组及控制器参数、电网拓扑及其参数等诸多影响因素及其组合。

为进一步分析直驱风电机组在次同步频率范围内的阻抗模型，在仿真模型的风电场接入母线处注入次同步扰动电流(图 5.10)，连续改变扰动电流的频率，从而“扫描”出风电场在 10～40Hz 范围的视在阻抗。风电场的次同步阻抗-频率特

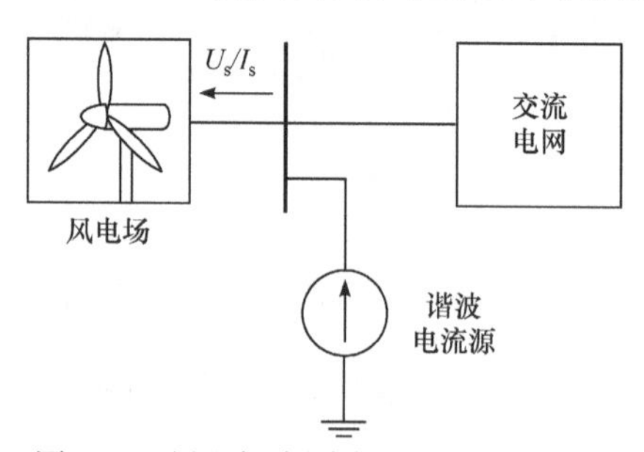

图 5.10　风电场次同步阻抗的扫描分析

性曲线如图 5.11 所示。可见，在虚线框内频段(18～28Hz)上，风电机组表现为负电阻和容性阻抗，即 SSO 风险区域。类似地，在互补的超同步频率(72～82Hz)范围内也可得到类似结论。当然，该特性受风电机组及其控制参数的影响，导致频率段和阻抗值会发生变化。

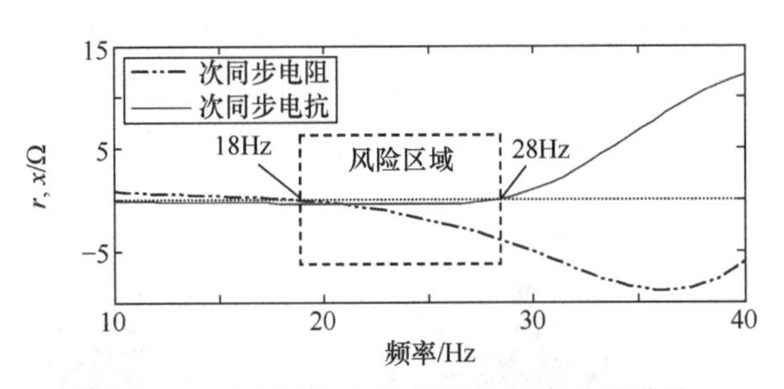

图 5.11　风电场的次同步阻抗-频率特性曲线

3. 基于现场实测参数的验证

上述仿真分析表明，哈密风电场在次同步频率处可能呈现负电阻和容性特征。为了验证这一模型分析结论，在一次振荡事件从风电汇集母线采集某直驱风电场的实测电压和汇集电流(以流入风电场为正向参考方向)，类似计算出风电场在振荡频率处的等效次同步阻抗，即

$$Z_S = \frac{\dot{U}_S}{\dot{I}_S} \tag{5-3}$$

式中，$\dot{U}_S$ 和 $\dot{I}_S$ 为从实测数据中抽取的次同步电压和次同步电流相量。

图 5.12 所示为某直驱风电场实测的等效次同步阻抗。可见，其实部和虚部，即等效电阻和电抗均为负值，即直驱风电场在电路上呈负电阻与电容串联的形式。这与之前电磁暂态仿真分析的结果是一致的。类似地，可验证等效超同步阻抗，也可得到类似的结论。

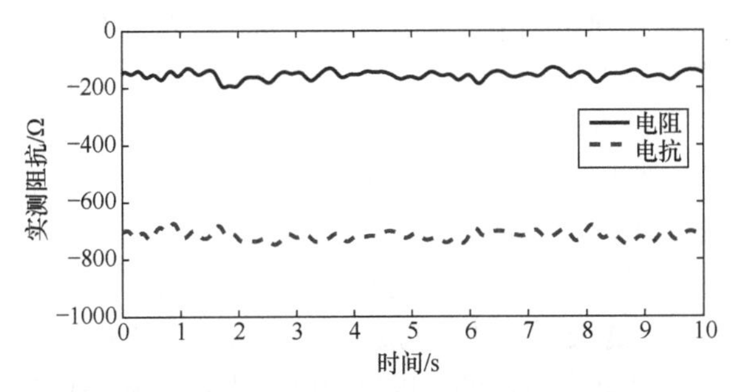

图 5.12　某直驱风电场实测的等效次同步阻抗

图 5.13 所示为新疆哈密系统直驱风电集群-弱交流电网-汽轮机组发生振荡的

原理图。据前所述，直驱风电场在电路上可等效为负电阻与电容串联的形式，弱交流电网可等效为电阻和电感串联的形式，而汽轮机组可等效为多质块的机械轴系系统。从电路角度看，直驱风电场并网系统构成类似二阶 *L-C-R* 的振荡电路，在特定条件下，总电阻为负，将导致负阻尼或不稳定的电气谐振。如果该电气谐振产生的功率振荡的频率恰好与汽轮机组的轴系扭振频率吻合(即相等或接近)，将导致整体系统的共/谐振，汽轮机组轴系将出现剧烈的扭振，导致汽轮机组被保护切除，甚至损伤。这就是新疆哈密风电系统发生“7.1”振荡事件的机理。

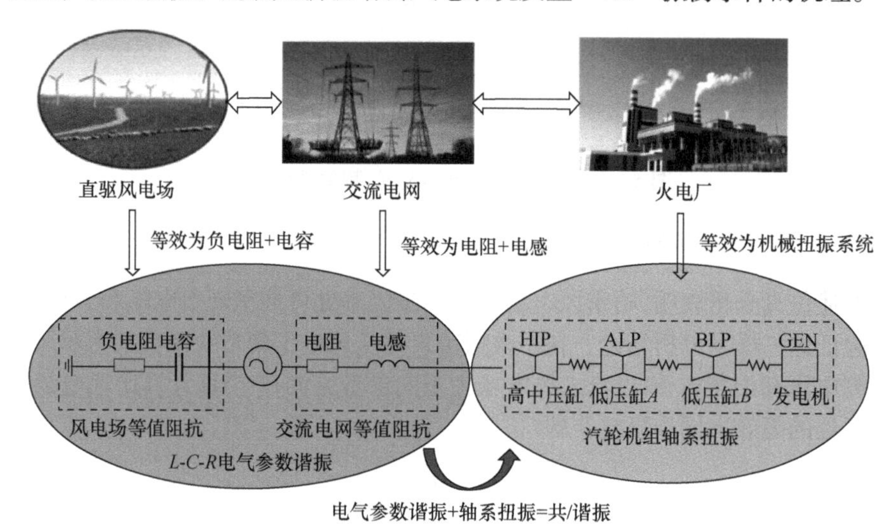

图 5.13　直驱风电集群-弱交流电网-汽轮机组发生振荡的原理图

5.2　基于阻抗网络模型的风电次/超同步振荡分析

5.2.1　风电机组的阻抗模型

在新疆哈密风电并网系统中，接入麻黄沟西、麻黄沟东和淖毛湖变电站的风电场安装的均为直驱风电机组(Type 4)。为分析 SSSO 特性，需建立这些直驱风电机组的阻抗模型。考虑直驱风电机组中次、超同步频率动态耦合紧密，发生振荡时电压、电流中次、超同步分量并存出现。因此，需要采用二维耦合阻抗矩阵刻画其次/超同步动态特性[2]。

直驱风电机组由风力机、同步发电机、MSC 及其控制系统、GSC 及其控制系统、直流电容和 LC 滤波器等环节构成(图 2.25 和图 2.26)。基于阻抗建模技术，可建立包含上述各环节动态特性的风电机组阻抗矩阵模型。在 *dq* 坐标系下，直驱风电机组的阻抗矩阵模型可表示为[3-10]

$$\boldsymbol{Z}_{\mathrm{PMSG}}(s)=\begin{bmatrix} Z_{dd}(s) & Z_{dq}(s) \\ Z_{qd}(s) & Z_{qq}(s) \end{bmatrix} \tag{5-4}$$

式中，$Z_{dd}(s)$、$Z_{dq}(s)$、$Z_{qd}(s)$、$Z_{qq}(s)$均为关于 s 的传递函数；s 为拉普拉斯算子。

5.2.2 阻抗网络模型的构建与聚合

为便于后续分析而不失一般性，将图 5.1 中新疆哈密风电系统模型进行如下简化，即保留 ± 800kV 特高压天中直流；对于 750kV 电力网络，保留哈密站近区的 750kV 变电站及线路，包括 750kV 天山站、吐鲁番站、烟墩站、敦煌站、沙洲站、鱼卡站、柴达木站，在吐鲁番站和柴达木站对外部电网进行戴维南等值；对于 500kV 电力网络，根据实际拓扑连接关系，保留花园电厂、南湖电厂及相关输电线路；对于 220kV 电力网络，保留山北站、麻黄沟西站、麻黄沟东站和淖毛湖站及相关输电线路，将原系统中的 18 个风电场等效建模为 3 个大容量聚合风电场，分别接入麻黄沟西站、麻黄沟东站和淖毛湖站，3 个聚合风电场安装同型号 1.5MW 直驱风电机组，机组数量(n)由下辖风电场的机组数量相加得到，分别为 296、429 和 196 台，它们均通过箱式变压器连接于各聚合风电场的公共母线上。新疆哈密系统的等效模型如图 5.14 所示。

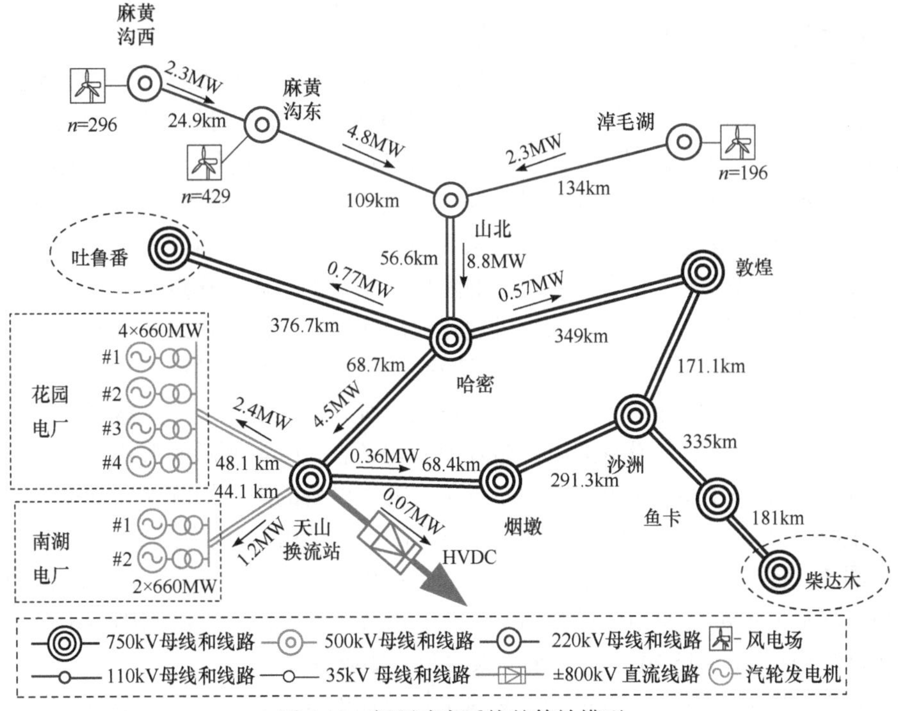

图 5.14　新疆哈密系统的等效模型

“7.1”振荡事件发生时，图 5.14 所示的各条 750kV、500kV、220kV 线路均投入运行，花园电厂#1、#2、#3 机组并网运行，#4 机组检修，南湖电厂#1、#2 机组并网运行，天中直流正常运行。哈密系统的运行工况如表 5.7 所示。可见，哈密系统中大约 70%的风电机组并网运行，且每台机组的出力约为额定功率的 5%。

表 5.7　“7.1”振荡事件中哈密系统的运行工况

运行工况	机组/风电场	数值	单位	运行工况	机组/风电场	数值	单位
在线风电机组比例	麻黄沟西	70	%	花园电厂机组输出有功功率	#1	280	MW
	麻黄沟东	70	%		#2	580	MW
	淖毛湖	70	%		#3	600	MW
南湖电厂机组输出有功功率	#1	630	MW	天中直流功率	—	4500	MW
	#2	600	MW				

采用第 2 章提出的方法构建新疆哈密风电系统在统一 *dq* 坐标系下的阻抗网络模型，具体流程如下[11,12]。

① 收集系统的机、网参数。风电机组和汽轮机组的模型参数由设备厂商提供，电网的拓扑、线路/变压器等参数通过国网新疆电力有限公司获得。这些电力设备的内部结构和参数已知，属于白箱模型，但天中直流的控制系统模型和参数未知，只有厂家提供的用于电磁暂态仿真的黑箱模块。

② 根据“7.1”振荡事件发生前的系统运行工况，计算等效模型的潮流。由图 5.1 可知，哈密系统共有 14 个节点，将 750kV 吐鲁番站母线设置为平衡节点，选择麻黄沟西母线、麻黄沟东母线、淖毛湖母线、花园电厂母线、南湖电厂母线、天山换流站母线和柴达木母线为 PV 节点，而其余母线设置为 PQ 节点。根据表 5.7 中各风电场、火电厂及直流系统的运行工况，计算得到各母线电压和线路潮流，为直驱风电机组和汽轮机组的阻抗建模提供稳态工作点。

③ 在统一 *dq* 坐标系下，采用机理建模法获得直驱风电机组和汽轮机组的阻抗矩阵模型，采用扰动注入的阻抗测辨法建立直流输电黑箱系统的阻抗矩阵模型。

④ 在统一 *dq* 坐标系下，建立哈密系统中所有输电线路、变压器等其他设备的阻抗矩阵模型，所有设备的阻抗矩阵模型均具有式(5-4)所示的形式。

⑤ 根据图 5.1 所示系统的拓扑，将所有电力设备的阻抗矩阵模型拼接为统一 *dq* 坐标系下的阻抗网络模型，如图 5.15(a)所示，图中的阻抗均为 2×2 阶矩阵。

图 5.1 显示，“7.1”振荡事件中新疆哈密系统中的次同步功率潮流由北部的直驱风电场流向南部的花园电厂和南湖电厂。沿着该振荡路径可将新疆哈密系统的阻抗网络模型(图 5.15(b))逐次归集为聚合阻抗矩阵模型。

首先，将哈密系统北部的 220kV 风电场及输电线路进行聚合，得到直驱风电

场的阻抗矩阵模型 $\boldsymbol{Z}_{\mathrm{WFs}}$，即

$$\boldsymbol{Z}_{\mathrm{WFs}}=\left[(\boldsymbol{Z}_{\mathrm{MHGX}}+\boldsymbol{Z}_{\mathrm{Line1}})\,\|\,(\boldsymbol{Z}_{\mathrm{MHGD}})+\boldsymbol{Z}_{\mathrm{Line2}}\right]\|\,(\boldsymbol{Z}_{\mathrm{NMH}}+\boldsymbol{Z}_{\mathrm{Line3}}) \tag{5-5}$$

式中，符号 $\|$ 为并联操作。

然后，将花园电厂、南湖电厂及输电线路进行聚合，得到火电厂的阻抗矩阵模型 $\boldsymbol{Z}_{\mathrm{TGs}}$，即

$$\boldsymbol{Z}_{\mathrm{TGs}}=(\boldsymbol{Z}_{\mathrm{HTG,\#1}}\,\|\,\boldsymbol{Z}_{\mathrm{HTG,\#2}}\,\|\,\boldsymbol{Z}_{\mathrm{HTG,\#3}}+\boldsymbol{Z}_{\mathrm{Line6}})\,\|\,(\boldsymbol{Z}_{\mathrm{NTG,\#1}}\,\|\,\boldsymbol{Z}_{\mathrm{NTG,\#2}}+\boldsymbol{Z}_{\mathrm{Line7}}) \tag{5-6}$$

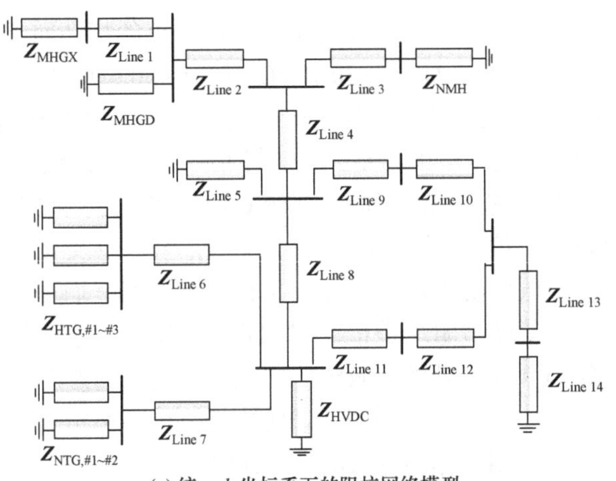

(a) 统一dq坐标系下的阻抗网络模型

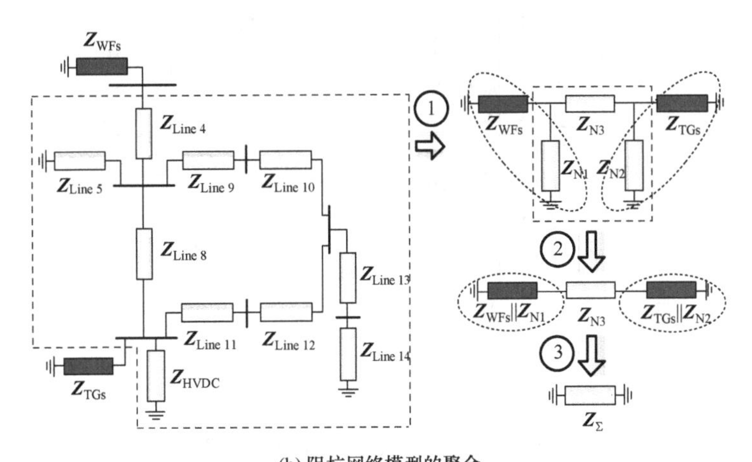

(b) 阻抗网络模型的聚合

图 5.15　新疆哈密系统阻抗网络模型及其聚合

可见，与直驱风电场的阻抗矩阵模型 $\boldsymbol{Z}_{\mathrm{WFs}}$ 相连的母线相当于图 3.4 中的节点 c，与火电厂的阻抗矩阵模型 $\boldsymbol{Z}_{\mathrm{TGs}}$ 相连的母线相当于图 3.4 中的节点 e。如图 5.15(b) 所示，采用系统性聚合方法将新疆哈密系统的阻抗网络模型归集为聚合阻抗矩阵

模型 $\boldsymbol{Z}_{\Sigma}$。

5.2.3　基于聚合阻抗频率特性的次/超同步振荡分析

按照第 3 章方法，首先计算聚合阻抗的矩阵行列式，在频域内将行列式的实部和虚部分开，实部为等效电阻，虚部为等效电抗，进而分析系统的 SSSO 稳定性。

图 5.16 所示为聚合阻抗矩阵行列式在 0～150Hz 内的频率特性曲线。可见，在等效电抗曲线上总共有 5 个过零点，将每个过零点的特性列于表 5.8 中。过零点的频率分别为 f_1=14.3Hz(ZZP)、f_2=30.7Hz(ZZP)、f_3=50.6Hz(PZP)、f_4=52.8Hz(ZZP)和 f_5=113.1Hz(ZZP)。由此可知，等效电抗曲线上的 4 个 ZZP 均属于 3.3.3 节中的情况 1，因此需采用情况 1 下的稳定判据来评估其振荡稳定性。对于第 1 个 ZZP 和第 5 个 ZZP，等效电抗曲线由正向负穿越 0 轴，在过零点频率处，等效电抗曲线斜率和等效电阻均是负数，即满足 $R_{\mathrm{D}}(f_1)\cdot k_{\mathrm{DX}}(f_1)>0$，以及 $R_{\mathrm{D}}(f_5)\cdot k_{\mathrm{DX}}(f_5)>0$。根据稳定判据，这两个振荡模式是稳定的。对于第 4 个 ZZP 而言，其过零点频率处等效电抗曲线斜率和等效电阻均是正数，同理可判断该振荡模式为稳定的。然而，第 2 个 ZZP 在过零点频率 f_2 处的等效电抗曲线斜率 $k_{\mathrm{DX}}(f_2)$为正，但等效电阻 $R_{\mathrm{D}}(f_2)$为负，因此 $R_{\mathrm{D}}(f_2)\cdot k_{\mathrm{DX}}(f_2)<0$。这说明，该模式是一个不稳定的振荡模式，即系统中风电场与弱交流电网相互作用导致的 SSSO 模式。

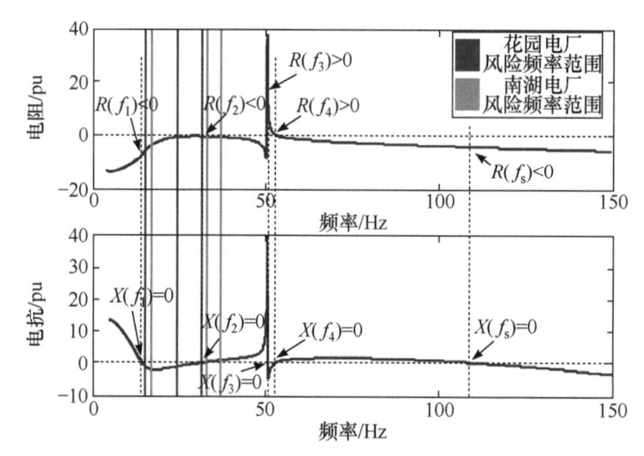

图 5.16　聚合阻抗矩阵行列式的频率特性曲线(0～150Hz)

表 5.8　等效电抗曲线过零点特性统计表

项目	第一个	第二个	第三个	第四个	第五个
f_r	14.3Hz	30.7Hz	50.6Hz	52.8Hz	113.1Hz
类型	ZZP	ZZP	PZP	ZZP	ZZP
$k_{\mathrm{DX}}(f_r)$	N	P	—	P	N

续表

项目	第一个	第二个	第三个	第四个	第五个
$R_D(f_r)$	N	N	—	P	N
$R_D(f_r)\cdot k_{DX}(f_r)$	P	N	—	P	P
稳定性	稳定	不稳定	—	稳定	稳定

注："P"表示正数，"N"表示负数。

图 5.17 为图 5.16 的局部放大图。取$[f_2-0.5, f_2+0.5]$Hz 频段内的等效电阻和等效电抗曲线，拟合等效 RLC 二阶电路参数，计算得到的等效电阻 $R=-0.0942$pu，等效电感 $L=4.126$pu，等效电容 $C=0.643$pu。进而计算振荡模式阻尼和频率，结果分别为$\sigma=-3.59\text{s}^{-1}$和 $\omega=2\pi\times30.69$rad/s。值得指出的是，理论分析结果与 5.1 节中的现场实测结果一致。

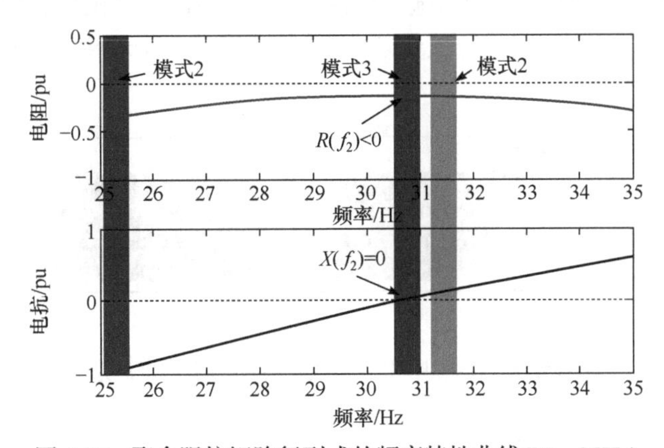

图 5.17　聚合阻抗矩阵行列式的频率特性曲线(25～35Hz)

根据设备厂商提供的模型和参数，花园电厂和南湖电厂的汽轮机组均有三个机械扭振模式。其中，花园电厂四台机组的参数一致，三个轴系扭振模式的频率分别为 15.38Hz(模式 1)、25.27Hz(模式 2)和 30.76Hz(模式 3)；南湖电厂两台同型机组的三个扭振模式的频率为 18.25Hz(模式 1)、31.45Hz(模式 2)和 39.45Hz(模式 3)。根据经验，当外部扰动频率与机组扭振模式的频率差在较小范围(如 0.25Hz)内时，将激发机组该模式的强烈扭振，通常认为该范围是风险频率范围。将汽轮机组的扭振模式及其风险频率范围标注在图 5.16 和图 5.17 中。可见，在"7.1"振荡事件中，哈密系统存在一个位于花园电厂机组扭振模式 3 风险频率范围内的不稳定振荡模式，即存在激发花园电厂该型机组模式 3 扭振的风险。但该振荡模式距离南湖电厂机组的扭振模式风险频率范围较远，因此南湖电厂机组的轴系扭振风险较小。这些分析结果与现场实际情况是一致的。

5.2.4 电磁暂态仿真验证

基于电磁暂态仿真软件 PSCAD/EMTDC，可以建立图 5.14 所示新疆哈密系统的非线性仿真模型，具体包括 3 个聚合直驱风电场、花园电厂四台机组、南湖电厂两台机组、±800kV 特高压天中直流系统、各电压等级变电站，以及输电线路等。

将仿真系统初始工况设置为表 5.7 中“7.1”振荡事件运行方式，唯一的区别是初始时假设各聚合风电场中仅有 60%的风电机组并网运行。在 2s 时刻，再投入 10%的风电机组，仿真哈密风电系统的振荡稳定性。图 5.18 所示为 220kV 山北-哈密输电线路的有功功率仿真波形。可见，当各聚合风电场仅有 60%的风电机组并网运行时，山北-哈密线路的有功功率为恒定值，系统能够保持稳定运行。当再投入 10%的风电机组后，线路上的有功功率迅速振荡发散，随后进入持续的振荡状态。图 5.19 所示为山北-哈密输电线路有功功率曲线的频谱分析结果。可见，有功功率中除了直流分量(对应工频功率)外，还存在一个频率为 30.7Hz 的次同步频率分量。

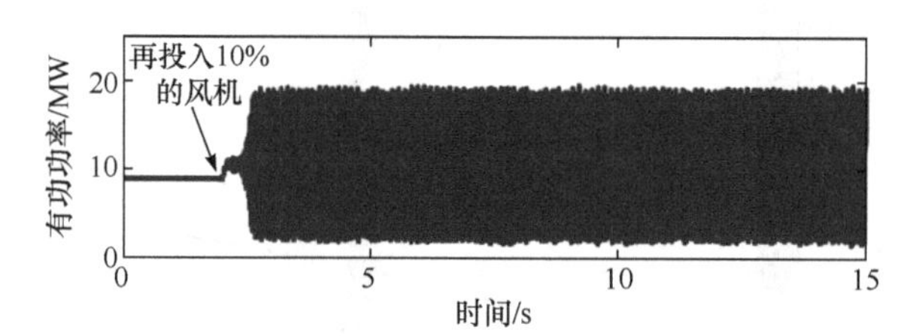

图 5.18 山北-哈密输电线路有功功率仿真波形

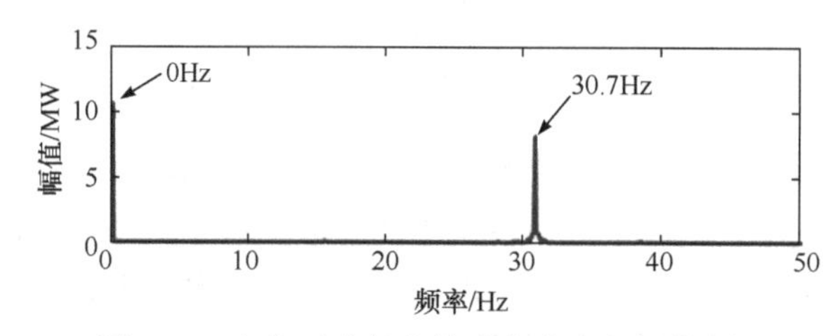

图 5.19 山北-哈密输电线路有功功率频谱分析

图 5.20 所示为花园电厂#1 号机组的三个扭振模式转速曲线。在“7.1”振荡事件工况下，次同步功率振荡的频率接近机组扭振模式 3 的频率，将激发该模式的轴系扭振。机组的扭振模式 3 转速逐渐振荡发散，随后进入持续的振荡状态，振荡幅值达到 0.36rad/s。也就是说，机组出现严重的轴系扭振，威胁机组的安全稳定运行，扭振保护装置将切除机组。扭振模式 1 和 2 转速振荡的幅值非常小，仅为 0.002rad/s 和 0.003rad/s，不会威胁机组的安全运行。

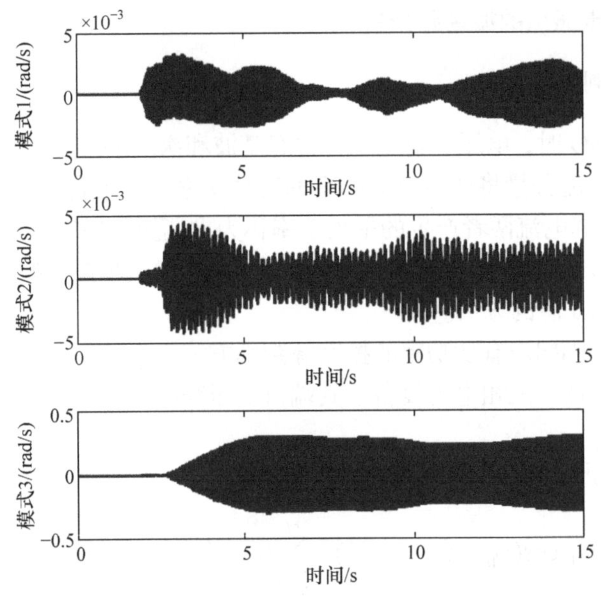

图 5.20　花园电厂#1 号机组三个扭振模式转速

图 5.21 所示为南湖电厂#1 号机组的三个扭振模式转速曲线。可见，三个扭振模式振荡幅值均很小，其中扭振模式 2 的幅值最大，仅为 0.005rad/s。次同步功率振荡的频率远离南湖电厂机组三个扭振模式的频率，不会引发南湖电厂机组的轴系扭振。这些仿真结果与之前的理论分析一致。

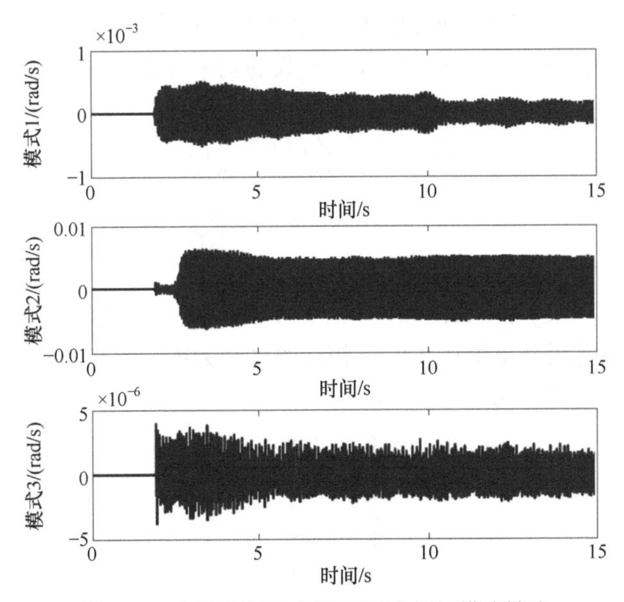

图 5.21　南湖电厂#1 号机组三个扭振模式转速

5.2.5 次/超同步振荡的振荡源分析

1. 振荡源判别方法

当发生 SSSO 时，电压和电流中将含有基波和次/超同步频率的分量，其中同频率的电压和电流分量将产生对应频率的有功功率。本书将次(超)同步频率电压和次(超)同步频率电流两者产生的平均功率称为次(超)同步有功功率，将吸收负值(或发出正值)次(超)同步有功功率的设备定义为次(超)同步振荡的源。下面分别讨论三种判别 SSSO 源的方法。

1) 基于次(超)同步有功功率的振荡源判别方法

对于系统中任一三相电力设备，其端口电压和电流可以表示为

$$\begin{aligned} u_k &= \sum_{l=1}^{L} u_{\mathrm{f}lk} + \sum_{m=1}^{M} u_{\mathrm{n}mk} \\ &= \sum_{l=1}^{L} U_{\mathrm{f}l} \cos(\omega_{\mathrm{f}l}t + \theta_{\mathrm{f}l} - 2k\pi/3) + \sum_{m=1}^{M} U_{\mathrm{n}m} e^{\sigma_{\mathrm{n}m}t} \cos(\omega_{\mathrm{n}m}t + \theta_{\mathrm{n}m} - 2k\pi/3) \end{aligned} \tag{5-7}$$

$$\begin{aligned} i_k &= \sum_{l=1}^{L} i_{\mathrm{f}lk} + \sum_{m=1}^{M} i_{\mathrm{n}mk} \\ &= \sum_{l=1}^{L} I_{\mathrm{f}l} \cos(\omega_{\mathrm{f}l}t + \theta_{\mathrm{f}l} - \varphi_{\mathrm{f}l} - 2k\pi/3) + \sum_{m=1}^{M} I_{\mathrm{n}m} \mathrm{e}^{\sigma_{\mathrm{n}m}t} \cos(\omega_{\mathrm{n}m}t + \theta_{\mathrm{n}m} - \varphi_{\mathrm{n}m} - 2k\pi/3) \end{aligned} \tag{5-8}$$

其中，ω 和 θ 为角频率和相角；σ 为固有模式的衰减率；下标 f 和 n 表示强迫模式(包括基波)和固有模式；L 和 M 为强迫模式和固有模式的个数；k=0, 1, 2 为 a, b, c 三相。

设电流流入设备为正方向，则设备吸收的功率可表示为

$$p = \sum_{k=0,1,2} u_k i_k = \sum_{l=1}^{L+M} p_{ll} + \sum_{l,m=1,\ l\neq m}^{L+M} p_{lm} \tag{5-9}$$

$$p_{ll} = \sum_{\substack{k=0,1,2 \\ x=\mathrm{f,n}}} u_{xlk} i_{xlk}, \quad p_{lm} = \sum_{\substack{k=0,1,2 \\ x=\mathrm{f,n}}} u_{xlk} i_{xmk} \tag{5-10}$$

其中，p_{ll} 和 $p_{lm}\,(l\neq m)$为由相同频率和不同频率的电压和电流产生的功率和。

不同频率的电压和电流产生的三相功率之和为零，即 $p_{lm}=0\ (l\neq m)$，因此设备吸收的总有功功率和无功功率可以写为

$$\begin{cases} p = \sum\limits_{l=1}^{L+M} p_{ll} \\ q = \sum\limits_{l=1}^{L+M} q_{ll} \end{cases} \tag{5-11}$$

将各频率的电压和电流用相量表示，则设备在频率上吸收的功率可表示为

$$s_{ll} = \sum_{k=0,1,2} \dot{U}_{lk}\dot{I}_{lk}^{*} = p_{ll} + \mathrm{j}q_{ll} \tag{5-12}$$

$$p_{ll} = \mathrm{Real}\left\{\sum_{k=0,1,2} \dot{U}_{lk}\dot{I}_{lk}^{*}\right\} \tag{5-13}$$

$$q_{ll} = \mathrm{Imag}\left\{\sum_{k=0,1,2} \dot{U}_{lk}\dot{I}_{lk}^{*}\right\} \tag{5-14}$$

式中，$\dot{U}_{lk}$ 和 $\dot{I}_{lk}$ 为该频率的电压相量和电流相量；*表示共轭。

由此提出基于次(超)同步有功功率的振荡源判据，即对于任一设备，当由式(5-13)计算得到的次(超)同步有功功率小于 0($p_{ll}<0$)时，则判别该设备为对应频率次(超)同步振荡的振荡源。

2) 基于次(超)同步阻抗的振荡源判别方法

对于系统中任一设备，其次(超)同步阻抗定义为

$$z_l = \frac{\dot{U}_l}{\dot{I}_l} = \frac{s_l}{I_l^2} = r_l + \mathrm{j}x_l \tag{5-15}$$

式中，$\dot{U}_l$ 和 $\dot{I}_l$ 为该设备在振荡模式 l 的正序电压和电流相量；$s_l = p_l + \mathrm{j}q_l$ 为视在功率。

根据式(5-15)，设备的等效次(超)同步电阻和电抗可以写为

$$r_l = \frac{p_l}{I_l^2}, \quad x_l = \frac{q_l}{I_l^2}, \quad I_l \neq 0 \tag{5-16}$$

对应地，可提出基于次(超)同步阻抗的振荡源判据，即对于任一设备，当由式(5-16)计算得到的等效次(超)同步电阻小于 0($r_l < 0$)时，则判别该设备为对应频率次(超)同步振荡的振荡源。

3) 考虑频率耦合效应的振荡源判别方法

当系统发生次/超同步耦合振荡时，根据耦合阻抗模型的定义，设备的次/超同步电压与电流相量满足如下关系，即

$$\begin{bmatrix} \dot{U}_{\mathrm{s}} \\ \dot{U}_{\mathrm{c}}^{*} \end{bmatrix} = \begin{bmatrix} z_{11} & z_{12} \\ z_{21} & z_{22} \end{bmatrix} \begin{bmatrix} \dot{I}_{\mathrm{s}} \\ \dot{I}_{\mathrm{c}}^{*} \end{bmatrix} \tag{5-17}$$

式中，$\dot{U}_{\mathrm{s}}$ 和 $\dot{I}_{\mathrm{s}}$ 为次同步电压和电流相量；$\dot{U}_{\mathrm{c}}^{*}$ 和 $\dot{I}_{\mathrm{c}}^{*}$ 为超同步电压和电流共轭相量。

为便于标注，下面省略表示 SSSO 模式的下标 l，将次同步和超同步振荡模式的视在功率记作 s_{s} 和 s_{c}，根据式(5-17)可得

$$s_{\mathrm{s}} = \dot{U}_{\mathrm{s}}\dot{I}_{\mathrm{s}}^{*} = z_{11}I_{\mathrm{s}}^{2} + z_{12}\dot{I}_{\mathrm{c}}^{*}\dot{I}_{\mathrm{s}}^{*} \tag{5-18}$$

$$s_{\mathrm{c}} = \dot{U}_{\mathrm{c}}\dot{I}_{\mathrm{c}}^{*} = z_{22}^{*}I_{\mathrm{c}}^{2} + z_{21}^{*}\dot{I}_{\mathrm{s}}^{*}\dot{I}_{\mathrm{c}}^{*} \tag{5-19}$$

将次同步和超同步振荡模式的视在阻抗记作 z_{s} 和 z_{c} ，计算公式为

$$z_{\mathrm{s}} = \frac{\dot{U}_{\mathrm{s}}}{\dot{I}_{\mathrm{s}}} = r_{\mathrm{s}} + \mathrm{j}x_{\mathrm{s}} \tag{5-20}$$

$$z_{\mathrm{c}} = \frac{\dot{U}_{\mathrm{c}}}{\dot{I}_{\mathrm{c}}} = r_{\mathrm{c}} + \mathrm{j}x_{\mathrm{c}} \tag{5-21}$$

由式(5-17)、式(5-20)和式(5-21)可得

$$z_{\mathrm{s}} = z_{11} + c_{i}z_{12}，\ z_{\mathrm{c}} = z_{22}^{*} + z_{21}^{*}/c_{i}^{*} \tag{5-22}$$

式中，$c_{i} = \dot{I}_{\mathrm{c}}^{*}/\dot{I}_{\mathrm{s}}^{*}$ 。

次同步和超同步振荡模式的视在功率可以用它们的视在阻抗表示，即

$$s_{\mathrm{s}} = z_{\mathrm{s}}I_{\mathrm{s}}^{2} = (r_{\mathrm{s}} + \mathrm{j}x_{\mathrm{s}})I_{\mathrm{s}}^{2} \tag{5-23}$$

$$s_{\mathrm{c}} = z_{\mathrm{c}}I_{\mathrm{c}}^{2} = (r_{\mathrm{c}} + \mathrm{j}x_{\mathrm{c}})I_{\mathrm{c}}^{2} \tag{5-24}$$

设备吸收的次/超同步视在功率可以定义为次同步和超同步振荡模式的功率之和，即

$$s_{\mathrm{sc}} = s_{\mathrm{s}} + s_{\mathrm{c}} = p_{\mathrm{sc}} + \mathrm{j}q_{\mathrm{sc}} \tag{5-25}$$

$$p_{\mathrm{sc}} = r_{\mathrm{s}}I_{\mathrm{s}}^{2} + r_{\mathrm{c}}I_{\mathrm{c}}^{2} \tag{5-26}$$

$$q_{\mathrm{sc}} = x_{\mathrm{s}}I_{\mathrm{s}}^{2} + x_{\mathrm{c}}I_{\mathrm{c}}^{2} \tag{5-27}$$

由此提出考虑频率耦合效应的 SSSO 源判据，即对于任一设备，由式(5-26)计算得到的次/超同步有功功率小于 0($p_{\mathrm{sc}}<0$)时，则判别该设备为对应频率 SSSO 的振荡源。

判别方法 1)和 2)可分别用于 SSO 和超同步振荡，而判别方法 3)可用于次/超同步耦合振荡。当发生次/超同步耦合振荡时，既可以分别根据次同步或超同步有功功率或等效电阻来判别对应模式的振荡源，也可根据次/超同步有功功率之和判别耦合振荡的振荡源。当吸收的有功功率或等效电阻为负时，即判定为振荡源；反之，可称为振荡汇。另外，以上是根据有功功率或等效电阻来判别振荡源，这里的振荡源也可视为有功源，类似也可定义无功源，并采用相应的无功功率或等效电抗来判别振荡的无功源。

2. 仿真算例分析

以新疆哈密系统为例，在前述电磁仿真模型上通过改变并网风机台数激发 SSSO，计算各处的次同步、超同步电压和电流相量，分布如图 5.22 和图 5.23 所示。

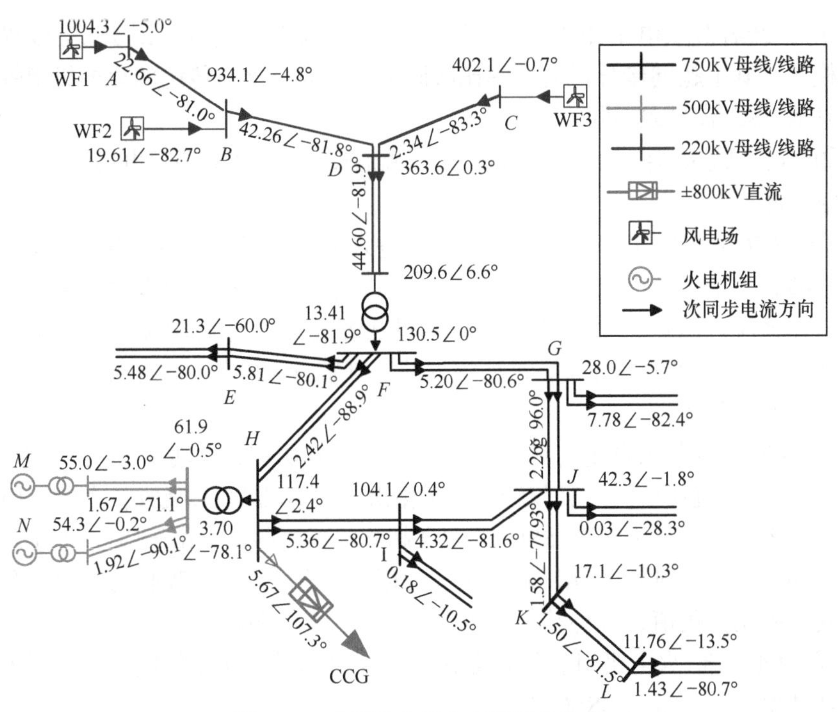

图 5.22　次同步电压和电流相量分布

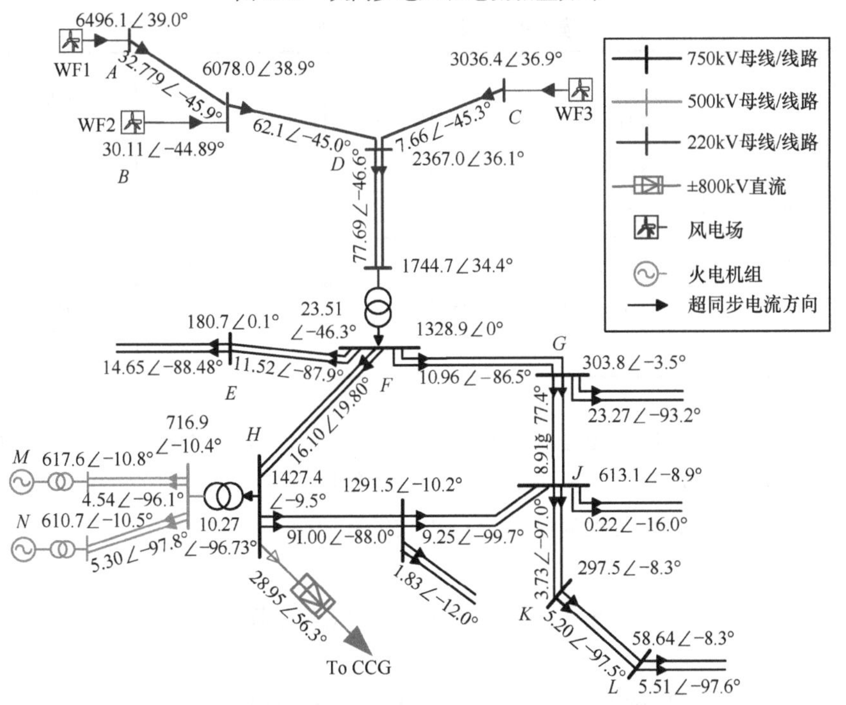

图 5.23　超同步电压和电流相量分布

① 系统各节点电压和各支路电流均包含次、超同步分量，说明 SSSO 模式为全局模式，其中超同步分量的振幅比次同步分量大。这与传统的火电机组轴系扭振引发的 SSO 有很大不同。

② 直驱风电场接入节点的 SSSO 电压幅值较高，远离直驱风电场的节点 SSSO 电压幅值较低。

③ SSSO 电流在直驱风电场处产生，进入更高电压等级的输电网，在整个电网中传播，包括进入火电厂、特高压直流换流站，并通过交流电网扩散到远方。

根据系统各节点的次/超同步电压相量和各支路的次/超同步电流相量，可以计算次/超同步功率及其分布，进而根据前述判别方法定位风电 SSSO 的源和汇，结果如表 5.9 所示。

① 所有的直驱风电场均吸收负的次/超同步有功和无功功率，它们为振荡源。

② 特高压直流换流站吸收较小的负值次同步有功功率，吸收较大的正值超同步有功功率，可以认为它是 SSO 的源和超同步振荡的汇。由于吸收总的次/超同步有功功率为正，判别它为次/超同步耦合振荡的有功汇。它吸收的次同步和超同步无功功率均为负值，可将其视为风电 SSSO 的无功源。

③ 其他设备(火电机组、交流线路、变压器和负荷)均吸收正值次/超同步有功和无功功率，均可视为 SSSO 的汇。

表 5.9 风电 SSSO 源/汇的判别

设备	视在功率/kVA			有功源/汇
	次同步功率	超同步功率	总和	
风电场 1	−8.27−j33.11	−28.28−j316.82	−36.55−j349.93	源
风电场 2	−5.76−j26.86	−29.70−j272.9	−35.46−j299.76	源
风电场 3	−0.18−j1.40	−4.73−j34.57	−4.91−j35.97	源
直流输电换流站	−0.17−j0.64	25.41−j56.54	25.24−j57.18	汇(SSO 源)
其他	>0	>0	>0	汇

综上所述，直驱风电场是风电 SSSO 的源，即 SSSO 功率的提供者，振荡功率通过网络传输，部分被交流网络、火电厂和负荷等吸收。特高压直流换流站是风电 SSSO 的有功汇和无功源，也可视为单一 SSO 模式的有功源。

5.3 主要影响因素分析

本节采用基于阻抗网络模型的量化分析方法和电磁暂态仿真，研究新疆哈密风电系统中并网风电机组台数、交流电网强度、风电机组控制参数和 HVDC 运行状态等因素对 SSSO 特性的影响。

5.3.1 并网风电机组台数的影响

在新疆哈密简化系统中，三个聚合风电场中风电机组台数分别为 296、429 和 196。以不同并网风电机组台数为条件，可以建立对应工况下新疆哈密风电系统的阻抗网络模型，进而计算其聚合阻抗。

当三个聚合风电场的并网风电机组比例分别为 60%、70%和 80%时，并网风电机组比例对振荡模式的影响如图 5.24 所示。其中，每台机组的出力均设置为额定功率的 5%。可见，三条电抗曲线在过零点的斜率为正，频率分别为 34.35Hz、30.69Hz 和 27.43Hz。当并网风电机组比例为 60%时，过零点频率处的等效电阻为正值。基于前述判据，此时系统的振荡模式稳定。当并网风电机组台数增加为 70%或者 80%时，等效电阻变为负值，系统振荡模式变得不稳定。观察可见，随着并网风电机组台数的增加，振荡模式频率逐渐降低，阻尼逐渐变差。

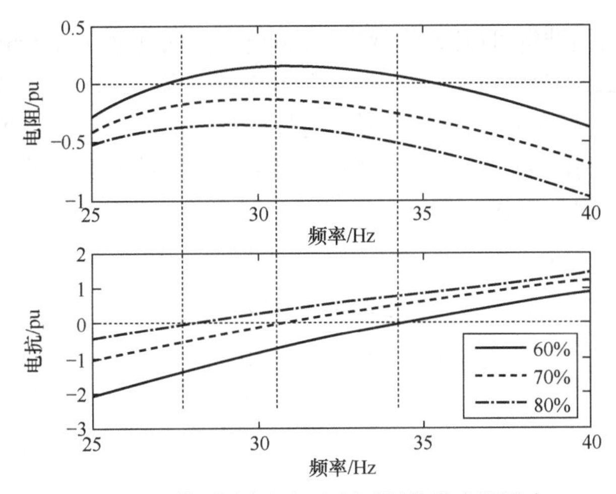

图 5.24　并网风电机组比例对振荡模式的影响

5.3.2 交流电网强度的影响

这里用 SCR，即系统短路容量除以设备容量来描述某个风电场接入点的交流电网强度。短路容量跟接入点向电网“看进去”的等效导纳或戴维南等效阻抗的倒数成正比，戴维南等值阻抗越小，短路容量越大。考虑交流电网的电阻远小于电抗，因此也可直接采用等效电抗计算短路容量和 SCR，如式(5-1)所示。接入风电容量一定的情况下，等效电抗越小，SCR 越大。这意味着，风电接入了相对较强的电网。

振荡模式随系统等效电抗的变化情况如图 5.25 所示。可见，随着等效电抗的增加，SCR 变小，交流电网变弱，振荡模式的实部由负变正，对应的阻尼由正变负，由稳定变为不稳定。因此，当交流电网变弱时，直驱风电并网系统更容易出现 SSSO 现象。同时，随着交流电网等效电抗的增加，振荡频率逐渐下降。

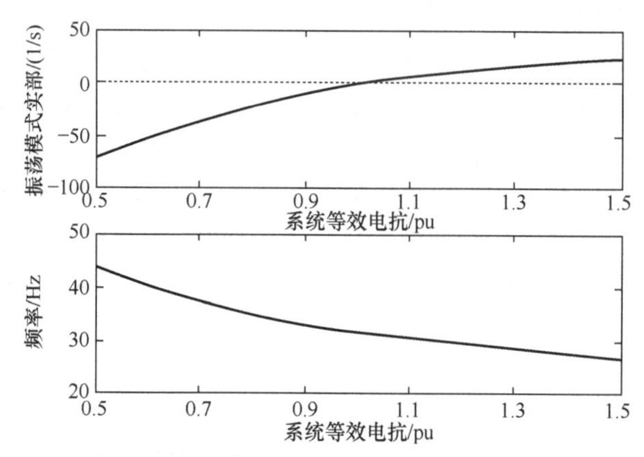

图 5.25　振荡模式随系统等效电抗的变化情况

通过增强网架结构可以减少系统等效电抗，进而增强交流系统强度。例如，分析新建一条 220kV 线路(麻黄沟东-山北)和新建两条 220kV 线路(麻黄沟东-山北和淖毛湖-山北)对哈密系统 SSSO 模式特性的影响。增强系统强度时振荡模式的变化如图 5.26 所示。可见，增建一条或两条新线路均能使振荡模式稳定，新建两条线路时的振荡阻尼更强。

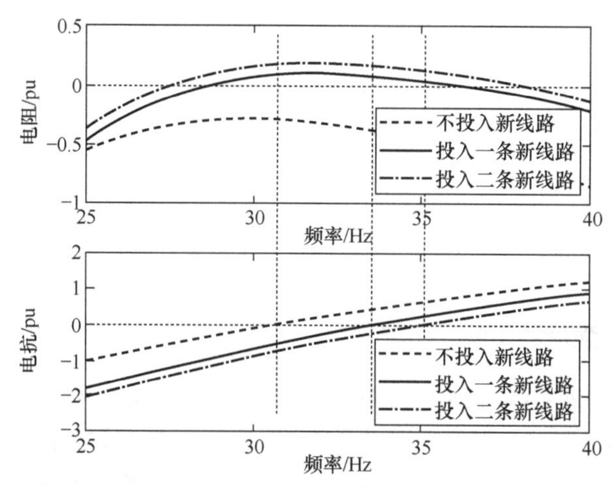

图 5.26　增强系统强度时振荡模式的变化

5.3.3　风电机组控制参数的影响

由于直驱风电机组的并网运行特征主要取决于 GSC 的动态特性，本节重点分析 GSC 控制对风电 SSSO 特性的影响。由直驱风电机组网侧控制器结构可知，其控制外环包括直流电压控制环和无功功率控制环，控制内环是电流跟踪控制环。每个控制环均采用经典 PI 调节，包括比例增益和积分增益两个参数。因此，整体包括 6 个控制参数，将它们在 0.1～2 倍之间变化，观察对 SSSO 模式阻尼和频率特性的影响。

图 5.27 和图 5.28 所示为电压控制外环比例增益和积分增益对振荡模式的影响。可见，随着比例增益的增加，振荡模式阻尼将先增加后减小，具有非线性关系，而振荡频率轻微增加；随着积分增益的增加，模式阻尼逐渐减小，由正值变负值，但振荡频率变化较小。

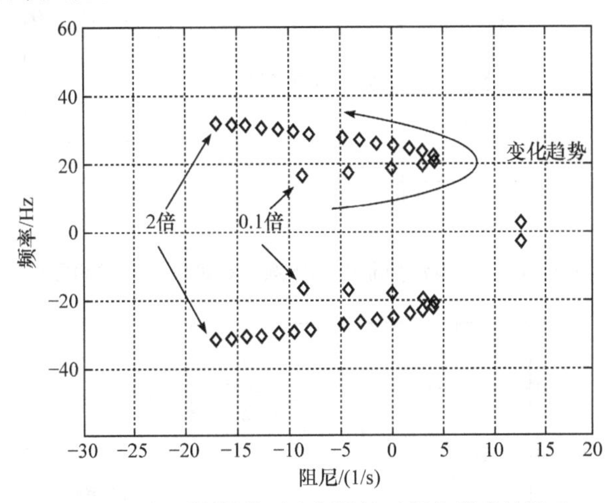

图 5.27　电压控制外环比例增益对振荡模式的影响

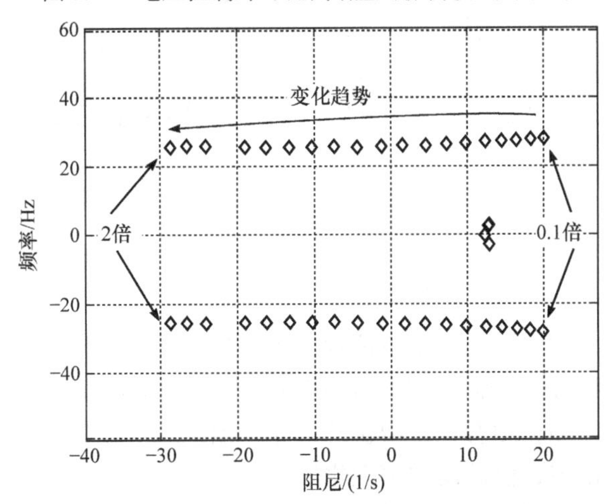

图 5.28　电压控制外环积分增益对振荡模式的影响

图 5.29 和图 5.30 所示为 d 轴电流控制内环比例增益和积分增益对振荡模式的

影响。可见，比例增益的增加将导致模式阻尼逐渐增大，系统稳定性变好，而振荡频率则轻微下降；积分增益与模式阻尼也存在非线性关系，积分增益增加会导致频率升高。

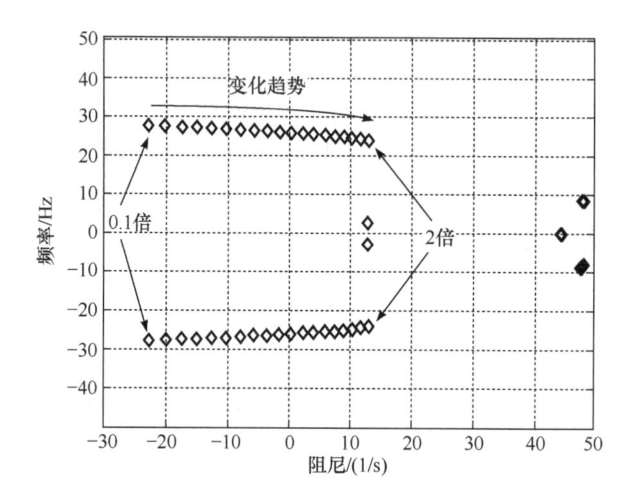

图 5.29　d 轴电流控制内环比例增益对振荡模式的影响

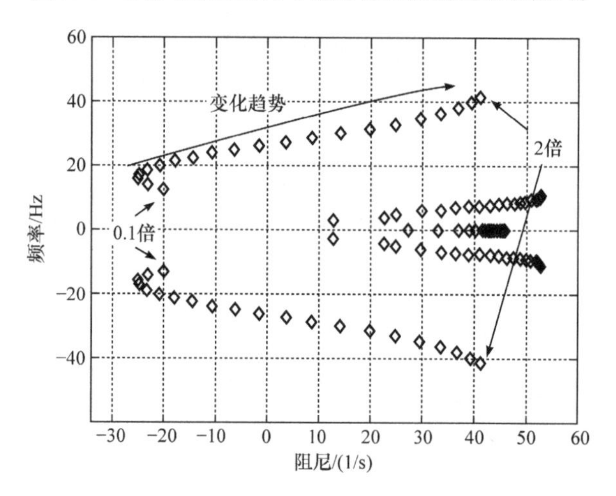

图 5.30　d 轴电流控制内环积分增益对振荡模式的影响

图 5.31 和图 5.32 所示为 q 轴电流控制内环比例增益和积分增益对振荡模式的影响。可见，随着比例增益的增加，模式阻尼将先增加后减少，具有非线性关系，而振荡频率轻微增加；随着积分增益的增加，模式阻尼逐渐减小，由正值变为负值，振荡模式不稳定，但振荡频率变化较小。

需要指出的是，以上结论是对哈密某典型机组分析得到的，对于别的机型或控制器不一定都成立，需要具体分析。

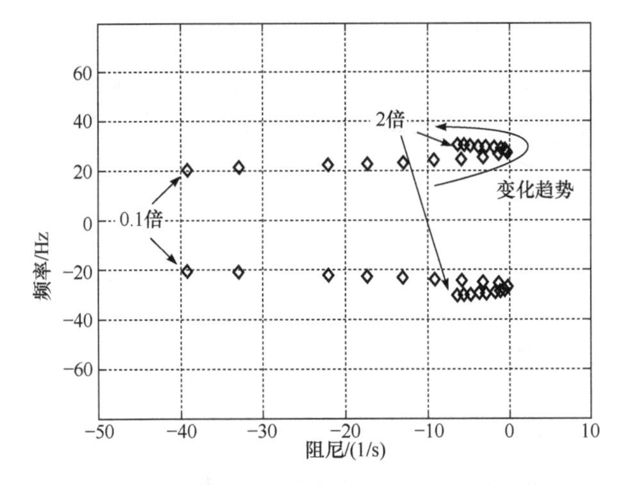

图 5.31　q 轴电流控制内环比例增益对振荡模式的影响

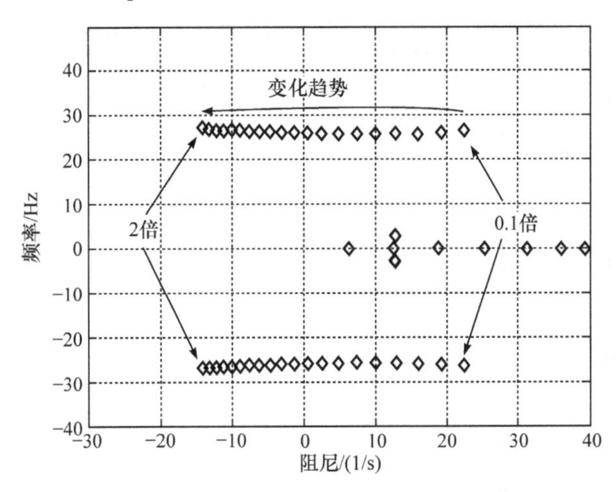

图 5.32　q 轴电流控制内环积分增益对振荡模式的影响

5.3.4　特高压直流输电系统运行状态的影响

天中直流投退状态对振荡模式的影响如图 5.33 所示。可见，两种情况阻抗频率特性在振荡频率附近的变化很小，说明 HVDC 投运与否对振荡模式的影响不大。

5.3.5　电磁暂态仿真验证

基于新疆哈密系统的电磁暂态仿真模型，对表 5.10 所示不同情况进行仿真分析，验证上述主要因素对系统 SSSO 特性的影响。其中，每台风电机组出力均设置为额定功率的 5%。

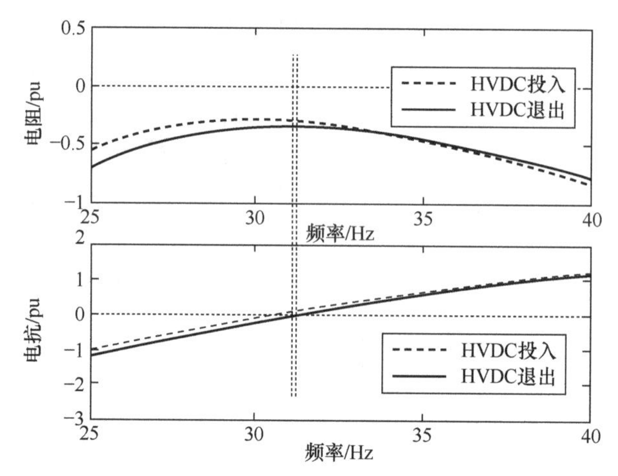

图 5.33　天中直流投退状态对振荡模式的影响

表 5.10　不同仿真工况下哈密系统的运行条件

仿真情况	时间	在线风电机组比例/%			新麻黄沟东-山北线	新淖毛湖-山北线	HVDC
		A	B	C			
情况 1	[0s, 2s]	60	60	60	N	N	Y
	[2s, 8s]	70	70	70	N	N	Y
	[8s, 15s]	80	80	80	N	N	Y
情况 2	[0s, 2s]	60	60	60	N	N	Y
	[2s, 8s]	70	70	70	N	N	Y
	[8s, 15s]	70	70	70	Y	N	Y
情况 3	[0s, 2s]	60	60	60	N	N	Y
	[2s, 8s]	70	70	70	N	N	Y
	[8s, 15s]	70	70	70	N	N	N

注：“Y”表示投入，“N”表示不投入。

图 5.34 所示为不同仿真情况下，山北-哈密线路的电磁暂态仿真分析结果。如图 5.34(a)所示，对该波形进行 FFT 分析可以发现，随着并网风电机组比例的增加，振荡模式频率降低、阻尼变差。如图 5.34(b)所示，当 8s 时刻投入一条新建的麻黄沟东-山北线路时，功率振荡迅速衰减，系统稳定下来，说明增强电网强度能提高振荡阻尼。如图 5.34(c)所示，在 8s 时刻切除 HVDC 时，功率仅出现轻微波动，但仍然持续振荡，说明 HVDC 投运与否对振荡特性的影响很小。总体来看，电磁暂态仿真结果与前述基于阻抗网络模型的分析结果一致，也验证了所提分析方法的有效性。

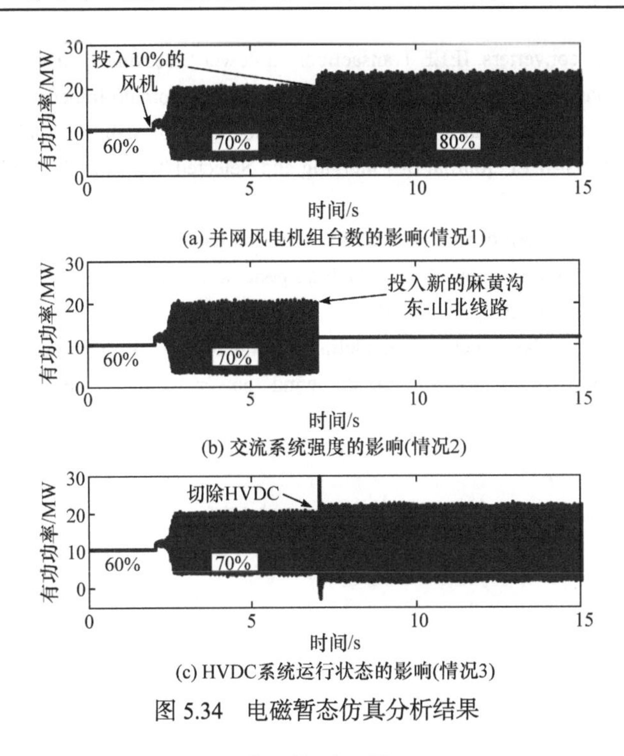

(a) 并网风电机组台数的影响(情况1)

(b) 交流系统强度的影响(情况2)

(c) HVDC系统运行状态的影响(情况3)

图 5.34 电磁暂态仿真分析结果

参考文献

[1] 谢小荣, 刘华坤, 贺静波, 等. 直驱风机风电场与交流电网相互作用引发次同步振荡的机理与特性分析. 中国电机工程学报, 2016, 36(9): 2366-2372.

[2] 刘华坤, 谢小荣, 何国庆, 等. 新能源发电并网系统的同步参考坐标系阻抗模型及其稳定性判别方法. 中国电机工程学报, 2017, 37(14): 4002-4007.

[3] Liu H, Xie X, He J, et al. Subsynchronous interaction between direct-drive PMSG based wind farms and weak AC networks. IEEE Transactions on Power Systems, 2017, 32(6): 4708-4720.

[4] Harnefors L, Bongiorno M, Lundberg S. Input-admittance calculation and shaping for controlled voltage-source converters. IEEE Transactions on Industrial Electronics, 2007, 54(6): 3323-3334.

[5] Cespedes M, Sun J. Impedance modeling and analysis of grid-connected voltage-source converters. IEEE Transactions on Power Electronics, 2014, 29(3): 1254-1261.

[6] Wen B, Boroyevich D, Burgos R, et al. Small-signal stability analysis of three-phase AC systems in the presence of constant power loads based on measured dq frame impedances. IEEE Transactions on Power Electronics, 2015, 30(10): 5952-5963.

[7] Wen B, Dong D, Boroyevich D, et al. Impedance-based analysis of grid-synchronization stability for three-phase paralleled converters. IEEE Transactions on Power Electronics, 2016, 31(1): 26-38.

[8] Wang X, Harnefors L, Blaabjerg F. Unified impedance model of grid-connected voltage-source converters. IEEE Transactions on Power Electronics, 2018, 33(2): 1775-1787.

[9] Bakhshizadeh M K, Wang X, Blaabjerg F, et al. Couplings in phase domain impedance modeling

of grid-connected converters. IEEE Transactions on Power Electronics, 2016, 31(10): 6792-6796.

[10] Rygg A, Molinas M, Zhang C, et al. A modified sequence-domain impedance definition and its equivalence to the dq-domain impedance definition for the stability analysis of AC power electronic systems. IEEE Journal of Emerging and Selected Topics in Power Electronics, 2016, 4(4): 1383-1396.

[11] Liu H, Xie X, Liu W. An oscillatory stability criterion based on the unified dq-frame impedance network model for power systems with high-penetration renewables. IEEE Transactions on Power Systems, 2018, 33(3): 3472-3485.

[12] Liu H, Xie X. Impedance network modeling and quantitative stability analysis of sub-/super-synchronous oscillations for large-scale wind power systems. IEEE Access, 2018, 6: 34431-34438.

第 6 章　风电次/超同步振荡防控方法概述

6.1　防控方法分类

自风电并网系统发生 SSSO 现象以来，国内外学术界和工业界针对其防控开展了大量的研究，提出诸多方法。防控风电 SSSO 的主要方法和措施如表 6.1 所示。这些方法和措施根据实施时的电网发展阶段和基本原理，大致可分为四类，即系统规划阶段的预防措施、系统运行阶段的协调机-网运行方式、主动阻尼控制和振荡发生后的紧急控制与保护；按照调控对象不同，可分为电网侧和机组侧两大类。每一类方法都有多种具体实现策略，且不断有新的方法或措施被提出来。

表 6.1　防控风电 SSSO 的主要方法和措施[1]

分类	电网侧	机组侧
系统规划阶段的预防措施	① 降低串补度 ② 增强电网强度 ③ 设置 FACTS 控制器，采用适当控制的直流输电	① 机组多样化选型与适网性测试 ② 优化风电机组控制策略与参数
协调机-网运行方式	① 根据潮流变化投切(部分)串联补偿装置	① 有选择性地投入、停运部分风电机组
主动阻尼控制	① 基于 FACTS 设备的附加阻尼控制 ② 基于 HVDC 的附加阻尼控制 ③ 基于专用 VSC 的阻尼控制器	① 调整风电机组控制器参数 ② 优化 GSC 控制策略 ③ 优化 RSC 控制策略(3 型风电机组)
紧急控制与保护	① 电网侧保护	① 机组侧保护

本章主要对前三类方法的研究进展进行概述，第四类方法属于保护范畴，感兴趣的读者可参考相关文献。

6.2　系统规划阶段的预防措施

电力系统的稳定性风险与电源、电网结构等密切相关，在规划阶段就要考虑各种潜在稳定性问题并予以合理规避，对于提高建成后电网的安全稳定水平和降低控制成本极为重要。SSSO 的防控也是如此，需要引起电网规划部门的足够重视。一般来说，电网侧的线路串补度、网络强度、柔性控制器和风电侧的容量规模、机组类型和控制策略都对 SSSO 的特性有重要的影响，需要在规划设计阶段进行综合考虑，以降低隐患。

6.2.1　电网侧预防措施

1. 降低串补度

大量研究表明[2,3]，风电并网系统在串补度较高时更容易引发 SSSO。因此，从降低 SSSO 风险的角度来看，应在满足其他约束条件(如暂态稳定)的情况下采用相对较低的串补度。需要注意的是，在电网运行工况切换或发生故障时，电网拓扑变化会增加或减少等效串补度,在规划阶段需要考虑电网各种潜在拓扑方式，对串补度的数值进行全面分析，尽量避免在电网投运后的常规或普遍方式下出现不稳定的 SSSO。如果难以完全避免，则尽量将风险情况限定在一些不常用，甚至罕见的机网方式，以便后续采用其他措施来防控潜在的 SSSO。

2. 增强电网强度

风电场的位置通常远离负荷中心，而本地负荷相对较小。远距离输电使线路电抗增加，进而降低短路容量，减弱电网强度。经验表明，4 型风电机组在接入较弱(如 SCR 小于 2)的交流电网时，易引发不稳定的 SSSO[4]。我国新疆哈密风电场的振荡事件就是这类情况[5]。SCR 是短路容量与设备容量之比，是一个相对值，接入电网的网架结构越强(对应短路电流越大)、风电机组的总容量较小，则 SCR 增大，电网强度提高，有利于避免此类 SSSO 风险。因此，在规划阶段，需要综合考虑电网架构和风电场的总容量水平，优化大容量风电馈入地区的电网结构，增强风电场并网点处交流电网强度，既要提高输电效率，又要避免出现系统性的振荡风险。

3. 设置 FACTS 控制器和/或采用直流输电

在电网规划阶段也可考虑在适当地点布置 FACTS 控制器。FACTS 具有许多优势，包括提高稳定性和输电能力等[6,7]，例如采用 TCSC 可增强暂态稳定性和改善次同步频率阻抗特性。同时，FACTS 控制器可对 SSSO 增设附加阻尼控制，降低振荡风险。

另外，常规直流或柔性直流(VSC-HVDC)与风电机组具有不同的动态相互作用关系，在某些情况下(如海上风电)还可采用直流输电，并适当设计其控制系统来降低 SSSO 风险[4,8]。需要注意的是，直流输电并不能从理论上完全避免 SSSO，而且还可能在不利条件下引发中高频的谐波振荡。

6.2.2　机组侧预防措施

1. 风电机组多样化选型

实际系统已经出现的 SSSO 具有不同的机理，例如 3 型风电机组与串补相互作用会引发变流器控制参与的 IGE，而 4 型风电机组接入弱交流电网会引发另一种次/超同步控制相互作用。不同类型风电机组在不同机理的 SSSO 中起到的作用也不一样。研究和实践均表明，与仅具有一种风电机组类型的风电场相比，具有不同类型的异构风电场不容易出现振荡风险[9-11]。因此，可以考虑采用多样化机组形成异构风电场来降低振荡风险[11]。当然，这必然会增加工程实施、运行管理和后续维护方面的工作量和难度。

2. 优化风电机组控制策略与参数

风电机组及其控制器的结构和参数对 SSSO 的特性有很大的影响[12,13]。在风电场的设计或规划阶段，可以优化设计控制策略和参数，在各种可以预想到的工况下，提升风电机组在次/超同步频段内的阻尼能力。值得一提的是，此前风电机组控制策略和参数的设计较多考虑工频控制特性和高/低压穿越特性，对次/超同步频率的动态考虑不够，甚至控制策略采用全频段一致的增益和时间常数，很难同时满足不同频段内的动态性能要求，因此有必要对风电机组控制策略和参数进行兼顾工频和次/超同步频率稳定性的综合优化，提高宽频带范围的整体性能。

3. 适网性测试

SSSO 是大量风电机组与接入电网之间相互作用的结果。在一些有“前科”或“嫌疑”的风电并网系统(如含串补、接入弱电网)实施过程中，建议对风电机组进行适网性测试，即在模拟接入电网条件下测试风电机组在所关注次/超同步频段内的特性，判断其接入后的振荡风险，必要时对控制策略和参数进行优化，避免风险。目前比较典型的做法是，采用 RTDS 系统模拟电网和机组一次设备，并接入工业用变流器控制设备，采用控制硬件在环(control-hardware-in-the-loop，CHIP)实验测试机组在各种工况下的阻抗-频率特性，并根据其是否在所关注频段内呈负阻性和/或容性来初筛风险。

6.3　协调机-网运行方式

机-网运行方式对 SSSO 特性的影响显著。实际系统的运行方式多变，有些方式发生振荡的风险低，而有些方式则不然。因此，在运行中避开不利方式，可以有效降低风险，是一种防范 SSSO 的低成本方案。该方法有赖于提前开展大量的分析工作，明确电网运行方式与振荡稳定性之间的关系，并在实际系统设定监测手段，以便对应地根据方式进行调控。另外，这种通过安排机-网运行方式来规避 SSSO 的做法可能会降低系统运行的灵活性，并带来较多的操作风险，实际采用时需多方衡量。

这里介绍两种可能采用的具体方案。

1. 根据风电潮流投切(部分)串联补偿装置

以冀北沽源风电-串补输电系统为例，基于前面章节的理论分析结果和实际运行经验，在早期其他振荡抑制装备没有投运的情况下，电网公司采取如下协调机-网运行方式的临时手段：对沽源风电上送功率进行持续监测，当其低于 100MW 时，旁路沽源至太平 500kV 线路上的串补装置。采用该措施后，一段时间内系统发生 SSO 的概率大幅降低。

需要注意的是，随着系统情况的变化，该方法的具体执行策略需要及时校对和调整。2012 年 12 月以后，随着该地区大量新建风电场的投入，系统发生振荡的条件随之变化。按照避免绝大多数振荡发生的方式，同时不对沽源通道输送极限及串补装置安全寿命产生不利影响等原则，提出沽源串补操作原则的调整建议，将临时退出一套串补的风电上送功率调整为 250MW。调整后，振荡风险明显降低，没再发生振荡导致的风电大规模脱网事件。

沽源风电系统的案例表明，通过协调机-网运行方式可以降低 SSSO 风险，但这么做的前提是准确把握振荡特性与运行方式的对应关系，并根据系统演变(如新建风场投入、电网拓扑变化)及时做出调整。考虑复杂系统运行方式的可能性太多且随时间多变，通过机-网方式调整来完全避免振荡风险的实际操作难度较大。调整方式可能影响电网的稳定极限、降低线路输送常规电源和/或风电的能力、制约系统的灵活运行。因此，该方法多作为防范 SSSO 的临时措施，为采取更全面的抑制方案或让系统演变到无风险形态提供缓冲或过渡手段。

2. 根据电网强度变化选择性停运部分风电机组

由前面分析可知，采用 SCR 表征的电网强度由并网处短路容量和风电机组容量共同决定，而短路容量又取决于电网拓扑结构和机网方式。当系统中部分线路或常规同步发电机检修或非计划停运退出时，就会导致短路容量发生变化，进而影响并网风电机组的次/超同步稳定性。此时，一种避免风险的做法是，预先分析并监测风电机组并网点的短路容量变化，并选择性停运部分风电机组或风电场，保持 SCR 维持在可避免不稳定 SSSO 的某个范围内。例如，文献[14]制定了一个决策过程，当检测到电网强度变弱或已经激发不稳定的振荡时，选择和切除足够数量的风电机组抑制不稳定的 SSSO 模式。但是，这种方法会导致部分风电机组停运，降低可再生能源的消纳水平，不宜作为经常性措施应用，适合在过渡阶段或极小概率方式下临时采用。

6.4　风电机组侧主动阻尼控制

该方法通过对风电机组且主要是变流器控制的优化、补充或改进，提高其对次/超同步动态的阻尼特性。由于相关控制的结果可重塑其在次/超同步频率范围的幅频和相频特性，进而改善风电并网系统整体的互动性能，避免危险的 SSSO，因此也常被称为阻抗重塑控制。根据改造变流器或控制环节不同，阻抗重塑控制可通过优化/调节控制参数、改进 GSC、改进 RSC(针对 3 型机组)或者多环节同时改进来实现，也可将其与虚拟同步控制技术结合起来应用。

6.4.1　优化/调节风电机组变流器控制参数

3 型风电机组包括 GSC 和 RSC，其控制回路通常采用多组比例积分(proportional integral, PI)调节器。研究表明，PI 调节器参数对次/超同步模态的阻尼有显著影响[15]。特定情况下，RSC 转矩和无功功率控制中较高的增益会显著降低振荡阻尼[16]。受此启发，文献[17]开发了一种 SSSO 抑制技术，该技术实时检测次同步电流分量，必要时发送信号来降低 RSC 电流控制器增益。总体而言，合理选择控制器参数可以提高振荡阻尼[18,19]。但是，需要考察修改后的参数是否会影响其他动态特性，如对低/高电压穿越、故障响应特性等带来的不利影响。

6.4.2　改进网侧变流器控制

有多种方法可改进风电机组的 GSC 控制，下面列举几种。实际应用不限于这些方法，也可组合应用。

1. 改进 GSC 的定子电压控制环

GSC 属于并联型 VSC，可将各种次/超同步阻尼控制(sub-/super-synchronous damping control, SSDC)策略添加到 GSC 原有控制中实现振荡抑制功能(图 6.1(a)中 u 所示)。

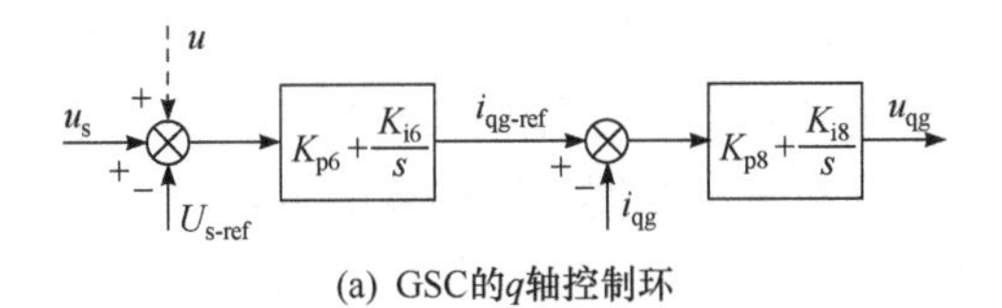

(a) GSC的q轴控制环

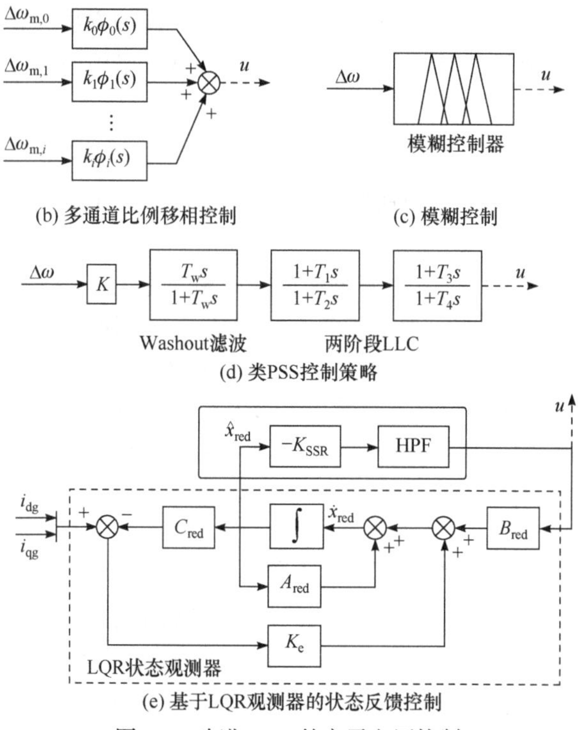

图 6.1　改进 GSC 的定子电压控制

这种附加控制方式无须新增变流器硬件设备，并且拥有低成本优势[20]，因此被广泛研究[21-27]。图 6.1(b)所示为一种用于 GSC 定子控制回路的多通道阻尼控制策略[22, 28]，分别采用与每种振荡模式相关的模态转速，并通过适当的增益和相位补偿模块来增强相应模态的阻尼。当然，如果不考虑多模式的分通道控制，则简化为图 6.1(d)所示的基于简单 Washout 滤波和超前滞后补偿器(lead-lag compensator，LLC)的类 PSS 控制策略[13, 26, 27]。然而，上述技术有两个缺点[13, 21]。首先，线性阻尼控制器是在特定工作点设计的，难以适应风力发电系统非线性和工况时变情况。文献[21]采用自适应神经模糊阻尼控制器解决这个问题(图 6.1(c))。其次，利用转子速度偏差作为控制输入信号(control input signal，CIS)[22, 28]，并不是抑制变流器 CI 的最佳选择[29]。文献[30]提出一种单输入单输出降阶状态反馈控制器，如图 6.1(e)所示。采用线性二次型调节器来观察和估计状态变量，可以最终达到有效抑制次同步 CI 的目的。然而，由于状态反馈控制器涉及状态估计和模型降数，在数学上非常复杂，因此难以在实际的大型风电系统中应用。

SSDC 需具备足够的鲁棒性，才能在大范围工作条件下可靠运行。文献[31]设计了鲁棒的反馈线性化滑模控制器，以估算的电容器电压作为控制输入信号，同时将其输出添加到 GSC 的定子控制回路中。GSC 的定子电压控制回路为添加辅助阻尼控制器提供了极大的灵活性。对于 3 型风电机组而言，其阻尼能力受限于约为额定容量 30%的 GSC[32]。

2. 改进 GSC 的内环控制

附加阻尼控制信号也可添加到 GSC 的 q 轴内环控制器中。图 6.2 所示为一种基于超前滞后补偿器的概率型 DFIG-PSS[29]，利用电容器电压偏差作为控制输入信号，通过参与因子和概率灵敏度指标优化控制输入信号、接入位置，以及控制参数，进而达到抑制 SSSO 的目标。

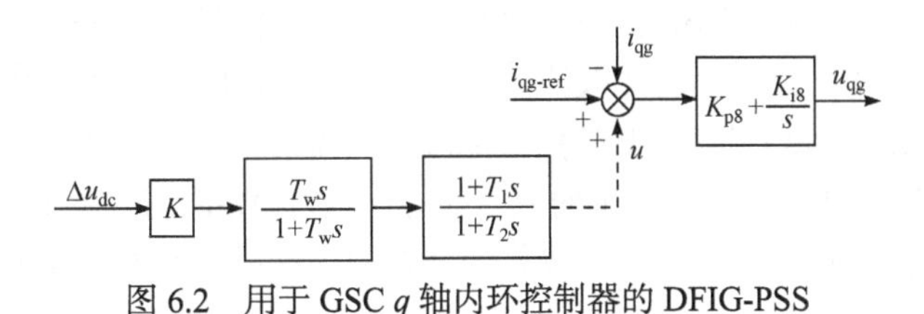

图 6.2　用于 GSC q 轴内环控制器的 DFIG-PSS

3. 更换 GSC 内环控制器

将风电机组原有 GSC 内环控制器更换成更先进的非线性控制器可以增强其阻尼控制能力。文献[33]，[34]基于这种思路设计了一种非线性部分反馈线性化(partial feedback linearization，PFL)的控制策略，可以实现抑制 SSSO 的功能。提出的策略保留了外部控制器，而用基于 PFL 电流控制器替代传统 PI 型电流控制环。PFL 控制器采用精细设计的切换模式，能在较广的工作条件下提高阻尼能力。该方法的出发点和主要优势在于，它将非线性动态系统模型转换为部分低阶线性化模型，使控制效果较少受时变工况的影响。然而，内动态的稳定性和复杂的数学计算也限制了 PFL 的实际应用前景。

6.4.3　改进转子侧变流器控制(3 型风电机组)

1. RSC 的内环附加阻尼控制

RSC 内环控制策略及其参数对 SSSO 特性有重要的影响[35]，因此可以考虑将附加阻尼控制信号添加到 RSC 内环，控制 dq 轴输出电压。文献[16]提出一种具有两自由度的微分控制，以改进现有的 RSC 电流跟踪控制策略。微分控制器只添加到内环控制中，同时分离由外环控制产生的参考电流信号，使外环控制回路的动态不会影响微分控制器。该策略可提高次/超同步振荡的整体稳定性。

文献[36]提出一种采用最优 LQR 作为观测器的状态反馈 SSDC。该方法使用转子和定子侧 dq 轴电流($i_{dr}/i_{qr}/i_{ds}/i_{qs}$)作为控制输入信号。为解决状态反馈 SSDC 产生的补偿信号可能会使 DFIG 暂态响应恶化的问题，文献[37]进一步应用线性矩阵不等式方法为全状态观测器设计最佳增益，以使 RSC 和 GSC 工作在线性区域，同时不会降低阻尼控制性能。

2. 设置抑制滤波器

在 RSC 控制器中增加抑制滤波器有两类常见的方法。一类方法是，在控制输入环节中应用带通滤波器(band pass filter，BPF)，使输入中仅保留所关注的次/超同步频率信号。然后，基于滤波后的输入信号生成补偿控制信号。文献[38]采用转速偏差作为控制输入信号，首先对其进行带通滤波和超前滞后补偿，然后进行比例放大，生成阻尼控制信号，附加到 RSC 控制的 d 轴和 q 轴输出信号上。另一类方法是，对关注的次/超同步频率设计适当的陷波滤波器来抑制振荡，即在控制回路的适当位置嵌入带阻滤波器(band stop filter，BSF)或陷波器。文献[39]提出一种前馈滤波方法，并对嵌入陷波器的最佳位置进行详细研究。该方法使用 BSF，过滤引发不稳定振荡的次同步频率分量，研究表明 RSC 的 d 轴内环控制是最适合嵌入 BSF 的位置。

在 RSC 中设置抑制滤波器，方法相对简单且具有成本优势，但需考虑振荡频率的时变和不确定特性。这类方法的主要挑战在于设计合适的滤波器，包括第一类方法中的 BPF，第二类方法中的 BSF 或陷波器。

3. 更换 RSC 内环控制器

与更换 GSC 内环控制器类似，RSC 内环控制器也可以用非线性反馈控制器代替。文献[40]提出 PFL 电流控制器，以取代 RSC 的内部电流控制器。PFL 电流控制器通过改善脉冲发生策略，从而达到抑制次同步分量的目的。文献[41]设计了一种基于 H_∞ 控制理论的非线性鲁棒控制器。该控制器替代了原有的 PI 型电流跟踪控制器，并考虑干扰的不确定性，具有一定的鲁棒性，可在所有可能风速和串补度下抑制振荡。

6.4.4 同时替换网侧与转子侧变流器控制(3 型风电机组)

对于 3 型风电机组，可将 GSC 和 RSC 控制结合起来考虑，进行组合或协调控制。文献[34]，[40]提出的 PFL 控制器可视为一个独立的子系统，必须保证其稳定性。为解决这一问题，文献[42]进一步提出一种精确反馈线性化(exact feedback linearization，EFL)控制器，可将系统非线性动态完全转化为线性代数方程，用 EFL 电流控制器同时取代 RSC 和 GSC 控制器中原有的 PI 型电流跟踪控制器。该方法可使系统在整个次同步频率范围内保持稳定，从而解决此前 PI 型电流控制器可能导致的不稳定问题。在此基础上，文献[42]还提出基于状态反馈线性化(state-feedback linearization，SFL)的阻尼控制器，可替代 RSC 和 GSC 控制回路此前的内环电流控制器[43]，并且具有更好的阻尼性能[44]。

6.5　电网侧主动阻尼控制

6.5.1　基于 FACTS 设备的阻尼控制

FACTS 控制器除实现对电网工频特性和动态进行调节的主要目标，还可通过改变其内部控制实现次要目标，如抑制 SSSO 和 LFO，而不影响它们的主要目标[20]。FACTS 控制器配备适当设计的阻尼控制器后，能够重塑网络的阻抗特性。

在过去的十年间，大量学者研究使用各种 FACTS 控制器抑制 SSSO，如 SVC[7,45]、STATCOM[46]、TCSC[47]、GCSC[48]、SSSC[49]、UPFC。为 FACTS 设备设计合适的 SSDC，需要优选好控制输入信号、控制附加位置和控制结构与策略。

6.5.2　基于 HVDC 的阻尼控制

HVDC 技术是大规模风电传输到主网或负荷中心的重要选择之一。它可以独立或与交流输电并列进行电力传输。由于 HVDC，特别是新发展的柔性 HVDC 采用电力电子变流器技术，可以在其主控制器上附加合适的 SSDC 功能实现对 SSSO 的抑制目的。文献[50]提出，在柔性 HVDC 送端的模块化多电平变流器(modular multilevel converter，MMC)中增加比例谐振(proportional resonance，PR)控制器，采用精细设置的参数后可补偿三相功率变流器中特定的谐波频率。

6.5.3　基于专用变流器的阻尼控制

专用变流器是指适用次/超同步频率控制和输出的电力电子变流器。其拓扑结构跟工频变流器差不多，但在主电路参数和控制规律设计上需要更多地考虑(频率变化的)次/超同步频率调控需求。由于 SSSO 分量在大部分情况，特别是振动起始阶段远小于工频分量，准确快速地提取次/超同步频率反馈信号成为该类阻尼控制设备的一项重要挑战。这方面已经开展了不少工作，例如文献[51]使用特殊设计的滤波器提取次同步频率分量，然后通过一个并联 VSC 向系统注入次同步频率范围的可控电流，实现抑制振荡的目标。

6.6　防控方法总结及主要挑战

6.6.1　防控方法总结

文献报道的 SSSO 防控方法总结如表 6.2 所示。由于这方面的研究正在快速发展中，新的方法不断涌现。实际应用需根据对象系统的实际情况进行对策设计和技术经济性比较，且可多种措施并用，力求降低成本。

表 6.2　文献报道的 SSSO 防控方法总结

防控方法		优点	缺点
系统规划阶段的预防措施	降低串补度	规划阶段设计，降低风险和后续防控设备投入，成本低	可能限制其他稳定性和传输容量，需综合考虑，可能难以彻底根除风险
	增强电网强度	降低弱电网带来的振荡风险和后续防控设备投入，同时提高输电能力	往往需要增加线路或传统电源，投资大，建设周期长
	设置 FACTS 控制器和/或采用适当控制的直流输电	在规划阶段可在 FACTS/HVDC 上增加振荡抑制功能，有利于防控振荡风险	属第三方设备附加控制功能，受限于 FACTS/HVDC 主要目标和在线状态
	风电机组多样化选型	如果规划阶段能够实现，则无须额外成本，可以降低风险和后续治理难度	受限于实际可操作性，认为增加机组型号可能导致建设和维护成本提高
	优化风电机组控制策略与参数	提高机组自身阻尼，从源头上解决问题，技术经济性较好	旧机组改造难度大，新机组需增加研发投入，可能难以避免全局性振荡风险
	适网性测试	预防性测试，与机组控制策略与参数配套，可事先降低风险和后续治理难度	增加规划、设计阶段的工作量
协调机-网运行方式	根据风电潮流投切(部分)串联补偿装置	易于实现，成本低	需多套或多段串补，可部分或全部停运，影响暂态稳定性和输电能力
	根据电网强度变化选择性停运部分风电机组	停运部分敏感机组，避免过切，易于实现	影响风电消纳和发电效率，依赖广域通信设施
风电机组侧主动阻尼控制	优化/调节风电机组变流器控制参数	易于实现，厂家修订参数成本较低	异构风电场不同厂家的参数协调问题，对不同稳定性的影响问题
	改进 GSC 控制	控制算法改进或升级，新机组易于实现，成本低，效果显著	已在运机组的升级改造相对困难，可能需要停机，影响发电效率；设计时尚不清楚整体的振荡特性，适应性和鲁棒性设计难度较高
	改进 RSC 控制(3 型机组)		
	替换 GSC 和 RSC 控制(3 型机组)		
电网侧主动阻尼控制	基于 FACTS 设备的附加阻尼控制	增加控制功能模块，修改软件即可实现，投资低	占用工频控制容量，控制效果受限；对于远离工频的 SSSO 控制可能增大元件应力
	基于 HVDC 的附加阻尼控制	增加控制功能模块，修改软件即可实现，投资低	响应速度和可用控制容量受 HVDC 运行控制特性制约
	基于专用变流器的阻尼控制	针对次/超同步频率专门设计的变流器，安装地点和控制容量可灵活配置，控制效果佳	需要研制和安装额外的变流器设备，投资相对高

6.6.2 主要挑战

目前，尽管文献已经报道了多种 SSSO 防控方法和技术，但是在解决实际问题时仍然面临诸多挑战。

① 由于商业机密等限制性因素，大多数风电机组及其控制策略和参数难以被规划、运行和研究人员所知悉，机组侧的 SSSO 防控方案设计和实现受到制约。

② 已有文献中报道的控制方法，绝大多数仅在简化系统(典型的如单风电机组或单风电场无穷大系统)中进行了验证，是否适用于实际复杂系统，尚待验证。

③ 文献中的部分控制方法，如非线性控制，过于依赖模型参数；又如模糊控制，难以被工程人员理解。虽然具有较高的学术价值，但是工程应用前景不太明朗。

④ 当考虑实际复杂系统时，机-网方式的多变性、机组类型的多样性、控制的异构性、风速的随机性等会导致 SSSO 的特性，如频率、稳定性，具有较强的时变性和不确定性，但已有的控制方法在这方面关注不够、论述较少，其适应于真实系统的能力尚待检验。

在研究实践中，本书试图构建一套解决实际风电并网系统 SSSO 问题的系统性方案，主要聚焦于机组侧和电网侧控制两个方面。

① 风电机组的阻抗重塑控制方法。适用于采用电力电子变流器接口的风电机组，通过改进或附加阻尼控制回路，提高机组自身在次/超同步频率段的阻尼性能，或对接入电网的 SSSO 具有“免疫”能力。

② 基于专用电力电子变流器的 SSDC 方法。研发针对 SSSO 的专用变流器，安装在电网或风电汇集站，通过改变电网整体的阻抗特性或者耗散振荡功率来抑制 SSSO，提高系统稳定性。

参考文献

[1] Shair J, Xie, X, Yan G. Mitigating subsynchronous control interaction in wind power systems: existing techniques and open challenges. Renewable and Sustainable Energy Reviews, 2019, 108: 330-346.

[2] Adams J, Carter C, Huang S H. ERCOT experience with sub-synchronous control interaction and proposed remediation//Transmission and Distribution Conference and Exposition, Orlando, 2012: 1-5.

[3] Fan L, Zhu C, Miao Z, et al. Modal analysis of a DFIG-based wind farm interfaced with a series compensated network. IEEE Transactions on Energy Conversion, 2011, 26(4): 1010-1020.

[4] Zhang L, Harnefors L, Nee H P. Interconnection of two very weak AC systems by VSC-HVDC links using power-synchronization control. IEEE Transactions on Power System, 2011, 26(1): 344-355.

[5] Liu H, Xie X, He J, et al. Subsynchronous interaction between direct-drive PMSG based wind farms and weak AC networks. IEEE Transactions on Power System, 2017, 32(6): 4708-4720.
[6] Hingorani N G, Gyugyi L, El-Hawary M. Understanding FACTS: Concepts and Technology of Flexible AC Transmission Systems. New York: IEEE Press, 2000.
[7] Varma R K, Auddy S, Semsedini Y. Mitigation of subsynchronous resonance in a series-compensated wind farm using FACTS controllers. IEEE Transactions on Power Delivery, 2008, 23(3): 1645-1654.
[8] Zhang L, Harnefors L, Nee H P. Power-synchronization control of grid-connected voltage-source converters. IEEE Transactions on Power System, 2010, 25(2): 809-820.
[9] Xie X, Zhang X, Liu H, et al. Characteristic analysis of subsynchronous resonance in practical wind farms connected to series-compensated transmissions. IEEE Transactions on Energy Conversion, 2017, 32(3): 1117-1126.
[10] Wu M, Xie L, Cheng L, et al. A study on the impact of wind farm spatial distribution on power system sub-synchronous oscillations. IEEE Transactions on Power System, 2016, 31(3): 2154-2162.
[11] An Z, Shen C, Zheng Z, et al. Scenario-based analysis and probability assessment of sub-synchronous oscillation caused by wind farms with direct-driven wind generators. Journal of Modern Power System and Clean Energy, 2019, 7(2): 243-253.
[12] Fan L, Kavasseri R, Miao Z, et al. Modeling of DFIG-based wind farms for SSR analysis. IEEE Transactions on Power Delivery, 2010, 25(4): 2073-2082.
[13] Zhu C, Fan L, Hu M. Control and analysis of DFIG-based wind turbines in a series compensated network for SSR damping//IEEE PES General Meeting, Minneapolis, 2010: 1-6.
[14] Xie X, Liu W, Liu H, et al. A system-wide protection against unstable SSCI in series-compensated wind power systems. IEEE Transactions on Power Delivery, 2018, 33(6): 3095-3104.
[15] Ostadi A, Yazdani A, Varma R K. Modeling and stability analysis of a DFIG-based wind-power generation interfaced with a series-compensated line. IEEE Transactions on Power Delivery, 2009, 24(3): 1504-1514.
[16] Huang P H, Moursi M S, Xiao W, et al. Subsynchronous resonance mitigation for series-compensated DFIG-based wind farm by using two-degree-of-freedom control strategy. IEEE Transactions on Power System, 2015, 30(3): 1442-1454.
[17] Chernet S, Bongiorno M, Andersen G K, et al. Online variation of wind turbine controller parameter for mitigation of SSR in DFIG based wind farms//Energy Conversion Congress and Exposition, Milwaukee, 2016: 1-8.
[18] Chen A, Xie D, Zhang D, et al. PI parameter tuning of converters for sub-synchronous interactions existing in Grid-connected DFIG wind turbines. IEEE Transactions on Power Electronics, 2019, 34(7): 6345-6355.
[19] Karaagac U, Mahseredjian J, Jensen S, et al. Safe operation of DFIG-based wind parks in series-compensated systems. IEEE Transactions on Power Delivery, 2018, 33(2): 709-918.
[20] Zhang Z Q, Xiao X N. Analysis and mitigation of SSR based on SVC in series compensated

system//IEEE International Conference on Energy and Environment Technology, New York, 2009: 65-68.

[21] Mokhtari M, Khazaei J, Nazarpour D. Sub-synchronous resonance damping via doubly fed induction generator. International Journal of Electrical Power Energy System, 2013, 53(1): 876-883.

[22] Faried S O, Unal I, Rai D, et al. Utilizing DFIG-based wind farms for damping subsynchronous resonance in nearby turbine-generators. IEEE Transactions on Power System, 2013, 28(1): 452-459.

[23] Mohammadpour H A, Ghaderi A, Mohammadpour H, et al. SSR damping in wind farms using observed-state feedback control of DFIG converters. Electric Power Systems Research, 2015, 123: 57-66.

[24] Ratna A, Pachauri R K, Chauhan Y K. Mitigation of sub-synchronous resonance in doubly fed induction generator based wind energy system//International Conference Power Electronics, Intelligent Control, and Energy System, Delhi, 2016: 1-5.

[25] Ali M T, Ghandhari M, Harnefors L. Mitigation of sub-synchronous control interaction in DFIGs using a power oscillation damper//PowerTech, Manchester, 2017: 1-6.

[26] Khalilinia H, Ghaisari J. Sub-synchronous resonance damping in series compensated transmission lines using a statcom in the common bus//IEEE PES General Meeting, Calgary, 2009: 1-7.

[27] Khalilinia H, Ghaisari J. Improve sub-synchronous resonance (SSR) damping using a STATCOM in the transformer bus//IEEE St.-Petersburg, Petersburg, 2009: 445-450.

[28] Gao X, Karaagac U, Faried S O, et al. On the use of wind energy conversion systems for mitigating subsynchronous resonance and subsynchronous interaction//IEEE Innovative Smart Grid Technologies Conference, Istanbul, 2014: 1-6.

[29] Bian X, Ding Y, Jia Q, et al. Mitigation of sub-synchronous control interaction of a power system with DFIG-based wind farm under multi-operating points. IET Generation, Transmission & Distribution, 2018, 12(21): 5834-5842.

[30] Gu K, Wu F, Zhang X P. Sub-synchronous interactions in power systems with wind turbines: a review. IET Renewable Power Generation, 2019, 13(1): 4-15.

[31] Li P, Xiong L, Wu F, et al. Sliding mode controller based on feedback linearization for damping of sub-synchronous control interaction in DFIG-based wind power plants. International Journal of Electrical Power Energy System, 2019, 107: 239-250.

[32] Pena R, Clare J, Asher G. Doubly fed induction generator using back-to-back PWM converters and its application to variable speed wind-energy generation. IEE Proceedings-Electric Power Applications, 2002, 143(3): 231-241.

[33] Chowdhury M, Mahmud M. Mitigation of subsynchronous control interaction in series-compensated DFIG-based wind farms using a nonlinear partial feedback linearizing controller//IEEE Innovative Smart Grid Technologies, Melbourne, 2016: 335-340.

[34] Chowdhury M, Mahmud M, Shen W, et al. Nonlinear controller design for series-compensated DFIG-based wind farms to mitigate subsynchronous control interaction. IEEE Transactions on Energy Conversion, 2017, 32(2): 707-719.

[35] Chernet S, Beza M, Bongiorno M. Investigation of subsynchronous control interaction in DFIG-based wind farms connected to a series compensated transmission line. International Journal of Electrical Power Energy System, 2019, 105: 765-774.
[36] Leon A, Solsona J. Sub-synchronous interaction damping control for DFIG wind turbines. IEEE Transactions on Power System, 2015, 30(1): 419-428.
[37] Ghafouri M, Karaagac U, Karimi H, et al. An LQR controller for damping of subsynchronous interaction in DFIG-based wind farms. IEEE Transactions on Power System, 2017, 32(6): 4934-4942.
[38] Yao J, Wang X, Li J, et al. Sub-synchronous resonance damping control for series-compensated dfig-based wind farm with improved particle swarm optimization algorithm. IEEE Transactions on Energy Conversion, 2019, 34(2): 849-859.
[39] Liu H, Xie X, Li Y, et al. Mitigation of SSR by embedding subsynchronous notch filters into DFIG converter controllers. IET Generation, Transmission & Distribution, 2017, 11(11): 2888-2896.
[40] Chowdhury M, Shafiullah G. SSR mitigation of series-compensated DFIG wind farms by a nonlinear damping controller using partial feedback linearization. IEEE Transactions on Power System, 2018, 33(3): 2528-2538.
[41] Wang Y, Wu Q, Yang R, et al. H_∞ current damping control of DFIG based wind farm for sub-synchronous control interaction mitigation. International Journal of Electrical Power Energy System, 2018, 98: 509-519.
[42] Li P, Wang J, Xiong L, et al. Nonlinear controllers based on exact feedback linearization for series-compensated DFIG-based wind parks to mitigate sub-synchronous control interaction. Energies, 2017, 10(8): 1182.
[43] Li P, Wang J, Wu F, et al. Nonlinear controller based on state feedback linearization for series-compensated DFIG-based wind power plants to mitigate sub-synchronous control interaction. International Transactions on Electrical Energy System, 2019, 29(1): e2628.
[44] Fan L, Miao Z. Mitigating SSR using DFIG-based wind generation. IEEE Transactions on Sustainable Energy, 2012, 3(3): 349-358.
[45] Varma R, Auddy S. Mitigation of subsynchronous oscillations in a series compensated wind farm with static var compensator//IEEE PES General Meeting, Montreal, 2006: 1-7.
[46] Golshannavaz S, Mokhtari M, Nazarpour D. SSR suppression via STATCOM in series compensated wind farm integrations//Iranian Conference on Electrical Engineering, Tehran, 2011: 1-6.
[47] Piyasinghe L, Miao Z, Khazaei J, et al. Impedance model-based SSR analysis for TCSC compensated type-3 wind energy delivery systems. IEEE Transactions on Sustainable Energy, 2015, 6(1): 179-187.
[48] Mohammadpour H, Islam M, Santi E, et al. SSR damping in fixed-speed wind farms using series FACTS controllers. IEEE Transactions on Power Delivery, 2016, 31(1): 76-86.
[49] El Moursi M, Khadkikar V. Novel control strategies for SSR mitigation and damping power system oscillations in a series compensated wind park//Annual Conference on IEEE Industrial

Electronics Society, Montreal, 2012: 5335-5342.
[50] Lv J, Dong P, Shi G, et al. Subsynchronous oscillation of large DFIG-based wind farms integration through MMC-based HVDC//International Conference on Power System Technology(POWERCON), Chengdu,2014: 2401-2408.
[51] Wang L, Xie X, Jiang Q, et al. Centralized solution for subsynchronous control interaction of doubly fed induction generators using voltage-sourced converter. IET Generation, Transmission & Distribution, 2015, 9(16): 2751-2759.

第 7 章　风电机组的阻抗重塑控制

7.1　阻抗重塑控制原理与实现方法概述

系统发生 SSSO 时，从频域阻抗的角度来看，冀北沽源 SSO 事件中双馈风电机组在振荡频率处呈现负电阻与电感串联的阻抗特性，新疆哈密 SSSO 事件中直驱风电机组在振荡频率处呈现负电阻与电容串联的阻抗特性。前者与串补交流电网(等效为电感和电容串联)、后者与不带串补的弱交流电网(等效为电感)之间的动态相互作用会导致不稳定的类 RLC 电路谐振现象，这是 SSSO 的电路机理诠释[1-3]。从这种机理出发，很自然地会想到一种化解振荡风险的思路，即通过优化或调整风电机组变流器的控制策略实现机组对外视在阻抗的重塑，使其在所关注的次/超同步频段内呈现为正电阻和/或电感特性，避免形成不稳定的类 RLC 电路谐振，进而避免 SSSO 风险。因此，阻抗重塑的基本原理是，通过改进风电机组变流器的控制规律，改造机组在关注工况下，次/超同步频率范围内等效阻抗(或导纳)的幅频和相频特性，使其具有 SSSO 免疫性或阻尼能力，从而改善风电并网系统整体的 CI 特性，避免 SSSO。

风电机组的阻抗重塑控制按照其实现方式大致可以分为以下三类。

① 调整或优化变流器控制环/参数[4,5]。分析风电机组变流器各控制环节和参数对次/超同步动态的影响规律，定位主导影响环节和参数，在不影响机组正常暂态和稳态运行特性的情况下，通过调整和优化主导控制环节、参数，改造风电机组在关注频段的阻抗特性，进而降低振荡风险或使风电机组具有振荡免疫能力。

② 阻塞滤波[6,7]。现有风电变流器控制多采用固定增益，即对于非工频动态缺乏针对性的设计，导致实际应用时，机组控制可能会在某些非工频动态中呈现非预期的负阻尼效应。阻塞滤波的原理是，在关键控制环节中设置针对特定非工频信号的陷波器，主动阻断该频带信号被控制器响应并错误调制的通道，使风电机组在外特性上对 SSSO 呈现正阻性，达到消除振荡的目的。

③ 附加阻尼控制[8-12]。类似于同步发电机的 PSS 功能，通过在风电机组变流控制中增设一个或多个阻尼控制环节，并将其输出附加到既有控制信号上，使机组在特定的次/超同步频段产生正阻尼效果，同时也可改变机组的阻抗特征。多台机组采取同样的附加阻尼控制，可整体上缓解或抑制 SSSO。

上述方式①需要在变流器控制设计中协调各种调节功能而进行综合优化设计，已有较多文献论述。以下结合实例对实现方式②和③进行讨论。7.2 节、7.3 节以冀北沽源风电系统为例介绍基于次同步陷波器和基于双馈风电机组 RSC 附加阻尼控制的阻抗重塑方法，因为该系统主要呈现 SSO。为便于与实际案例结合，采用 SSO 代替 SSSO，但需要注意的是，所论述的方法可以方便地推广到超同步频率段，进而适用于 SSSO 的防控。7.4 节以新疆哈密风电系统为例介绍基于直驱风电机组 GSC 附加阻尼控制的阻抗重塑方法。因为该系统呈现 SSSO，所以又重回到采用 SSSO 术语。同理，所论述方法也适用于仅存在 SSO 的场合。

7.2　基于次同步陷波器的阻抗重塑控制

7.2.1　工作原理

对于双馈风电-串补输电系统(如冀北沽源)，考虑次/超同步频率之间的耦合非常弱，如果忽略次要因素，则可以采用 SSO 频率对应的单输入单输出阻抗模型来分析。双馈风电-串补输电系统的阻抗模型如图 7.1 所示。系统整体的复频域阻抗模型为

$$Z_{\Sigma}(s)=Z_{\mathrm{S}}(s)+Z_{\mathrm{L}}(s) \tag{7-1}$$

式中，$Z_{\mathrm{S}}(s)$和 $Z_{\mathrm{L}}(s)$为双馈风电场和串补电网的正序复频域阻抗。

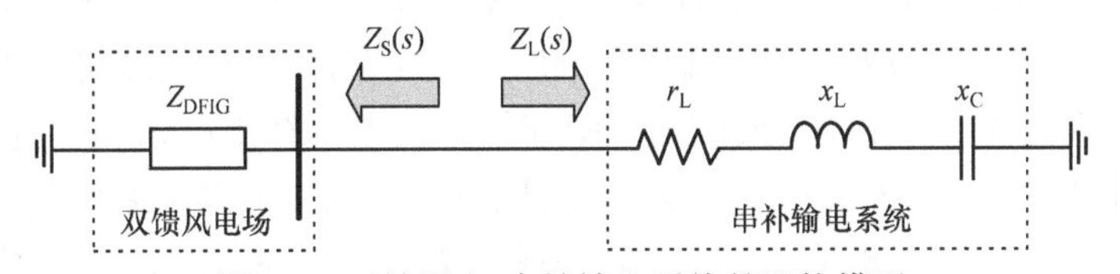

图 7.1　双馈风电-串补输电系统的阻抗模型

以冀北沽源风电系统为例，考虑 DFIG 风电机组总台数为 1700、风速为 5.1m/s 的典型工况，可计算得到系统整体的阻抗频率特性曲线(图 7.2 中实线)。可见，在其虚部(电抗)曲线上有一个频率约为 f_{s}=7.58Hz 的过零点，且电抗曲线在过零点的斜率为正，对应的等效电阻 $R_{\mathrm{r}}(f_{\mathrm{s}})$ = –0.002pu 为负。根据稳定判据，可判定系统在该频率附近存在一个不稳定的 SSO 模式。研究表明，该振荡模式是由 DFIG 与串补电网之间的 SSCI 产生的，DFIG 的变流器控制主动参与其中并提供负阻尼，进而导致系统更容易出现不稳定的 SSO 现象[1]。换言之，DFIG 的变流器控制对串补电网中 RLC 电路振荡模式的反馈调制是导致该风电 SSO 发生的关键，如果将这种相互作用或反馈调制的通道阻断，则可能大大降低，甚至消除 SSO 的风险。为达到这一目的，设想在 DFIG 变流器控制策略中设置能阻塞关注 SSO 模式信号的环节，但同时又不能影响控制系统正常稳态和暂态控制功能。一种可行的方法是

在原变流器控制的特定环节(可以是多处)嵌入窄带的次同步陷波器(subsynchronous notch filter, SNF)滤除 SSO 模式信号[6,7]，削弱甚至消除次同步 CI，进而抑制 SSO。

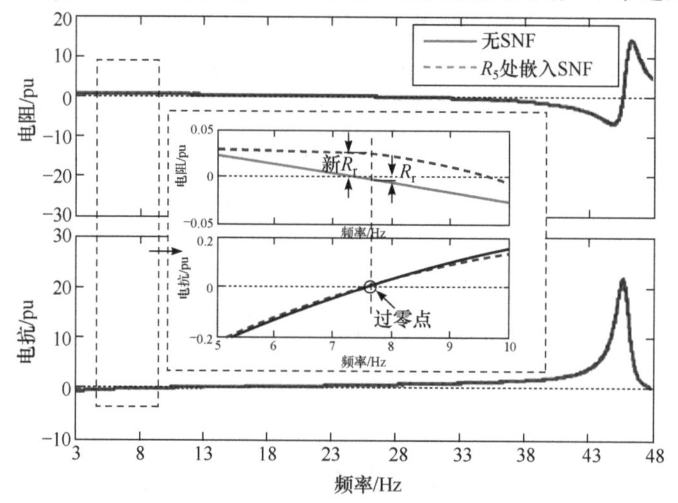

图 7.2　风电机组有/无次同步陷波器的阻抗频率特性曲线

设 DFIG 的 RSC 和 GSC 采用相似的控制结构，如图 7.3 所示。当 DFIG 中仅输出工频电流时，这些控制器保持正常运行。然而，如果电网中存在串联补偿(实际工程中，串补度一般不高于 70%)，LC 电路谐振将激发次同步频率的电流分量。当次同步电流的频率低于 DFIG 的转子电气频率时，DFIG 将在该频率上表现为一台具有负转差率的感应发电机，即经典的 IGE，进而导致从机端母线处看到的机组阻抗具有负值电阻特性。如果该负电阻能够抵消电枢绕组电阻和电网电阻之和，系统将发生不稳定的 SSO。值得注意的是，风电机组的变流器控制深度参与到 IGE 中，使其不同于传统同步发电机的 IGE 现象。深入研究表明，RSC 的内环控制对 SSO 的影响较大[1]，会在原有 IGE 导致负电阻的基础上增加一个由内环控制增益和负转差率决定的负电阻增量，可近似表示为

$$\Delta R_{\mathrm{r}} = K_{\mathrm{Pr}}/s_{\mathrm{p}} \tag{7-2}$$

式中，K_{Pr} 为 RSC 内环控制增益；s_{p} 为转差率，发生 SSO 时小于 0。

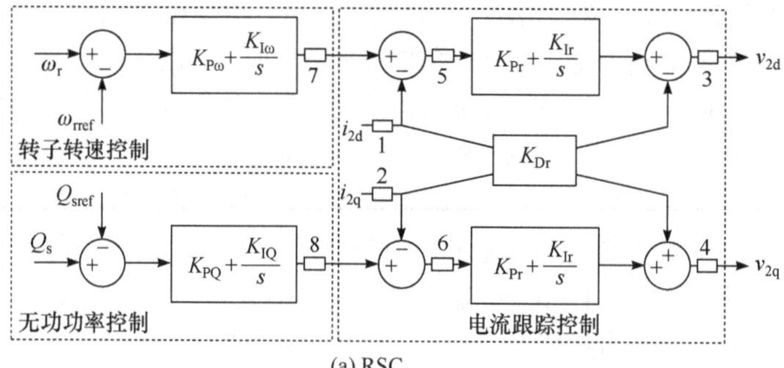

(a) RSC

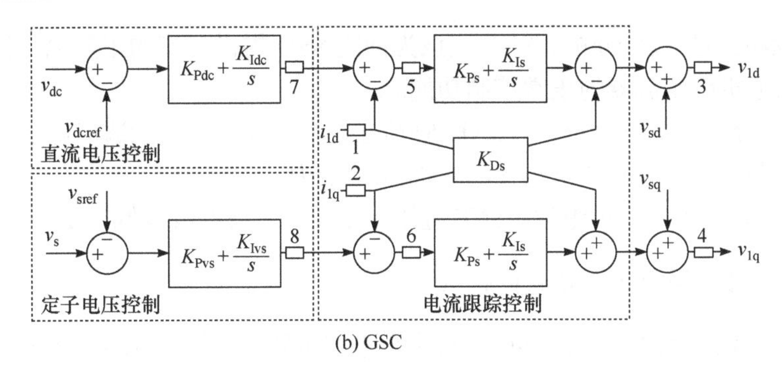

(b) GSC

图 7.3　DFIG 变流器控制策略及可能的 SNF 嵌入位置

RSC 内环控制增益 K_{Pr}一般为正数。由式(7-2)可知，当风速降低导致转子转速接近于网侧次同步电流的频率时，转差率 s_{p} 会变成一个较小的负数，对应的 ΔR_{r} 将越来越“负”，当其足以抵消系统中所有的正电阻，即系统在该频率下的总等效电阻为负，将导致不稳定的 SSO。因此，抑制 SSO 的关键是消除或者从绝对值上减小该控制导致的负电阻。由于转差率 s_{p} 直接影响工频输出，不能因 SSO 而改变其控制方式。因此，考虑调整增益 K_{Pr} 使其具有频变特性，在不改变对工频信号增益的条件下，通过调整其在次同步频率处的增益来消除或降低负电阻效应。该功能可通过在风电机组变流器控制策略中嵌入次同步陷波器实现。以上述 RSC 内环增益为例，如果考虑嵌入 SNF 时，等效增量电阻可改变为

$$\Delta R_{\mathrm{r}} = K_{\mathrm{Pr}} H(s) / s_{\mathrm{p}} \tag{7-3}$$

式中，$H(s)$为 SNF 的传递函数。

如果将 SNF 的特征频率设置为需要抑制的 SSO 频率，则在该频率处，ΔR_{r} 的绝对值将显著降低，即减弱变流器控制对 SSO 的参与作用，有利于抑制振荡。值得注意的是，SNF 不仅可以嵌入 RSC 的控制内环，还可以嵌入 DFIG 的 RSC 和 GSC 的其余控制环节中，如图 7.3 所示。

为了形象展示 SNF 方案的效果，在 RSC 控制器电流控制环入口处(图 7.3 位置 5)嵌入一个 SNF(即二阶 BSF，其特征频率设置为 SSO 频率 f_{s})。系统的阻抗频率特性曲线如图 7.2 中的虚线(R_5处嵌入 SNF)所示。可见，嵌入 SNF 可以显著提高 SSO 频率附近的系统等效电阻，并由此前的负值变为正值，从而有效消除不稳定 SSO 风险。

前面以一个简单的实例展示 SNF 方案的可行性与有效性，在实际工程应用中，选用 SNF 方案时还需要重点关注以下问题。

① 嵌入位置的优选。DFIG 的 RSC 和 GSC 控制策略中有多个控制环，相应地有多个位置可嵌入 SNF，但 SNF 的阻尼提升效果与嵌入位置密切相关，因此需要优选 DFIG 中适合嵌入 SNF 的位置。

② 阻尼提升效果分析。SNF 应该为抑制 SSO 提供足够的正阻尼，但同时不能影响风电机组变流器的正常控制功能。

③ 运行工况适应性分析。SNF 应具有良好的鲁棒性，能适应电力系统运行工况的复杂多变，确保具有较强的 SSO 阻尼能力。

④ SNF 方案的可实施性。SNF 应该易于设计，新增成本低，便于工程实施。

7.2.2 次同步陷波器嵌入位置的优选

如图 7.3 所示，RSC 和 GSC 中有多个不同位置可以嵌入 SNF。本节提出一套系统性的定量分析方法筛选最合适的嵌入位置。首先，选出 RSC 和 GSC 控制环中所有的可能嵌入位置。然后，定义一个基于位置的性能指标(location-dependent performance index，LDPI)，并计算每个可能嵌入位置对应的 LDPI，选择具有较大 LDPI 值的嵌入位置作为备选位置。最后，从备选位置中选择一个或几个位置嵌入 SNF 构成不同的 SNF 方案。

1. 可能的嵌入位置与标准 SNF

如图 7.3 所示，分别选择 RSC 和 GSC 控制器中的八个位置(图中编号为 1～8 的方框)作为可能的嵌入位置。这些位置涵盖 RSC 和 GSC 控制器中的所有信号通道。将 RSC 控制器中可能嵌入位置分别标记为 R_1，R_2，…，R_7，R_8，将 GSC 控制器中可能的嵌入位置分别标记为 G_1，G_2，…，G_7，G_8。

为简化分析，选择一个单位增益二阶 BSF 作为标准 SNF，其传递函数为

$$H(s)=\frac{s^2+\omega_{\mathrm{c}}^2}{s^2+2\pi Bs+\omega_{\mathrm{c}}^2} \tag{7-4}$$

式中，ω_{c}为待阻塞的特征频率；B 为带宽。

考虑典型工况，在静止 abc 坐标中，沽源风电系统 SSO 频率约为 7.58Hz。考虑 DFIG 变流器控制一般基于同步 dq 坐标系设计，标准 SNF 的关键参数可设置为 $\omega_{\mathrm{c}}=2\pi(50-7.58)=2\pi\cdot 42.42\mathrm{rad/s}$ ，$B=5\mathrm{Hz}$。

2. 基于嵌入位置的性能指标 LDPI

应用 SNF 方案需要满足两个基本要求，一是尽量增强系统阻尼以消除 SSO 风险，二是尽量降低对 DFIG 正常控制功能的影响。在频域分析中，可通过观察 SNF 嵌入后对系统阻抗频率特性的影响分析 SNF 是否满足这两个要求。

仍以前述典型工况为例进行分析。图 7.2 中实线代表无 SNF 时系统的阻抗频率特性，虚线代表在 RSC 控制器位置 5 处嵌入一个 SNF 后系统的阻抗频率特性。可见，总体上嵌入 SNF 对系统阻抗特性有轻微的影响。对关注的 5～10Hz 局部

曲线进行放大后可见，SNF 会显著改变 SSO 频率附近的阻抗特性。等效电抗曲线的过零点频率 f_s 由 7.58Hz 下降为 7.51Hz，变化不大。关键是，SNF 显著提高了 f_s 处的等效电阻，使其由负变正，表明嵌入 SNF 后能够有效镇定不稳定的 SSO 模式。

图 7.4 所示为图 7.2 中两条阻抗频率特性曲线的电阻增量。可见，在$[f_s - B/2, f_s + B/2]$频率范围内，ΔR 是一个相对较大的正值，这非常有利于抑制 SSO。然而，SNF 的嵌入也改变了其他频段内的等效电阻。因此，为了评估 SNF 增强系统 SSO 阻尼而不影响风电机组正常运行的性能，定义一个量化指标，即阻尼扰动比(damping versus disturbance ratio，DDR)，即

$$
\mathrm{DDR}=\frac{S_1/B}{S_2/(f_{\max}-f_{\min}-B)}
$$

$$
\begin{cases}
S_1=\displaystyle\int_{f_s-B/2}^{f_s+B/2}(w\cdot\Delta R)\,\mathrm{d}f, \quad w=1-\left|f-f_s\right|/(B/2) \\
S_2=\displaystyle\int_{f_{\min}}^{f_s-B/2}\left|\Delta R\right|\,\mathrm{d}f+\int_{f_s+B/2}^{f_{\max}}\left|\Delta R\right|\,\mathrm{d}f
\end{cases}
\tag{7-5}
$$

式中，面积 S_1 为$[f_s - B/2, f_s + B/2]$频率范围内电阻增量的加权面积；w 为权重；面积 S_2 为电阻增量绝对值$|\Delta R|$在其他频率上的面积；$f_{\min}$= 3Hz 和 $f_{\max}$= 48Hz 为关注频段的频率下限和频率上限。

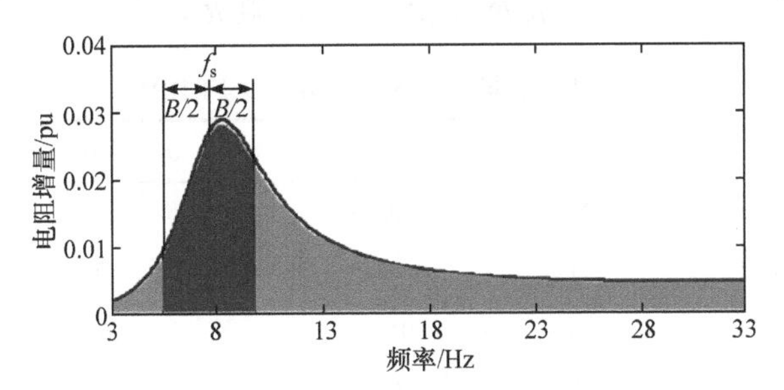

图 7.4　嵌入 SNF 后系统的等效电阻增量

由式(7-5)可知，在计算面积 S_1 时，不同频率处具有不同的权重 w。在频率 $f=f_s$ 处，权重 w 最大，设 w=1，希望在该频率处提供最强的阻尼。如果频率距离过零点频率 f_s 越远，则相应权重越小，越不重要。当频率 $f= f_s \pm B/2$ 时，权重 w=0。因此，面积 S_1 表征 SNF 阻尼 SSO 的性能。如果 S_1>0，说明配置在该位置的 SNF 对抑制 SSO 具有积极作用；反之，SNF 将恶化 SSO 阻尼。类似地，面积 S_2 用于表示 SNF 对风电机组正常动态的影响。面积 S_2 越小，SNF 对机组正常动态的影响越小。DDR 是通过计算单位频率上平均面积 S_1 与平均面积 S_2 之比得到的。因此，DDR 能够描述 SNF 阻尼 SSO 同时不干扰正常控制动态的性能。DDR 越大，

SNF 的性能越好。

系统运行工况的变化将导致振荡频率的变化，为适应运行工况的变化，SSO 阻尼或者系统等效电阻需要在振荡频率的变化范围内保持为较大的正值。典型地，考虑频率范围为[$f_s-0.5$，$f_s+0.5$]时，基于 DDR 概念定义一个基于位置的性能指标(LDPI)，评估某个位置是否适合嵌入 SNF，即

$$\text{LDPI}=\begin{cases}\text{DDR}\times\sigma_s, & f\in[f_s-0.5, f_s+0.5], \quad \sigma(f)>0 \\ -1, & f\in[f_s-0.5, f_s+0.5], \quad \sigma(f)<0\end{cases} \tag{7-6}$$

式中，σ_s为嵌入 SNF 后系统的 SSO 阻尼。

由式(7-6)可知，如果将一个标准 SNF 嵌入 DFIG 变流器控制中的某个位置，存在$f\in[f_s-0.5, f_s+0.5]$，使阻尼$\sigma(f)<0$，LDPI 将被设置为−1，表明这个位置不可行；否则，将 LDPI 定义为 DDR 与σ_s的乘积。可见，LDPI 越大，该位置越适合嵌入 SNF。因此，通过计算不同位置的 LDPI，可以筛选出最合适的嵌入位置。

3. 基于 LDPI 的嵌入位置优选

采用式(7-4)中的标准 SNF，可以计算出图 7.3 中各个位置的 LDPI，结果如表 7.1 所示。其中，R_k、G_k(k=1，2，…，8)表示 RSC、GSC 控制策略中的位置 k，R_k&G_k表示在 R_k、G_k对应的位置同时设置 SNF，即配置两个 SNF。表中给出了过零点频率f_s、阻尼 σ_s和在频率f_s处的系统等效电阻 R_r。

表 7.1 不同位置嵌入 SNF 时的 LDPI

位置	f_s/Hz	σ_s/s^{-1}	R_r/pu	$\sigma(f_s\pm0.5\text{Hz})>0$	LDPI
无 SNF	7.58	−0.17	−0.0020	否	−1
R_1	7.84	2.08	0.0213	是	1.35
R_2	8.17	−0.72	−0.0072	否	−1
R_3	7.88	1.60	0.0154	是	0.06
R_4	7.87	0.62	0.0061	否	−1
R_5	**7.51**	**2.50**	**0.0249**	是	**1.92**
R_6	7.59	0.96	0.0101	是	0.28
R_7	7.55	−0.14	−0.0016	否	−1
R_8	7.58	−0.01	−0.0001	否	−1
G_1	6.95	−0.79	−0.2695	否	−1
G_2	7.75	−0.69	−0.0100	否	−1
G_3	7.30	0.35	0.0060	否	−1

续表

位置	f_s/Hz	σ_s/s^{-1}	R_r/pu	$\sigma(f_s\pm0.5\text{Hz})>0$	LDPI
G_4	7.45	–0.45	–0.0063	否	–1
G_5	7.59	0.62	0.0125	否	–1
G_6	7.55	–0.15	–0.0022	否	–1
G_7	7.59	1.09	0.0114	是	1.11
G_8	7.54	–0.21	–0.0024	否	–1
R_1&R_6	7.88	3.75	0.0325	是	2.06
R_3&R_6	7.97	3.46	0.0303	是	0.33
R_5&R_6	7.52	4.04	0.0369	是	3.07
R_1&G_7	7.93	3.56	0.0310	是	2.72
R_3&G_7	7.97	2.82	0.0250	是	0.15
R_5&G_7	**7.57**	**4.45**	**0.0389**	是	**4.69**
R_6&G_7	7.60	2.45	0.0237	是	1.17

可见，无 SNF 时，系统的 SSO 模式阻尼为负，即存在不稳定的 SSO 现象。如果将一个 SNF 嵌入位置 R_1、R_3～R_6、G_3、G_5、G_7，在频率 f_s 处 σ_s/R_r 将变为正值，表示嵌入 SNF 能够抑制不稳定的 SSO。然而，R_4、G_3 和 G_5 处的 SNF 不能满足不等式 $\sigma(f_s\pm0.5\text{Hz})>0$。也就是说，这些 SNF 方案的鲁棒性较差，在系统工况变化时可能出现 SSO 不稳定的情况。因此，根据式(7-6)，它们的 LDPI 设置为–1。综上所述，优选出的可行嵌入位置是 R_1、R_3、R_5～R_7。其中，R_5 具有最大的 LDPI，是最适合嵌入 SNF 的位置。

4. 同时嵌入多个 SNF 的方案与推荐方案

从理论和实践角度，可以同时嵌入两个或多个 SNF 构成组合 SNF 方案。首先，分析同时嵌入两个 SNF 的组合方案。嵌入两个 SNF 方案的基本原则是它们应嵌入不同的控制环。因此，筛选出七种组合 SNF 方案，并评估它们的性能指标(表 7.1)。可见，在 R_5&G_7 处配置的组合 SNF 方案具有最高的 LDPI。然后研究同时配置三个 SNF 的组合方案，尽管该方案比两个 SNF 方案多一个 SNF，但仅轻微提高 SSO 阻尼性能。因此，实际应用时为便于实施，一般不推荐采用多于 2 个 SNF 的方案。

表 7.1 中的分析结果是基于系统典型工况计算得到的。在不同系统工况下，重新开展上述分析，结果表明在不同工况下，这些位置的 LDPI 在数值上稍有不同。然而，得到的最合适嵌入位置基本一致，即当仅嵌入一个 SNF 时，推荐嵌入

位置是 R_5；当同时嵌入两个 SNF 时，推荐嵌入位置是 $R_5\&G_7$。

图 7.5 所示为不同 SNF 方案时的阻抗频率特性曲线。具体包含四种方案，即无 SNF、R_5 处嵌入 SNF、$R_5\&G_7$ 处嵌入 SNF 和 $R_3\&G_4$ 处嵌入 SNF。可见，当在风电机组控制器的电压输出中嵌入两个 SNF 后(即在 $R_3\&G_4$ 处嵌入 SNF)，电抗过零点频率变为 8.58Hz，导致过零点频率处的等效电阻非常小，即该方法不如上述推荐方案的阻尼能力强。与采用 R_5 方案相比，采用 $R_5\&G_7$ 方案时系统的等效电阻更大，表明该方案能为系统提供更强的 SSO 阻尼。

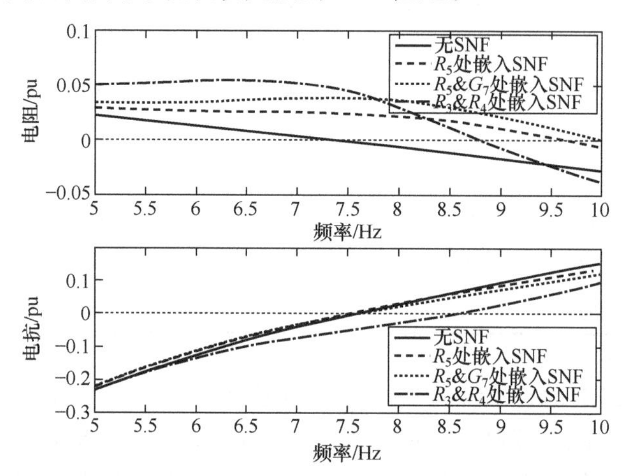

图 7.5　不同 SNF 方案时的阻抗频率特性曲线

7.2.3　次同步陷波器的设计

1. 设计步骤

筛选出适合嵌入 SNF 的位置后，需要合理设计 SNF 参数来获得良好的控制性能。SNF 仍然采用式(7-4)中的二阶 BSF，需要设计的参数主要包括特征频率 ω_c 和带宽 B。参数设计步骤如下。

① 分析目标系统的 SSO 特性，明确各种运行工况下 SSO 频率的变化范围。

② 搜集实际 SSO 事故的录波数据，分析实际事故中 SSO 频率的变化情况，验证上述理论分析结果。

③ 基于上述信息，合理设计 SNF 参数以使系统在各种运行方式下保持稳定。

④ 开展理论分析和电磁暂态仿真，验证所提方案的有效性。

2. SNF 参数设计

如第 4 章所述，沽源系统的 SSO 特性受多种因素的影响，如电网拓扑、DFIG 控制结构和参数、风速和并网风电机组台数等。然而，与 SNF 参数设计密切相关的特性是 SSO 频率的变化范围。因此，需要仔细分析图 7.1 所示的系统随下列参数变化时，SSO 频率的变化情况。

① 输电线路或串补装置投退引起的电网拓扑变化。

② DFIG 控制参数变化。

③ 风速变化导致的 DFIG 运行工况变化。

④ 在线风电机组数目变化。在每种运行工况下，分析并记录目标系统的 SSO 阻尼和频率。

图 7.6 所示为目标系统的 SSO 特性(模型分析结果)。可见，SSO 阻尼的三维图被零阻尼平面截为上下两部分。如果 SSO 阻尼在零阻尼平面上方，说明系统 SSO 稳定；否则，系统存在不稳定 SSO 风险。如图 7.6(a)所示，当并网风电机组台数高于 860 台，且风速低于 5.2m/s 时，系统将出现不稳定的 SSO 模式。如图 7.6(b)所示，随着并网风电机组台数的增加，SSO 频率逐渐升高，但风速变化对 SSO 频率的影响较小。对系统中不稳定 SSO(即阻尼为负)的工况进行统计，其频率范围为 6.17～8.42Hz。

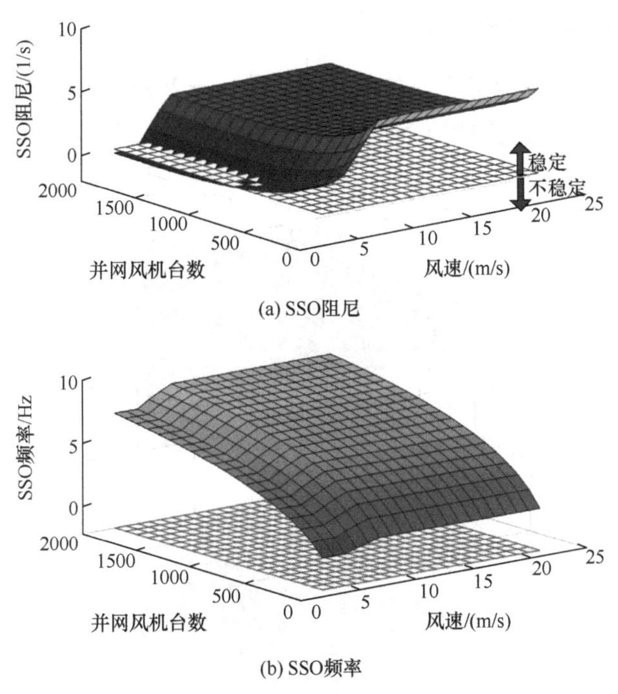

(a) SSO阻尼

(b) SSO频率

图 7.6　目标系统的 SSO 特性(模型分析结果)

为了验证模型分析的结果，搜集并整理实际 SSO 事故的现场录波数据。从 2012 年 12 月～2013 年 7 月，沽源系统共发生 30 余次 SSO 事故，各次事故的频率统计如图 7.7 所示。可见，SSO 频率的变化范围为 6.5～8.3Hz。

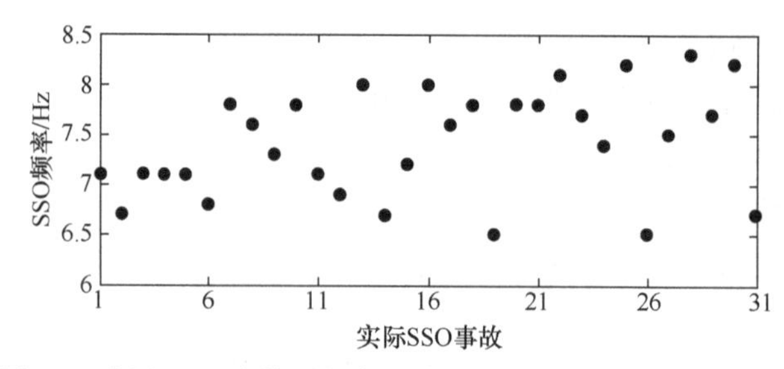

图 7.7　实际 SSO 事故的频率统计(2012 年 12 月~2013 年 7 月)

在设计 SNF 的特征频率 ω_c 时，需要综合考虑模型分析和事件录波的 SSO 频率变化范围。对系统(沽源风电系统)的模型分析而言，SSO 频率变化范围为 6.17～8.42Hz，中位数为 7.3Hz。实测振荡事件的频率中位数是 7.4Hz，两者十分接近。因此，dq 坐标下风电机组控制器中嵌入 SNF 的特征频率应设置为 7.4Hz 的互补频率，即 $\omega_c = 2\pi \cdot (50 - 7.4) = 267.664$ rad/s 。SNF 的带宽 B 应能覆盖 SSO 频率的变化范围。结合上述分析，将带宽设置为 5Hz。

3. 基于阻抗模型的抑制效果分析

在 R_5 和 G_7 嵌入具有如下参数的 SNF，即 $\omega_c = 267.664$rad/s 和 $B = 5$Hz。采用基于阻抗模型的分析方法评估 SNF 嵌入系统的 SSO 特性。如图 7.8 所示，两种

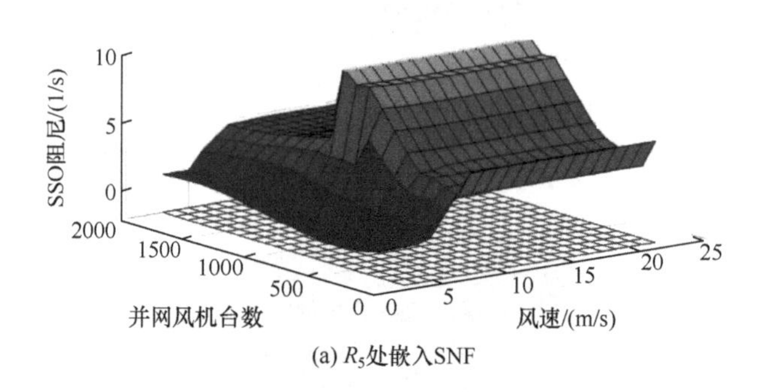

(a) R_5处嵌入SNF

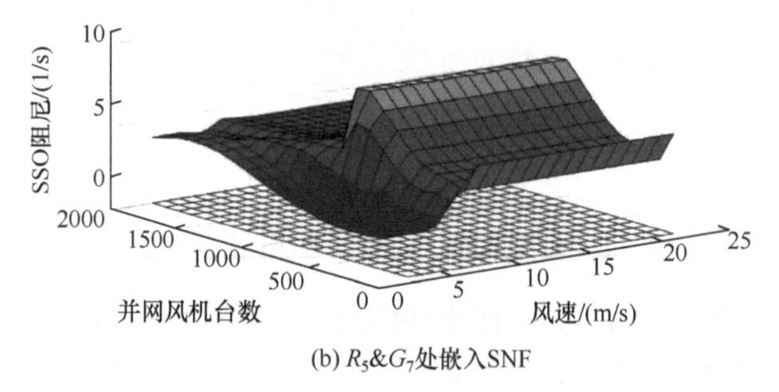

(b) R_5&G_7处嵌入SNF

图 7.8　采用 SNF 方案时目标系统的 SSO 阻尼特性

SNF 方案均能使系统在所有运行方式下保持 SSO 稳定。对于两种方案而言，所有运行工况下的最弱阻尼分别为 0.86s^{-1} 和 1.15s^{-1}。相比较而言，后者能够提供更强的阻尼效果。

7.2.4 控制效果分析

本节在图 4.22 所示的冀北沽源风电系统等效模型上对提出的 SNF 方案进行分析验证，将 R_5 和 R_5&G_7 两种方案应用于六个聚合双馈风电场，采用阻抗分析法得到风速为 4m/s 和 6m/s 两种情况时的 SSO 阻尼。如图 7.9 所示，两种 SNF 方案均能有效增强 SSO 阻尼，使总阻尼为正值，系统稳定。此外，可以发现 R_5&G_7 方案比 R_5 方案具有更好的阻尼效果。

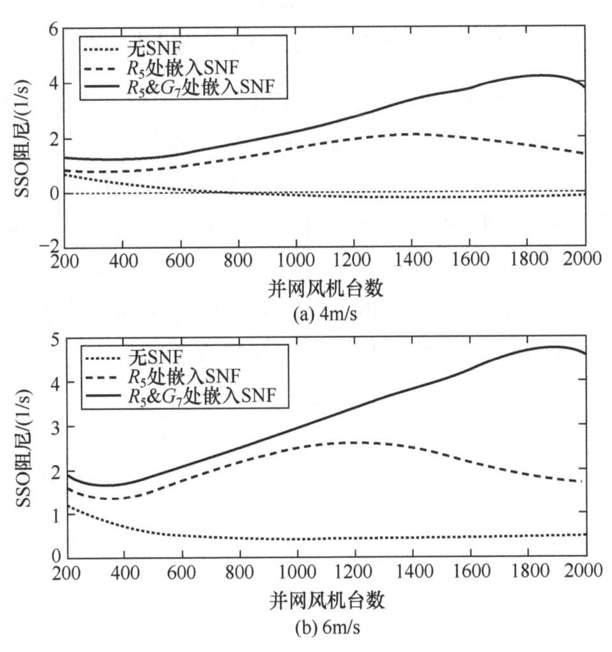

图 7.9　不同风速情况下系统的 SSO 阻尼

进一步，基于 PSCAD/EMTDC 电磁暂态仿真来验证阻抗分析的结果。设置风速为 4m/s，初始时，沽源-汗海线路的固定串补未投入运行，在 3s 时，投入线路串补。如图 7.10 所示，无 SNF 时，固定串补投入后，系统将出现次同步电流分量，且该分量逐渐振荡发散。当采用 R_5 方案和 R_5&G_7 方案时，串补投入所激发的振荡被很快阻尼，可以保证系统 SSO 稳定。由此可知，R_5&G_7 方案能够提供更好的阻尼效果，使次同步电流分量衰减得更快。时域仿真与阻抗分析的结果一致，表明 SNF 方案能有效消除 SSO 风险。

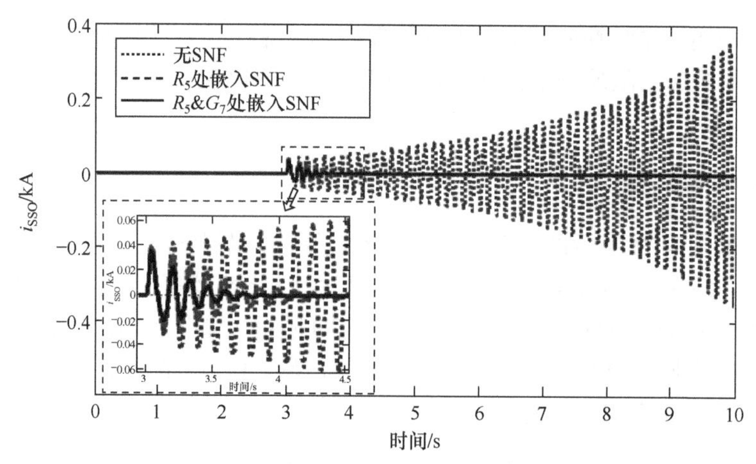

图 7.10　不同 SNF 方案时系统的次同步电流动态

通过电磁暂态仿真研究 SNF 方案对 DFIG 正常运行动态的影响，3s 时，将风速由 6m/s 阶跃升高为 8m/s。由此可知，在这种工况下，即使不安装 SNF，系统也能保持稳定运行，因此该工况专门用于研究 SNF 对 GSC 和 RSC 正常控制功能的影响。GSC 和 RSC 控制器输出动态如图 7.11 和图 7.12 所示。可见，SNF 对控制器 d 轴控制信号 v_{1d} 和 v_{2d} 影响很小。由于 R_5 方案和 R_5&G_7 方案中，SNF 仅嵌入控制器的 d 轴控制环中，因此 SNF 方案对控制器 q 轴控制信号 v_{1q} 和 v_{2q} 基本没影响。进一步分析表明，d 轴控制信号的轻微改变实际上是由改善 SSO 性能引

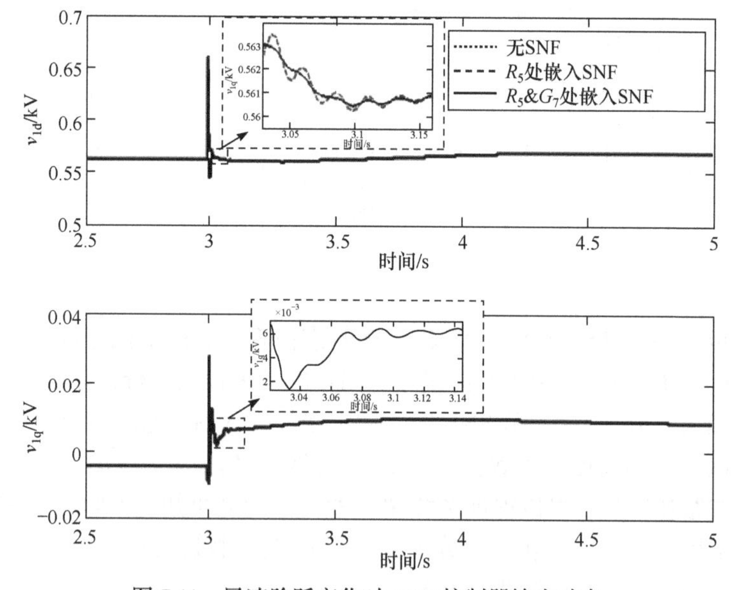

图 7.11　风速阶跃变化时 GSC 控制器输出动态

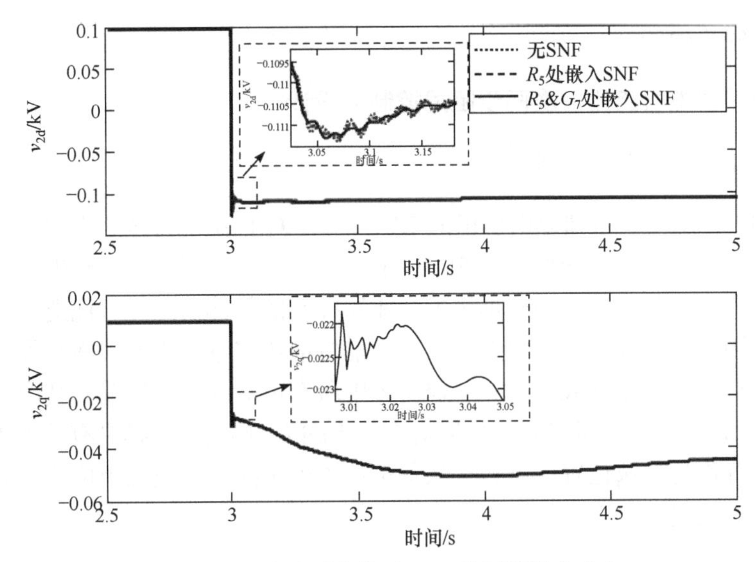

图 7.12　风速阶跃变化时 RSC 控制器输出动态

起的动态。因此，可推断设计的 SNF 不会对 DFIG 的正常控制功能产生不利影响。

7.3　双馈风电机组基于 RSC 附加阻尼控制的阻抗重塑

7.3.1　基本原理和主要特点

在双馈风电集群-串补输电系统中，双馈风电机组变流器控制对次同步动态特性有显著影响。可在变流器控制中增加适当设计的附加 SSDC 实现风电机组阻抗特性的重塑，进而提升 SSO 阻尼能力。SSDC 的原理类似于同步发电机的 PSS，即在原控制策略中增设一个阻尼控制环节，选择合适的反馈输入信号和附加位置，设置恰当的控制参数，通过改变风电机组在所关注次同步频段的阻抗特性，产生正阻尼效果，提升风电机组的振荡阻尼能力。

SSDC 具有如下主要特点。

① 通过在风电机组变流器已有控制策略中附加次同步阻尼控制环，能够有效增强 SSO 阻尼，同时对机组的稳态、暂态和动态特性影响较小，提升机组在复杂多变工况下次同步动态的稳定性。

② 原理清晰、实现简单、响应速度快、振荡抑制能力强，具有较高的工程实用价值。

③ 通常基于风电机组已有控制器硬件实现，仅需升级控制软件，成本较低。但是，对于已经投运的风电机组而言，软件升级需要有充分的实测验证，并将导

致短时的停机损失。

7.3.2　双馈风电机组附加次同步阻尼控制的设计

1. SSDC 附加位置选择

如图 7.3 所示，双馈风电机组的 RSC 和 GSC 控制中有多个不同位置可以附加信号。理论上，它们均可作为 SSDC 的附加位置。不同位置将产生不同的阻尼提升效果，在实际应用中需根据风电变流器控制的具体情况进行优选。

与次同步陷波器的位置优选类似，可借鉴前述定量分析方法筛选最合适的附加位置。首先，选出 RSC 和 GSC 控制环中所有可能的附加位置。其次，定义一个 LDPI，并计算每个可能附加位置对应的 LDPI。再次，选择具有较大 LDPI 值的附加位置作为备选位置。最后，从备选位置中选择一个或几个位置作为 SSDC 输出注入的位置。

2. SSDC 输入信号选择

SSDC 输入信号优选的主要目标是，能够为 SSO 模式提供更强的正阻尼，同时尽量不影响机组其他频段的稳态、暂态和动态特性。双馈风电机组控制可以采集的变量包括转子转速 ω_r，输出功率 P_s、Q_s 和转子电流 i_d、i_q 等。但是，不同变量中 SSO 模式的可观性不同，SSDC 输入信号应优选那些可观性较好的变量，以便于有效提取 SSO 模式信息，增强阻尼控制效果。前述基于状态方程(特征值分析)和基于阻抗网络模型分析(频域模式分析)的方法均可用于计算各变量对所关注 SSO 模式的可观性和灵敏度等量化指标，基于这些指标可优选出控制效果好、获取成本低的输入信号。

3. SSDC 控制策略设计

SSDC 的主要目标是优化风电机组在次同步频段的阻抗特性，提升机组 SSO 阻尼能力，能够实现上述目标的控制结构和策略均可作为 SSDC。其实现不唯一，需根据具体机组及其应用场景进行定制化设计。

本节以图 7.13 所示的控制结构为例阐述 SSDC 的设计。它主要由三部分组成，即 SSO 模式的信号提取模块、信号处理模块和限幅模块。

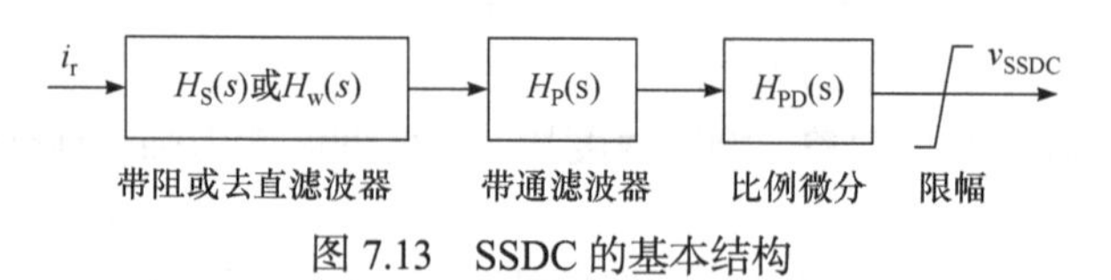

图 7.13　SSDC 的基本结构

(1) 信号提取模块的主要作用是，筛选出关注的 SSO 模式信号，同时滤除系统额定频率(对应 abc 坐标下 50Hz 交流和 dq 坐标下直流)信号，以免影响变流器的正常控制功能。

(2) 信号处理模块的主要作用是，对已提取 SSO 信号的幅值和相位进行校正，即放大和移相，实现 SSO 阻尼控制效果。

(3) 限幅模块的主要作用是，限制 SSDC 输出信号的幅值，以免发生超调或影响其他控制功能。

SSDC 中各典型环节的传递函数如下。

(1) 典型 BSF 的传递函数 $H_S(s)$为

$$H_S(s)=\frac{1+(s/\omega_S)^2}{1+2\zeta_S s/\omega_S+(s/\omega_S)^2} \tag{7-7}$$

式中，ω_S 为工频；ζ_S 为阻尼系数。

在 abc 坐标下，该环节为 BSF，中心频率 ω_S 设置为电力系统工频，属于固定参数；阻尼系数 ζ_S 建议取 0.5，或根据阻塞工频信号的需求进行调整。在 dq 坐标系下，需要阻塞直流信号，将该滤波器改为特征频率为数赫兹(如 3Hz)的高通滤波器，如以下一阶去直环节，当然也可采用二阶高通滤波器。

(2) 典型去直或高通滤波器的传递函数 $H_w(s)$为

$$H_w(s)=\frac{sT_w}{1+sT_w} \tag{7-8}$$

式中，T_w 为时间常数。

(3) 典型 BPF 的传递函数 $H_P(s)$为

$$H_P(s)=\frac{2\zeta_P s/\omega_P}{1+2\zeta_P s/\omega_P+(s/\omega_P)^2} \tag{7-9}$$

式中，ω_P 为待获取的次同步信号频率；ζ_P 为阻尼系数。

对该环节而言，频率 ω_P 应根据目标系统的 SSO 频率范围进行优选。基本思路是，通过基于阻抗模型的频率扫描技术分析目标系统的次同步动态特性，获取 SSO 频率范围，或者统计目标系统实际发生 SSO 事件的频率范围，从上述 SSO 频率范围内优选某个频率值作为 ω_P。阻尼系数 ζ_P 的选择与关注的 SSO 频率变化范围相关，若 SSO 频率变化范围较大，ζ_P 建议选择较大的数值，对应较大的带宽；反之，应选择较小的数值，对应较小的带宽。

(4) 典型比例微分环节的传递函数 $H_{PD}(s)$为

$$H_{PD}(s)=K_{PC}+sK_{DC} \tag{7-10}$$

式中，K_{PC} 表示比例增益；K_{DC} 表示微分增益。

比例微分控制环节的输出信号与输入信号大小及其对时间的微分(输入信号变化速度)成正比，能够实现超前调节。比例微分环节参数的选择非常关键，因为其输出决定添加到双馈风电机组变流器中的控制信号幅值和相位。针对目标系统，考虑该系统可能的运行工况，采用优化算法对比例和微分增益(K_{PC}和K_{DC})进行优化设计，使设计的控制参数能够适应多种运行工况，并保持足够的阻尼能力。

(5) 限幅模块为

$$v_{SSDC}=\begin{cases} v_{SSO}^{max}, & v_{SSO\text{-}in}>v_{SSO}^{max} \\ v_{SSO\text{-}in}, & v_{SSO}^{min}\leqslant v_{SSO\text{-}in}\leqslant v_{SSO}^{max} \\ v_{SSO}^{min}, & v_{SSO\text{-}in}<v_{SSO}^{min} \end{cases} \tag{7-11}$$

式中，v_{SSO}^{max}和v_{SSO}^{min}为限幅环节的上限和下限；$v_{SSO\text{-}in}$为 SSDC 的输入信号；v_{SSDC}为 SSDC 的输出信号。

对该环节而言，需根据双馈风电机组变流器的运行约束和开关元件耐压水平选择合适的限幅参数。SSDC 输出的附加信号与风电机组正常的控制信号叠加后不应影响机组的正常工作或超出变流器的耐压极值。

由图 7.13 可知，当风电机组进入稳态运行时，由于 BSF 或去直高通滤波器的作用，SSDC 输出接近 0，因此可避免在次同步频率以外的准稳态、慢动态或高频动态过程中影响风电机组的运行特性。

综上，对应工频信号的频率ω_S、阻尼系数ζ_S是相对固定的参数；频率ω_P、阻尼系数ζ_P、时间常数T_w需根据目标系统的 SSO 频率范围进行优选；对于比例和微分增益(K_{PC}和K_{DC})，需考虑目标系统所有可能运行工况，采用优化算法，如遗传算法-模拟退火(genetic algorithm and simulated annealing，GASA)，对其进行优化设计[13]。当然，对于此类优化设计问题，还有其他的启发式搜索算法同样可用。

7.3.3　应用案例与控制效果分析

1. 冀北沽源风电机组的 SSDC 设计

1) SSDC 附加位置选择

由第 4 章分析可知，RSC 内环电流跟踪控制对风电机组 SSO 特性影响最大，因此可考虑将 SSDC 加入 RSC 控制中，以提升双馈型风电机组抑制 SSO 的能力。采用基于 LDPI 的最优位置选取方法，具体过程不再重复，选定在双馈风电机组 RSC 电流跟踪控制环节上附加 SSDC，如图 7.14 所示。从结构上看，SSDC 与 RSC 的d轴和q轴比例积分电流控制环节并联，SSDC 的输出信号附加到 RSC 控制输出的电压信号中。

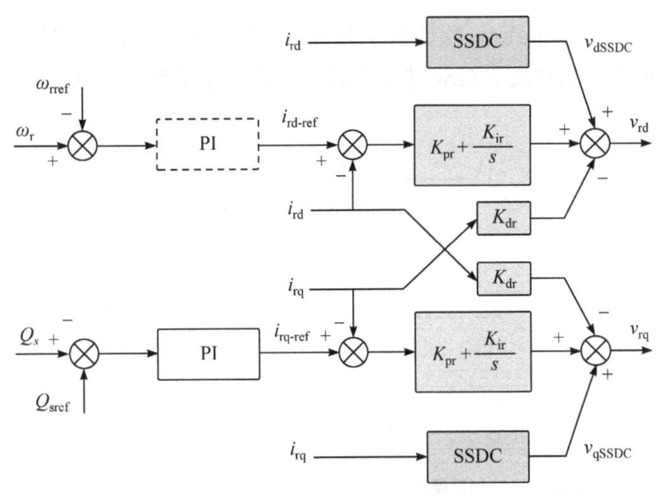

图 7.14 带有 SSDC 的双馈风电机组 RSC 控制结构

2) SSDC 输入信号选择

同样依据第 4 章的分析结果，双馈风电机组转子侧电流 i_{rd} 与 i_{rq} 直接参与 SSO 过程，理论分析和故障录波分析均表明它们包含充足的 SSO 信息，具有较好的可观性，选择这两个变量作为 SSDC 的 d 轴和 q 轴输入反馈信号。

3) SSDC 参数设计

SSDC 采用图 7.13 所示的控制结构，各控制环节参数的设计过程如下。

① 在 dq 坐标下，选用去直高通滤波器。经综合评估，时间常数 T_w 选择为 1s。

② BPF。由图 7.7 可知，沽源风电系统发生的 30 余次 SSO 事故中，振荡频率变化范围在 6.5Hz 到 8.3Hz 之间，中位数是 7.4Hz，变化范围不大，因此选取中心频率 ω_p 和阻尼因子 ζ_p 分别为 2π×7.4rad/s 和 0.5。

③ 比例微分环节。充分考虑系统的潜在工况，选取的边界运行条件为风速变化范围为 4～12m/s，在运风电机组百分比为 10%～100%，线路等效串补度为 40%～70%。在该运行边界内，选取 360 种工况作为运行方式集，并采用 GASA 对比例微分环节的参数进行优化设计，得到的比例和微分增益分别为 K_{PC}=1.05 和 K_{DC}=9.85。

2. 基于 RT-LAB 硬件在环仿真的控制效果分析

为了验证上述双馈风电机组阻抗重塑控制方法的有效性，在 RT-LAB 硬件在环实验平台上开展测试工作。硬件在环仿真是指将被控制对象用实时仿真模型模拟，外部控制器通过 I/O 板卡接入仿真模型，经过信号转换，实现实际控制器控制仿真模型。由于回路中接入了实物控制器，仿真系统实时工作，因此置信度较高，被广泛应用于工程研究领域。

RT-LAB 硬件在环仿真的原理示意图如图 7.15 所示。它主要由三部分组成，即安装有 MATLAB/Simulink 软件的工作站、RT-LAB 实时仿真器、控制器硬件，包括 RSC 控制器与 SSDC、GSC 控制器和 PWM 信号产生模块。

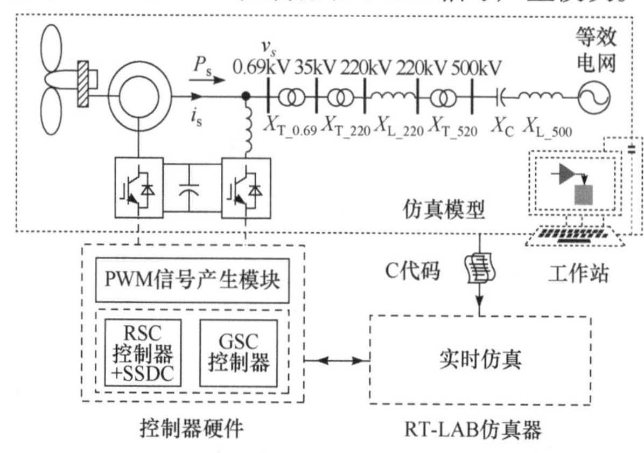

图 7.15　RT-LAB 硬件在环仿真的原理示意图

RT-LAB 硬件在环仿真的工作流程如下。首先，在工作站 MATLAB/Simulink 软件中建立冀北沽源风电系统的简化仿真模型。其次，编译仿真模型、生成相应的 C 代码，然后通过以太网传输到 RT-LAB 实时仿真器。再次，连接好控制器硬件后启动仿真，闭环运行时控制器硬件采集 RT-LAB 仿真器生成的电量信号，执行实时控制策略，生成相应的 PWM 驱动信号，驱动 RSC 和 GSC，对系统扰动做出响应。最后，完成对特定场景的闭环仿真后得到时域数据，供进一步分析和校验控制系统的效果。

图 7.16 所示为 RT-LAB 硬件在环仿真平台，左边为 RT-LAB 仿真器机柜，右

图 7.16　RT-LAB 硬件在环仿真平台

边为控制器硬件机柜。后者包含采样单元、变流器控制器、PMW 信号发生模块和示波器等。采样单元以 4 kHz 的频率对实时仿真器输出的模拟信号进行采样。变流器控制器包括 RSC 和 GSC 控制器。SSDC 控制被集成到 RSC 控制器中。

在上述硬件在环测试平台中，只对某台风电机组采用真实的硬件控制器。为了模拟多台风电机组的情况，需要在电网侧进行必要的等值。例如，仿真 n 台同型风电机组接入同一母线的情况，则可用一台风电机组将该母线到系统侧的阻抗放大 n 倍来等效。

考虑如下典型工况，即并网风电机组台数 n 为 1000，风速为 6m/s，等效串补度对应冀北沽源风电系统的实际情况。仿真过程如下，初始串补未投入，3.2s 串补投入，3.7s 时 RSC 中的 SSDC 投入。图 7.17 所示为双馈风电机组定子电流波形。可见，在串补未投入时，风电并网系统保持稳定运行，在 3.2s 串补投入后，系统出现不稳定 SSO，但在 3.7s RSC 中的 SSDC 投入后，振荡逐渐衰减直至消失。

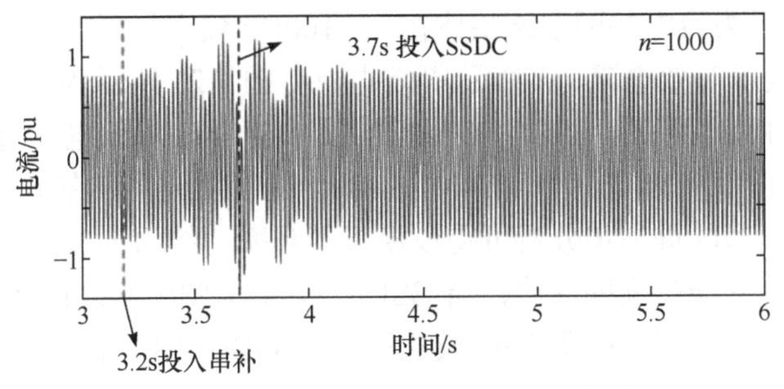

图 7.17　双馈风电机组定子电流波形

图 7.18(a)所示为风电机组定子电流在 3.2～3.7s 的频谱分析结果。可见，电流中不仅包含工频分量，还包含幅值较大的次同步频率电流分量，其频率约为 6.3Hz。3.7～4.5s 定子电流的频谱分析结果见图 7.18(b)。可见，SSO 已被有效抑制，对应电流分量基本消失，证明 SSDC 抑制 SSO 的有效性。图 7.19 所示为 RSC d 轴 SSDC 输出信号。可以看出，SSDC 在 t=3.7s 投入时开始注入补偿电压信号，附加控制电压 v_{dSSDC} 主要包含与 SSO 频率(6.3Hz)互补的 43.7Hz 频率分量。

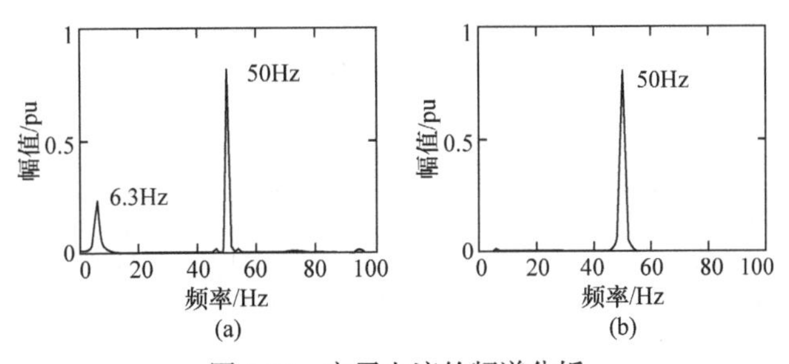

图 7.18　定子电流的频谱分析

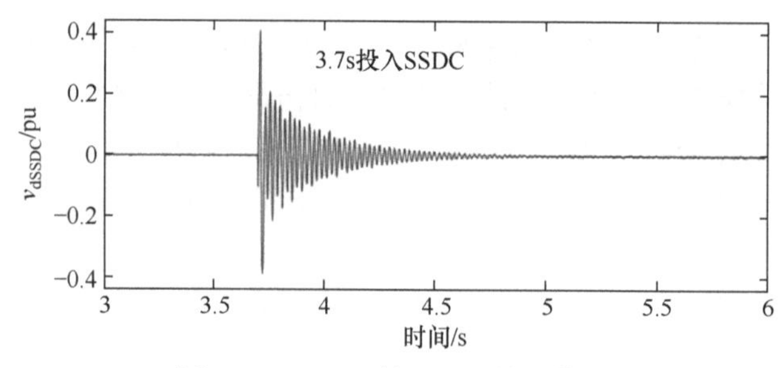

图 7.19 RSC d 轴 SSDC 输出信号

3. 基于阻抗模型的控制效果分析

对于上述测试系统，也可采用频率扫描技术，获得施加 SSDC 前后风电机组和电网整体的阻抗模型，通过观察次同步频段内阻抗特性的改变验证阻抗重塑控制的效果。

图 7.20 所示为风电并网系统整体在 1～100Hz 频率范围内的阻抗频率特性曲线。其中，R 表示等效电阻，X 表示等效电抗。图 7.21 所示为 4～8Hz 范围内的阻抗频率特性曲线。可见，SSDC 未投运时(图中虚线)，等效电抗过零点的等效电抗曲线斜率为正且等效电阻为负(R= −7.34Ω)，说明系统中存在不稳定的 SSO 模式。基于阻抗模型的进一步分析可得该模式的频率，约为 6.3Hz，与 RT-LAB 硬件在环仿真得到的振荡频率一致；当 SSDC 投入后(图中实线)，在等效电抗过零点的等效电阻变为正值，说明 SSO 模式稳定，SSDC 可以有效抑制 SSO。

4. SSDC 的适应性分析

在工业应用中，SSDC 需适应电网运行方式的复杂多变，有较好的鲁棒性。下面分析并网风电机组台数和风速的变化对 SSDC 抑制效果的影响。

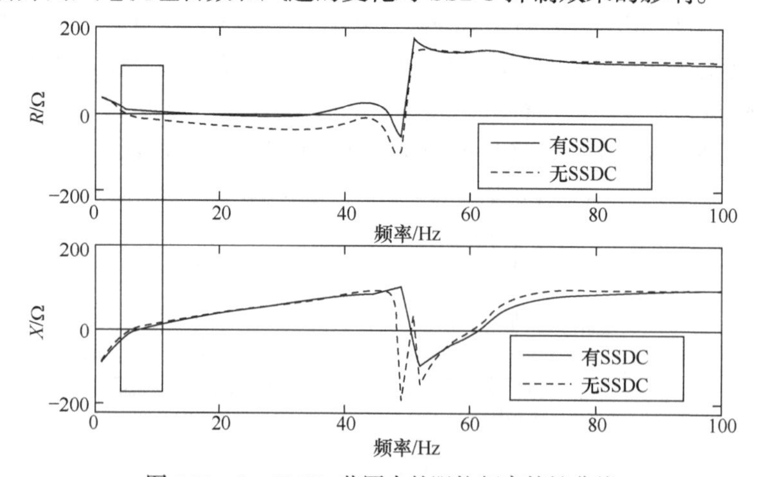

图 7.20 1～100Hz 范围内的阻抗频率特性曲线

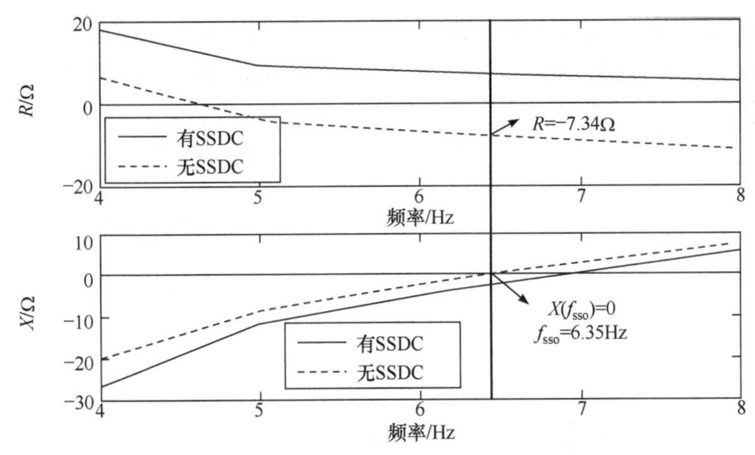

图 7.21　4～8Hz 范围内的阻抗频率特性曲线

1) 并网风电机组台数的影响

在 RT-LAB 硬件在环测试中，以前述典型工况作为基础，在保持其他参数不变的情况下，将并网风电机组台数依次设置为 600、800 和 1250(通过调整电网侧阻抗参数来模拟)。如图 7.22 所示，SSDC 未投入时，串补投入将激发出不稳定 SSO，

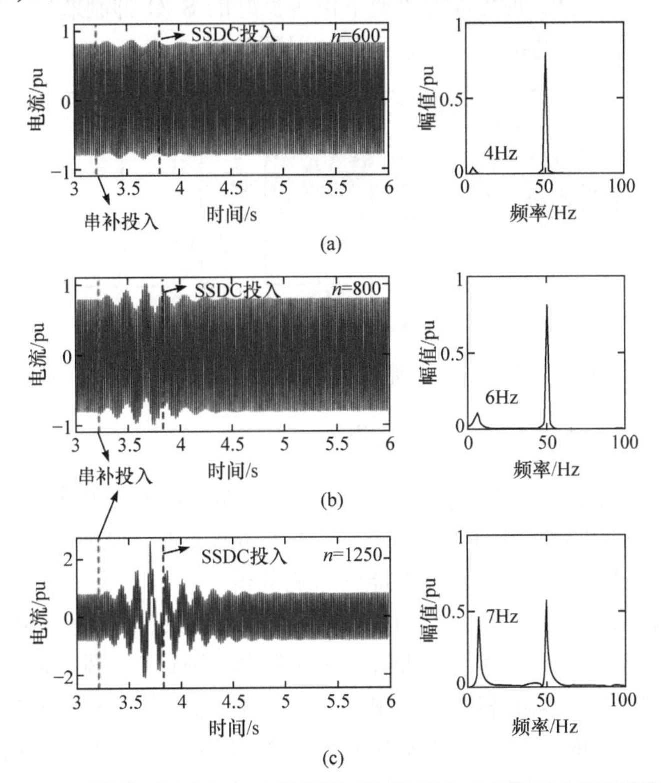

图 7.22　不同并网风电机组台数情况下双馈风电机组定子电流及其频谱

并且其频率随着并网风电机组台数的增加而改变，由 4Hz(对应 600 台)依次提高到 6Hz(对应 800 台)和 7Hz(对应 1250 台)。当 SSDC 投入后，如图 7.23 所示，三种情况下定子电流的次同步电流分量均迅速衰减为 0，频率不同的 SSO 均被有效抑制。这表明，设计的 SSDC 能适应并网风电机组台数的变化。

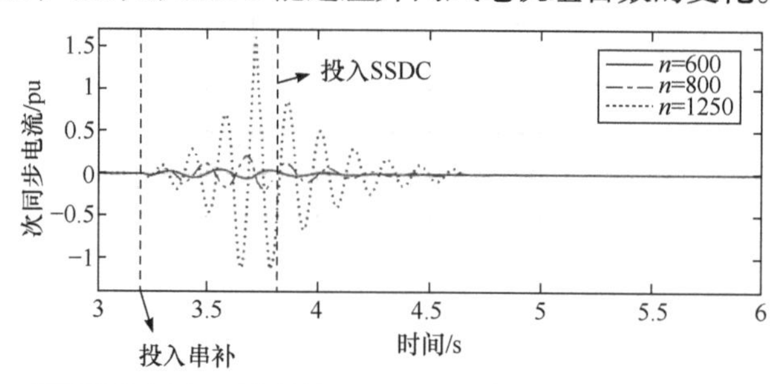

图 7.23　不同并网风电机组台数情况下双馈风电机组定子电流中的次同步分量

2) 风速的影响

在保持其他参数不变的情况下，根据风电场实际情况改变风速，反复进行硬件在环测试，以验证 SSDC 在不同风速情况下的响应特性和鲁棒性。大量测试结果表明，设计的 SSDC 能在各种风速下保持良好的 SSO 抑制效果。图 7.24 所示为 3.5m/s 风速情况下的结果，其余风速情况下类似。

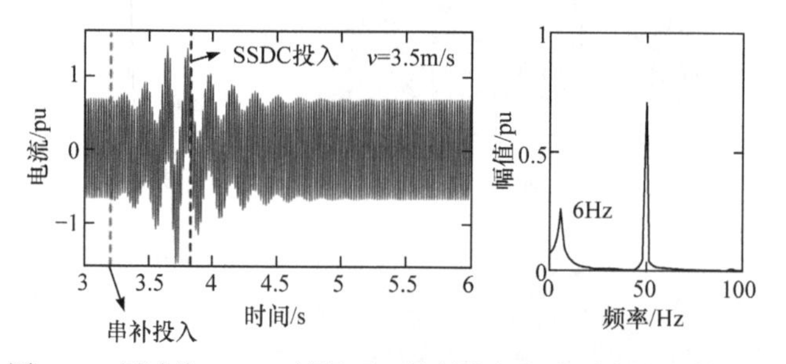

图 7.24　风速为 3.5m/s 情况下双馈风电机组定子电流及其频谱

5. SSDC 对风电机组运行性能的影响

在风电机组控制中增加 SSDC 是否影响其正常的稳态、暂态和动态响应，这是实践中需关注的问题，同样可以通过硬件在环测试进行检验。

1) 对风电机组正常功率调节性能的影响分析

在硬件在环测试平台中，分别设定两种场景。场景 1，风速从 4m/s 逐渐增加到 10m/s 时，定子电流幅值和有功功率逐步变大。场景 2，风速从 10m/s 逐渐减小到 4m/s，定子电流幅值和有功功率将逐步减小。如图 7.25 和图 7.26 所示，随着风速的逐步增加或减少，风电输出功率过渡平稳光滑，并且与未投入 SSDC 的情况一致。这说明，SSDC 不会给风电机组正常的功率调节功能带来不利影响。

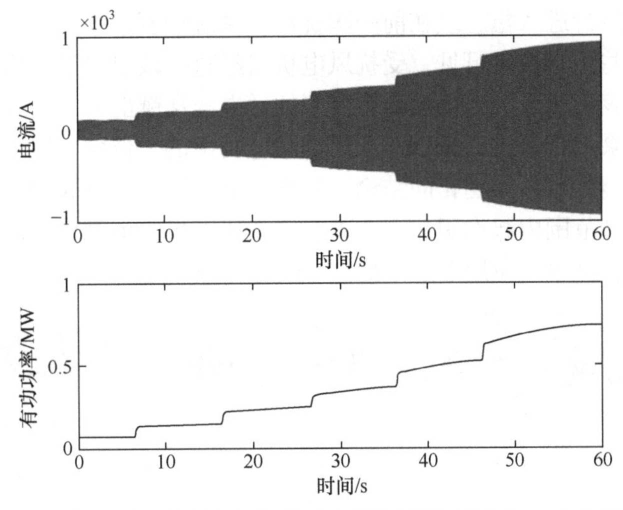

图 7.25　SSDC 投运后双馈风电机组的功率调节过程(风速由 4m/s 上升至 10m/s)

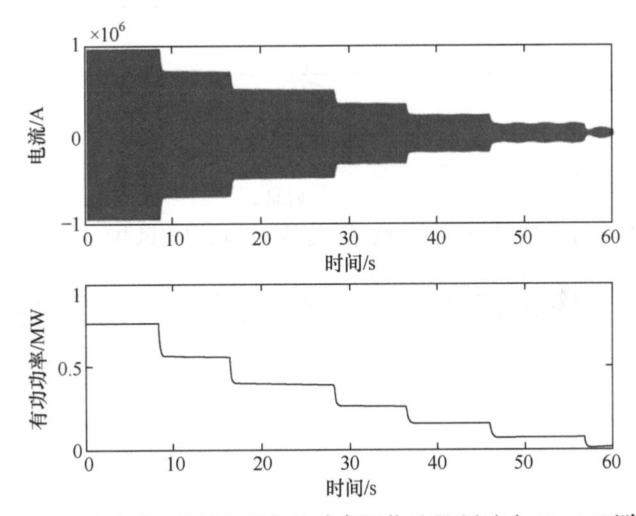

图 7.26　SSDC 投运后双馈风电机组的功率调节过程(风速由 10m/s 下降至 4m/s)

2) 对风电机组低电压穿越性能的影响分析

风电机组的低电压穿越(“低穿”)性能是风电并网运行最为关注的暂态特性之一。SSDC 是否影响风电机组的“低穿”性能，是工程应用中需重点关注的重要问题之一。同样，可以借助硬件在环测试验证。根据风电并网对“低穿”的要求，分别对两种短路故障(三相短路故障和两相短路故障)和三种电压跌落值(分别跌落至额定电压的 80%、50%和 20%)共 6 种场景进行实时仿真，观察 SSDC 投运前后机组“低穿”特性的变化。

图 7.27～图 7.32 所示为 6 种场景下的双馈风电机组的响应曲线。每次扰动都

是在系统闭环运行进入稳态或在前一次扰动后系统恢复正常运行后的不同时刻施加的。观察这些仿真结果可见，受扰风电机组经过一段过渡过程后均能恢复到正常运行状态，表明风电机组仍然具有良好的低电压穿越能力。通过与 SSDC 退出情况下仿真结果进行对比，SSDC 不影响风电机组的“低穿”性能。类似可进行高电压穿越性能测试并得到相同结论。从原理上来说，由于 SSDC 仅在其关注的次同步频率窄带范围内起作用，因此不会改变风电机组该频率段以外，特别是基波的动态行为，这也是应用 SSDC 抑制 SSO 的出发点之一。

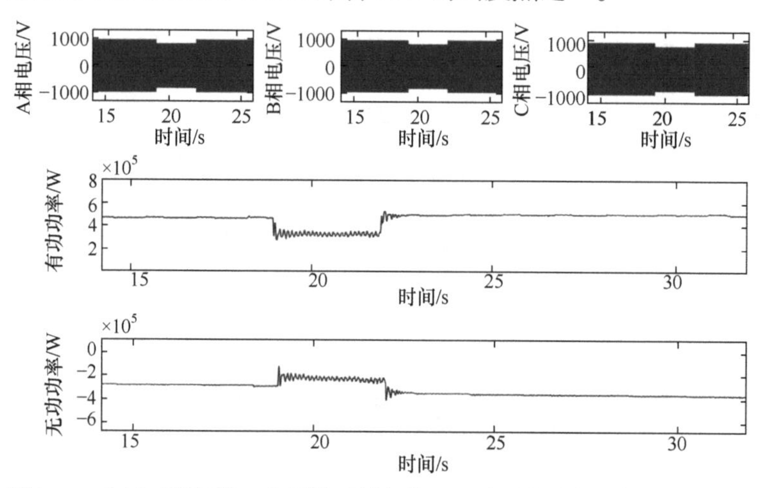

图 7.27　电网三相短路、电压跌至额定值 80%时双馈风电机组的响应曲线

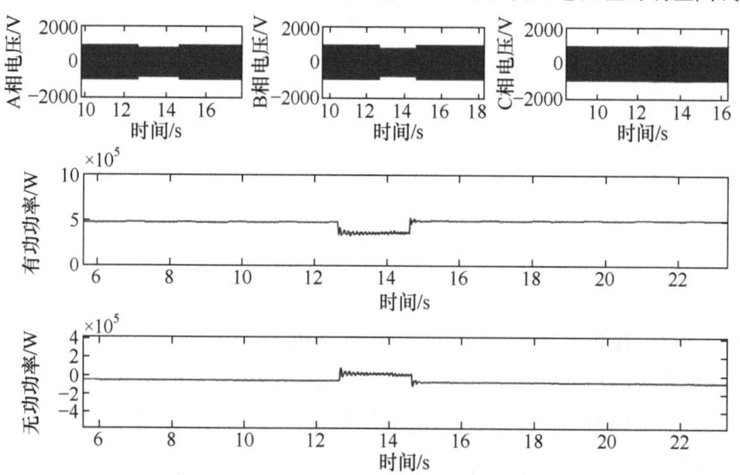

图 7.28　电网两相短路、电压跌至额定值 80%时双馈风电机组的响应曲线

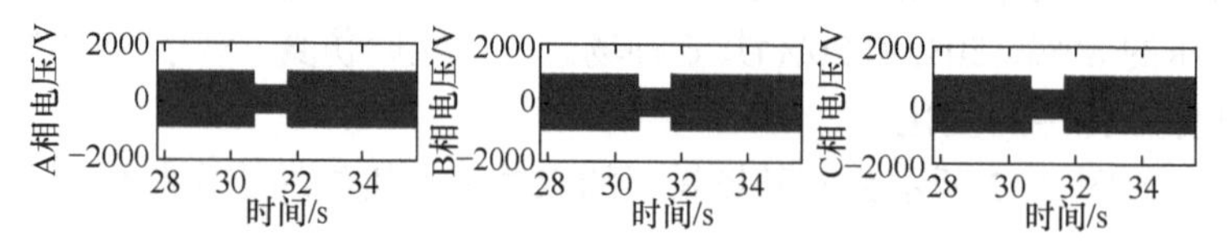

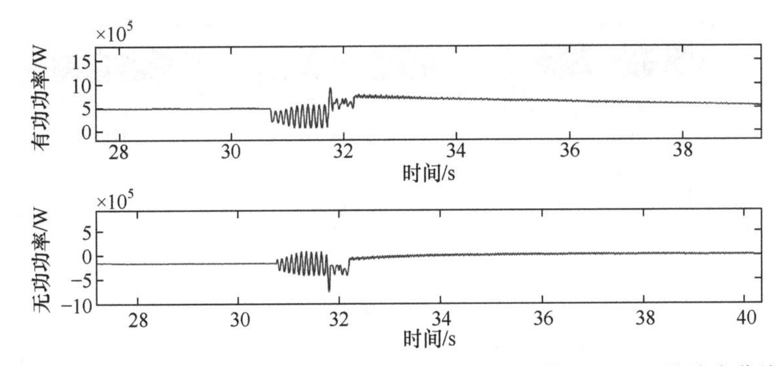

图 7.29　电网三相短路、电压跌至额定值 50%时双馈风电机组的响应曲线

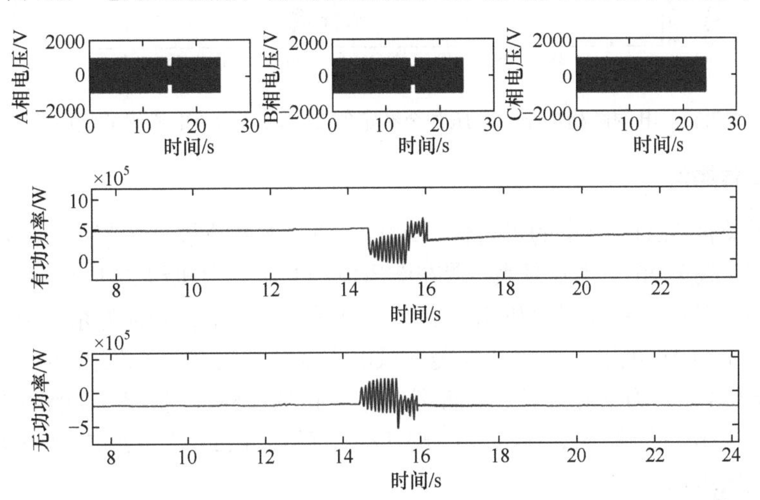

图 7.30　电网两相短路、电压跌至额定值 50%时双馈风电机组的响应曲线

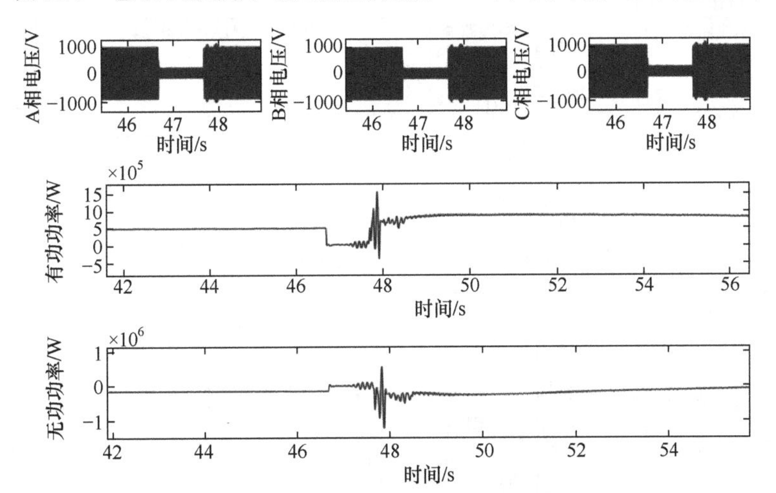

图 7.31　电网三相短路、电压跌至额定值 20%时双馈风电机组的响应曲线

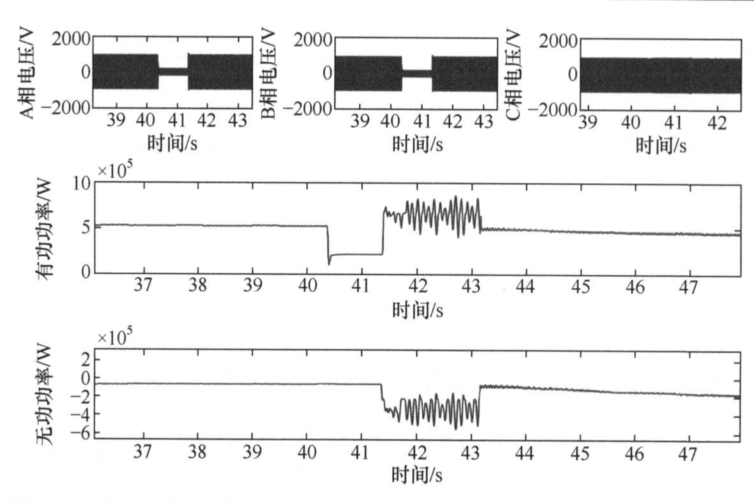

图 7.32　电网两相短路、电压跌至额定值 20%时双馈风电机组的响应曲线

7.3.4　工程案例

为了验证 SSDC 方案的可行性，冀北沽源风电系统最早在莲花滩风电场进行试点研究。截至 2017 年 6 月底，莲花滩风电场共有风电机组 223 台，总装机容量 999.5MW。其中，双馈风电机组 183 台，包括两个机型，分别为东方电气风电有限公司的 1.5MW 机组 133 台和歌美飒风电有限公司的 2MW 机组 50 台；直驱风电机组 40 台，均为新疆金风科技股份有限公司的 2.5MW 机组。如图 7.33 所示，所有风电机组经馈线接入 35kV #4、#5 母线，然后通过 2 台 220kV 主变升压后接入沽源地区电网。

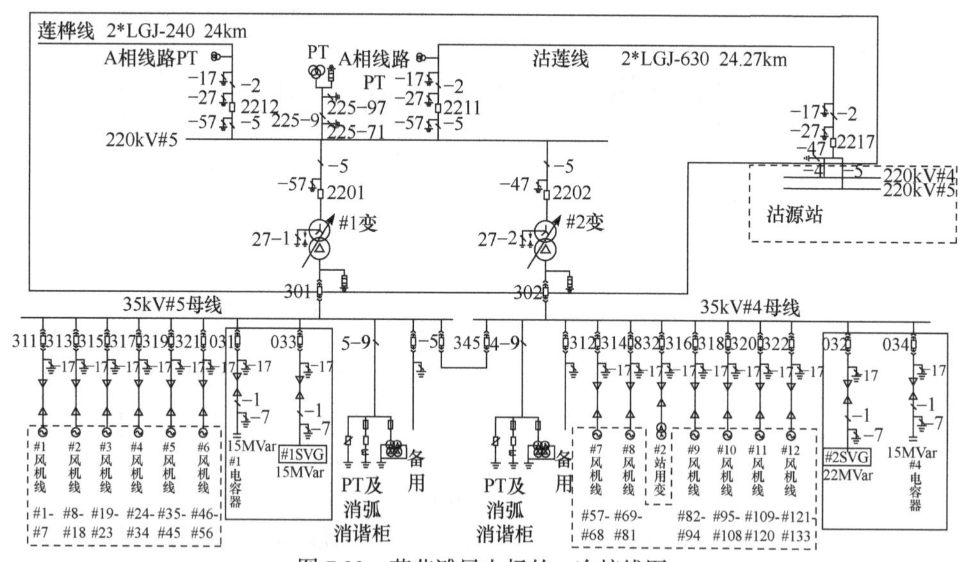

图 7.33　莲花滩风电场的一次接线图

在试点工程中，选择莲花滩风电场中 1 台东汽的 1.5MW 双馈风电机组进行改造和验证。下面简要介绍其硬件改造、软件升级和现场效果验证等过程。

1. 硬件改造

莲花滩风电场的大多数双馈风电机组都比较陈旧，仅修改原变流器控制板中的软件无法实现 SSDC 功能。因此，需要将原变流器控制板更换为新的可在线升级软件的变流器控制板。莲花滩风电场双馈风电机组变流器控制的硬件改造如图 7.34 所示。该硬件改造过程需要风电机组短暂停机才能完成。因为是首次开展 SSDC 改造工作，为便于验证和积累经验，还特意增设外置录波装置(图 7.35)。其主要功能是，监测改造机组和未改造机组的输出电流、功率等，便于进行数据分析，对比改造和未改造机组的性能差异；获取风电机组在发生 SSO 时的电压、电流和功率波形，对比分析 SSDC 的 SSO 抑制效果。

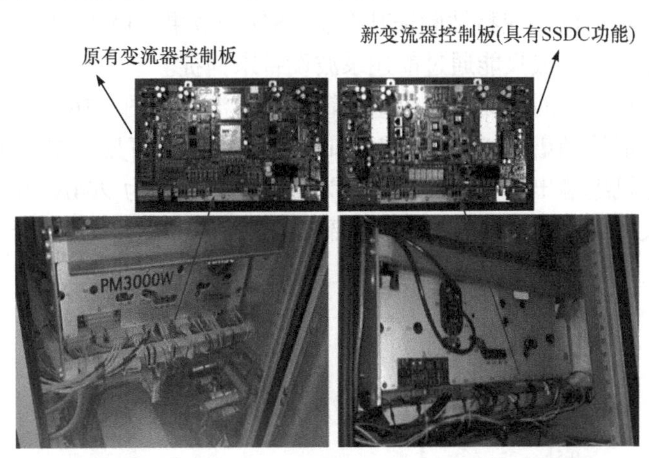

图 7.34　莲花滩风电场双馈风电机组变流器控制的硬件改造

图 7.35　增设的录波装置

实践中，如果风电机组控制软件可以在线维护或升级，则可以跳过这一步骤。

2. 软件升级

SSDC 软件即前述控制方法的编码实现，需要在变流器厂家的软件平台上进行编写、编译和调试，并与原控制软件融合后，再下载到控制板卡上执行。为保证工业控制的安全可靠性并提高工作效率，硬件改造和软件升级一般需要经过方案详设、离线仿真、硬软件实现、硬件在环测试等多个环节确认，才能应用到现场。

3. 现场效果验证

对试点机组进行 SSDC 改造升级后，为了检验 SSDC 控制效果，在程序中设置一个自动触发逻辑，即当检测到明显的 SSO 时，延时投入 SSDC 控制，通过观察 SSDC 投入前后的响应特性验证其抑制 SSO 的效果。由于 SSO 的发生需要一定条件，验证数据一般只能通过前述录波设备来捕捉。

SSDC 退出/投入时双馈风电机组的输出电流波形如图 7.36 所示。双馈风电机组输出电流波形的频谱(SSDC 退出时)如图 7.37 所示。可见，在 SSDC 触发投入前，双馈风电机组输出电流中存在频率为 6Hz、幅值约为 264A 的次同步分量，而基波分量仅为 149A，次同步分量的幅值大于基波分量，发生了严重的 SSO。

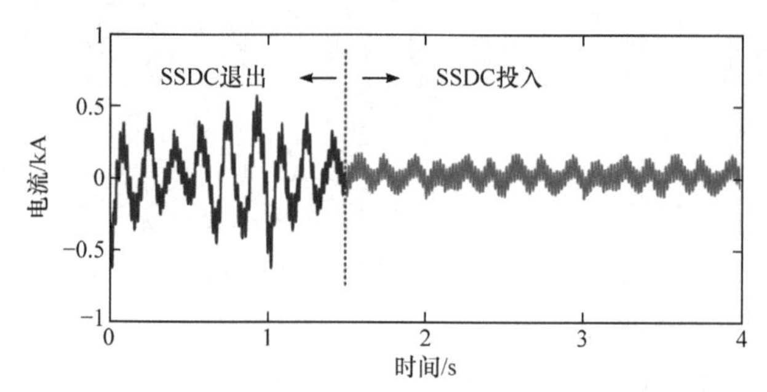

图 7.36　SSDC 退出/投入时双馈风电机组的输出电流波形

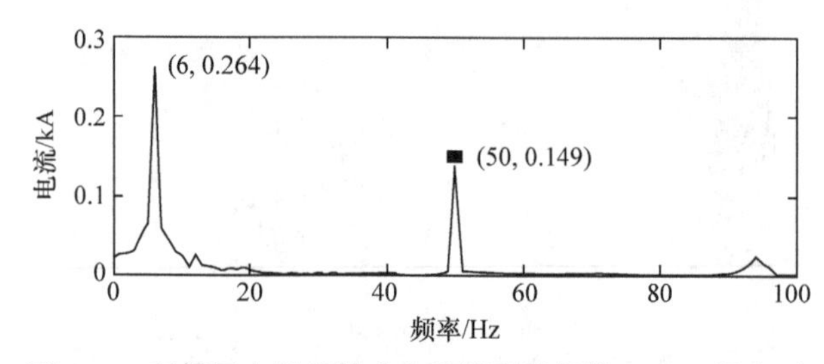

图 7.37　双馈风电机组输出电流波形的频谱(SSDC 退出时)

在 1.5s 左右，SSDC 被触发并投入运行。如图 7.36 所示，定子电流中的低频波动分量大幅减小。如图 7.38 所示，SSDC 投入后，次同步电流分量的幅值由 264A 降低到 42.73A，降低幅度达到 83.8%，验证了 SSDC 的抑制效果。但是，该机组的 SSDC 并不能完全消除 SSO。这是因为系统只有一台风电机组进行了 SSDC 的软硬件改造升级，能对进入该机组的振荡分量进行削弱。由于系统 SSO 并没有被彻底消除，接入母线的次同步电压波动仍然会在机组上产生对应频率的电流分量。分析表明，如果对莲花滩和其他风电场中更多的双馈风电机组也进行相应改造升级，系统的整体阻尼将得到提高且由负转正，从而彻底消除 SSO 风险。从阻抗重塑的角度来看，SSDC 可将风电机组的次同步阻抗由负电阻特性改变为正电阻特性，使该机组不再贡献“负”阻尼或成为振荡源，但是当其他大量机组仍然为负电阻特性时，SSO 模式仍然可能不稳定。只有当足够多的机组被 SSDC 重塑阻抗特性后，才可能将系统整体的阻抗特性改变为正电阻特性，从而抑制 SSO 的发生。

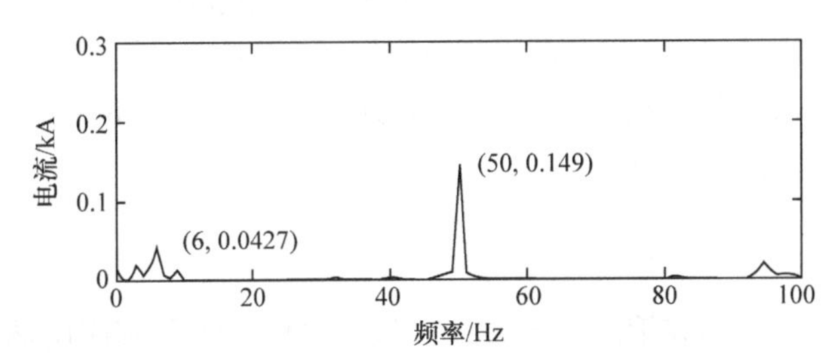

图 7.38　双馈风电机组输出电流波形的频谱(SSDC 投入时)

7.4　直驱风电机组基于 GSC 附加阻尼控制的阻抗重塑

7.4.1　基本原理

在直驱风电集群-弱交流系统中，直驱风电机组及其变流器控制与弱交流电网相互作用将导致 SSSO 模式。当该模式阻尼较小，甚至为负值时，系统会出现振荡，振荡幅值持续增长直至控制中的限幅等非线性环节发挥作用，然后进入持续振荡状态。

此前的理论分析表明，直驱风电机组的变流器控制对 SSSO 特性有显著的影响。因此，与双馈风电机组类似，可适当设计附加次/超同步阻尼控制(supplementary sub-/super-synchronous damping control，仍简称 SSDC)，将其加入直驱风电机组变流器的控制中，改变风电机组在所关注次/超同步频段的阻抗特性，进而改变整体系统的阻抗特性，达到抑制 SSSO 的目的[8-12]。

7.4.2　直驱风电机组附加次/超同步阻尼控制的设计

直驱风电机组 SSDC 设计与双馈风电机组类似，下面介绍其主要设计步骤(即 SSDC 附加位置选择、输入信号选择和控制策略设计)中具有特殊要求的事项。

1. SSDC 附加位置选择

优选 SSDC 附加位置的目标是，尽量提高系统在次/超同步频率处的正阻尼。可借鉴前述次同步陷波器的位置优选方法，基于定量指标筛选出最合适的附加位置。

2. SSDC 输入信号选择

优选 SSDC 输入信号的目标是，便于有效提取 SSSO 模式信息，进而为系统振荡模式提供更强的正阻尼，同时尽量不影响机组其他频段的稳态、动态和暂态特性。对于直驱风电机组而言，可供选择的输入信号包括但不限于 GSC 输出电流的 d 轴分量 i_{sd} 与 q 轴分量 i_{sq}、直流环节电压 v_{dc} 和风电机组定子侧输出的有功功率 P_L。同样，可采用基于状态方程(特征值分析)和基于阻抗网络模型分析(频域模式分析)的方法优选输入信号。

3. SSDC 控制策略设计

SSDC 的控制结构和策略不唯一，需根据具体机组及其应用场景进行定制化设计。由于直驱风电系统中的 SSSO 紧密耦合，需根据其耦合特点设计 SSDC 的控制策略。

下面以图 7.39 所示的控制结构为例阐述 SSDC 的设计。在静止 abc 坐标下，风电机组输出电流中包含幅值很大的次同步和超同步电流分量，两者耦合紧密。因此，在 SSDC 中，通常需要设置针对次同步与超同步的控制回路。如图 7.39(a)

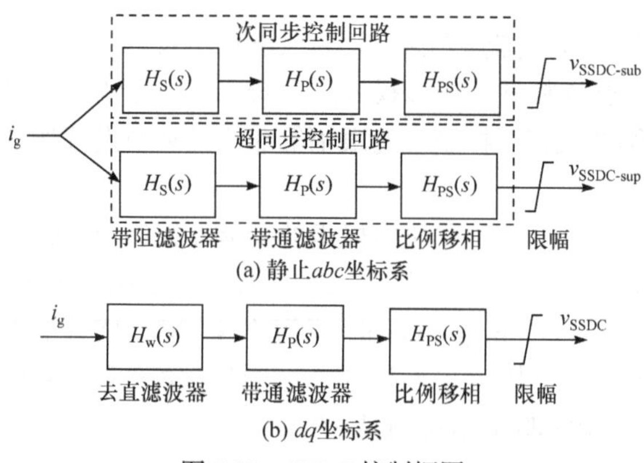

图 7.39　SSDC 控制框图

所示，两个控制回路的功能模块一致，但具体的控制参数需根据次同步分量和超同步分量的特征进行设计。在 dq 坐标下，风电机组输出电流中仅包含一个与次/超同步频率互补的次同步电流分量，因此可采用图 7.39(b)所示的单通道 SSDC 结构。

无论是 abc 坐标还是 dq 坐标，SSDC 主要由三个环节组成，即 SSSO 模式的信号提取模块、信号处理模块和限幅模块。下面介绍各环节的功能及传递函数。

BSF(适用于 abc 坐标系)的作用是滤除工频信号，避免影响风电机组变流器的正常控制功能。其典型传递函数如式(7-7)所示。

去直或高通滤波器(适用于 dq 坐标系)的作用是滤除掉直流控制信号(对应工频信号)，进而避免影响风电机组变流器的正常控制功能。其典型传递函数如式(7-8)所示。

BPF 的作用是筛选出关注的次同步和/或超同步信号。其典型传递函数如式(7-9)所示。

比例移相环节通过调整控制信号的幅值和相位使控制信号对 SSSO 起正阻尼作用。典型比例移相环节的传递函数 $H_{PS}(s)$可表示为

$$H_{PS}(s)=K_p\frac{1-sT_p}{1+sT_p} \tag{7-12}$$

式中，K_p 为增益；T_p 为时间常数。

限幅环节能够限制附加阻尼控制器的输出控制信号的幅值，以免发生超调。该环节的传递函数如式(7-11)所示。

直驱风电机组 SSDC 控制参数的优化方法与双馈风电机组类似，此处不再赘述。

7.4.3　应用案例与控制效果分析

1. 新疆哈密直驱风电机组的 SSDC 设计

1) SSDC 附加位置选择

由第 5 章分析可知，GSC 控制对直驱风电机组 SSSO 的特性影响大，因此考虑将 SSDC 加入 GSC 控制中，提升直驱风电机组 SSSO 抑制能力。如图 7.40 所示，对于 dq 坐标系下典型 GSC 控制而言，能够附加 SSDC 的位置包括 A1～A5。采用基于 LDPI 的最优位置选取方法，最终选定在 GSC 的 d 轴电流跟踪控制环节上附加 SSDC(A3 位置)。

2) SSDC 输入信号选择

理论分析和故障录波分析表明，直驱风电机组 GSC 输出电流的 d 轴分量 i_{sd} 包含充分的振荡信息，对振荡模式的可观性好，可作为 SSDC 输入反馈信号。

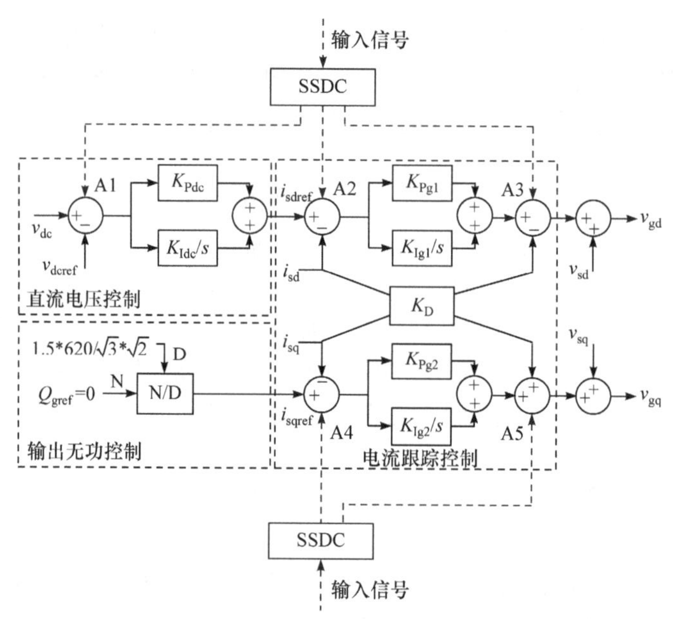

图 7.40　SSDC 附加到直驱风电机组 GSC 控制示意

3) SSDC 控制器参数设计

由于直驱风电机组的控制器在 dq 坐标系实现，因此 SSDC 选用图 7.39(b)所示的基本结构。各个环节的参数设计如下。

① 去直滤波器的时间常数 T_w 选择为 10s。

② BPF 的中心频率 ω_P 和阻尼因子 ζ_P 分别设为 2π×25 rad/s 和 0.5。

③ 比例移相环节参数设计可规范为一个约束优化问题，考虑风速、在运风电机组比例和 SCR 的变化范围分别为 4～12m/s、10%～100%和 1.5～3，设置 720 种评估工况，进而采用 GASA 得到比例移相环节的增益和时间常数(K_p=2.05 和 T_p=0.01s)。

2. 基于阻抗模型的控制效果分析

为了验证基于 SSDC 的直驱风电机组阻抗重塑控制方案的有效性，采用阻抗分析方法进行验证。图 7.41 所示为采用和不采用 SSDC 时，直驱风电机组阻抗矩阵 $\boldsymbol{Z}_{PMSG}(s)$中各个阻抗元素的频率特性曲线。由图 7.41(a)可知，加入 SSDC 后，显著提高了风电机组阻抗矩阵中 Z_{Pdd} 在次同步频率范围内的等效电阻，有益于提高系统的次同步稳定性。由图 7.41(b)～图 7.41(d)可知，SSDC 的投入对风电机组阻抗矩阵中 Z_{Pdq}、Z_{Pqd} 和 Z_{Pqq} 的影响很小。

如图 7.42 所示，不采用 SSDC 时，等效电抗过零点频率为 29.03Hz 且在该频率处的斜率为正，但对应的等效电阻为负，表示系统存在不稳定的振荡模式。

SSDC 投入后，等效电抗过零点频率降低为 25.15Hz，而对应的等效电阻变为一个非常大的正数。这表明，该振荡模式被有效镇定。因此，SSDC 可有效抑制系统中不稳定的 SSSO。

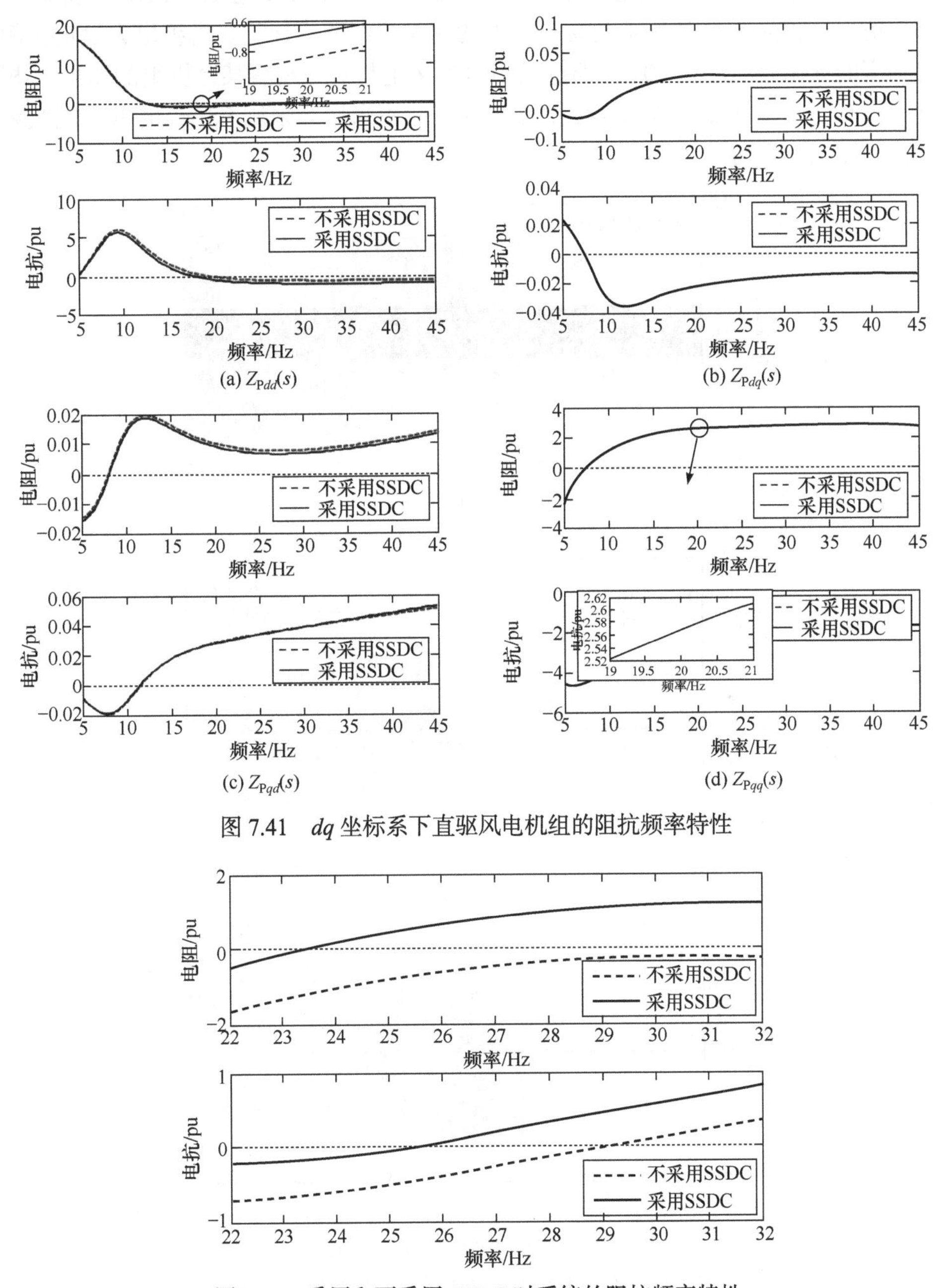

图 7.41　*dq* 坐标系下直驱风电机组的阻抗频率特性

图 7.42　采用和不采用 SSDC 时系统的阻抗频率特性

3. 基于电磁暂态仿真的控制效果分析

基于新疆哈密系统的 PSCAD/EMTDC 仿真模型，将前述设计的 SSDC 策略加入系统所有直驱风电机组控制器中，通过电磁暂态仿真验证 SSDC 的抑制效果。仿真过程为初始时各风电场中 60%的风电机组并网运行、机组出力设定为额定功率的 5%，在 5s 和 10s 分别投入 10%的风电机组，观察某台机组的输出 A 相电流、有功功率和 d 轴电流参考值 i_{sdref} 动态。不采用和采用 SSDC 时的控制效果对比如图 7.43 所示。

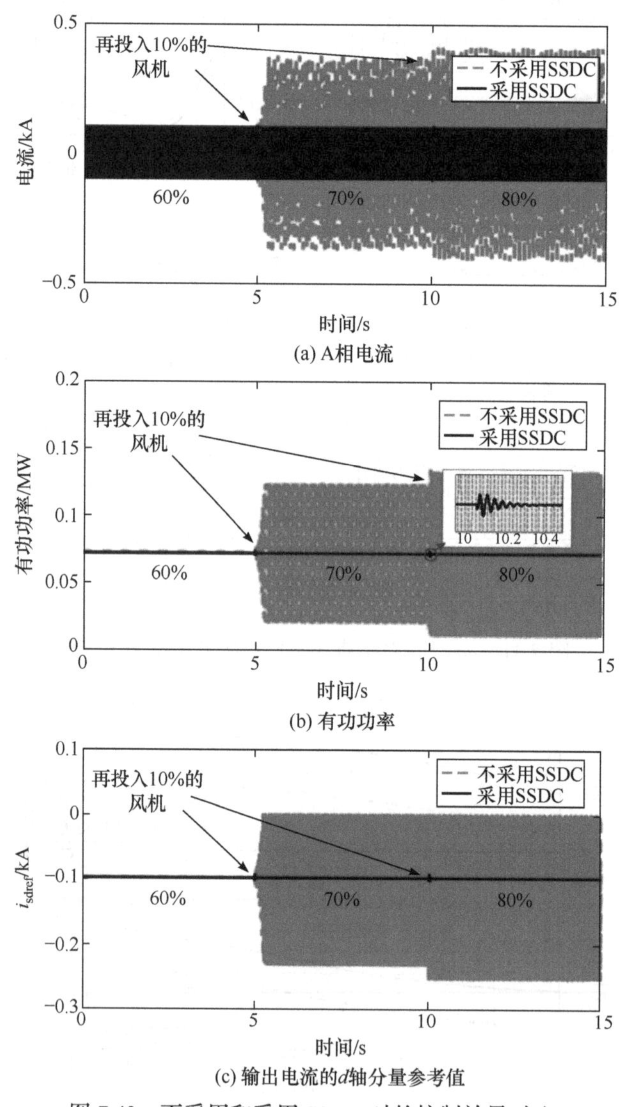

图 7.43　不采用和采用 SSDC 时的控制效果对比

可见，在不采用 SSDC 的情况下，并网风电机组增加(占比为 70%或 80%)时，风电机组输出的 A 相电流、有功功率，以及控制中 d 轴电流参考值 i_{sdref} 出现次同步频率的振荡。当 SSDC 投入运行后，上述振荡均被迅速抑制，能保证系统平稳运行，表明 SSDC 能有效抑制该工况下的 SSSO。

此外，本章还开展了 SSDC 对直驱风电机组稳态、动态和暂态响应特性的影响分析。结果表明，SSDC 不会对机组正常控制功能(如功率调节、低穿、高穿等)产生不利影响。

参 考 文 献

[1] Wang L, Xie X, Jiang Q, et al. Investigation of SSR in practical DFIG-based wind farms connected to a series-compensated power system. IEEE Transactions on Power Systems, 2015, 30(5): 2772-2779.

[2] Liu H, Xie X, Zhang C, et al. Quantitative SSR analysis of series-compensated DFIG-based wind farms using aggregated RLC circuit model. IEEE Transactions on Power Systems, 2017, 32(1): 474-483.

[3] Liu H, Xie X, Gao X, et al. Stability analysis of SSR in multiple wind farms connected to series-compensated systems using impedance network model. IEEE Transactions on Power Systems, 2018, 33(3): 3118-3128.

[4] Zhu C, Hu M, Wu Z. Parameters impact on the performance of a double-fed induction generator-based wind turbine for subsynchronous resonance control. IET Renewable Power Generation, 2012, 6(2): 92-98.

[5] Fan L, Zhu C, Miao Z, et al. Modal analysis of a DFIG-based wind farm interfaced with a series compensated network. IEEE Transactions on Energy Conversion, 2011, 26(4): 1010-1020.

[6] Liu H, Xie X, Li Y, et al. Damping DFIG-associated SSR with subsynchronous suppression filters: a case study on a practical wind farm system//International Conference on Renewable Power Generation, Beijing, 2015: 1-6.

[7] Liu H, Xie X, Li Y, et al. Mitigating SSR with subsynchronous notch filters embedded in DFIG's converter controllers. IET Generation, Transmission & Distribution, 2017, 11(11): 2888-2896.

[8] Fan L, Miao Z. Mitigating SSR using DFIG-based wind generation. IEEE Transactions on Sustainable Energy, 2012, 3(3): 349-358.

[9] Mohammadpour H, Santi E. Optimal adaptive sub-synchronous resonance damping controller for a series-compensated doubly-fed induction generator-based wind farm. IET Renewable Power Generation, 2015, 9(6): 669-681.

[10] Mohammadpour H, Santi E. SSR damping controller design and optimal placement in rotor-side and grid-side convertors of series-compensated DFIG-based wind farm. IEEE Transactions on Sustainable Energy, 2015, 6(2): 388-399.

[11] Wang X, Blaabjerg F, Liserre M, et al. An active damper for stabilizing power-electronics-based AC system. IEEE Transactions on Power Electronics, 2014, 29(7): 3318-3329.

[12] Alawasa K M, Mohamed Y A I. A simple approach to damp SSR in series-compensated systems

via reshaping the output admittance of a nearby VSC-based system. IEEE Transactions on Industrial Electronics, 2015, 62(5): 2673-2682.

[13] Xie X, Jiang Q, Han Y. Damping multimodal subsynchronous resonance using a static var compensator controller optimized by genetic algorithm and simulated annealing. European Transactions on Electrical Power, 2012, 22(8): 1191-1204.

第 8 章　基于电压源变流器的网侧次/超同步阻尼控制

8.1　基本原理与控制构成

8.1.1　基于电压源变流器的次/超同步阻尼控制一般原理

根据前面章节的分析可知，风电并网系统 SSSO 发生的原因是风电机组及其电力电子控制与电网之间的相互作用，进而在某特定次/超同步频率上持续提供能量或负阻尼[1,2]。从电路的观点来看，风电机组在该频率上呈现出负电阻特性，进而导致 SSSO 持续发散，产生高风险的电气振荡。例如，在冀北沽源电网的 SSO 事件中，DFIG 的 IGE 和电力电子控制的参与，使从电网“看进去”的 DFIG 机组在次同步频率段呈现幅值较大的负电阻，它为 SSO 源源不断地提供能量，从而使振荡自激发散。

深入分析发现，发生 SSSO 时，振荡能量是由于机组滑差和电力电子控制的作用，从别的频率(主要是工频)转移过来的，因此人们自然会想到，有没有可能利用电力电子变流器将振荡能量耗散或再转移回工频从而抑制振荡恶化呢？从电路的角度来看，可以设计一种基于适当策略的电力电子变流器，它在 SSSO 频率上表现出正电阻特性，从而吸收振荡功率；在工频上表现为负电阻，将振荡功率变换为工频功率再注入电网。这样，该特殊电力电子变流器本身无须长期吸收或发出功率就能在关注的次/超同步频率处提供正阻尼，从而有效地抑制 SSSO。该特殊电力电子变流器可以采用成熟的 VSC 结构，这就是本章基于 VSC 的次/超同步阻尼控制(器)的基本原理。

如图 8.1 所示，VSC-SSDC 可以采用串联、并联和混合型三种形式接入风电机组或风电场与主电网之间，它们均能实现从风电并网系统吸收关注的次/超同步功率，进而抑制 SSSO 的目标[3-5]。并联接入时，VSC-SSDC 可视为一个受控电流源。串联接入时，VSC-SSDC 可视为一个受控电压源。混合型接入可视为两者的组合，具有更灵活的调节性能，但实现成本也会更高。如前所述，VSC-SSDC 与电网之间主要交换次/超同步频率(和工频)的电流、电压分量，而且相对较小，因此 VSC-SSDC 一般不会与接入电网之间交换大量的有功功率。这样，相应 VSC 的容量也会远小于风电机组的总容量，例如为后者的百分之几的数量级。

VSC-SSDC 的变流器可以采用与典型 FACTS 控制器，如 STATCOM(并联)、SSSC(串联)和 UPFC(混合型)等类似的电路拓扑，也可采用变压器多重化、链式和 MMC 等变流器结构获得预期的输出特性和控制灵活性。需要注意的是，VSC-SSDC 跟此前的 FACTS 控制器还是有显著的差异。

① FACTS 控制器通过“吞吐”基波电压、电流来改善电网稳定性或电能质量，而 VSC-SSDC 主要通过调控次/超同步频率电压、电流提供阻尼，进而防控 SSSO。

② 由于控制目标不同，两者在控制器和控制策略的设计和实施上存在显著差异。

③ 由于调控电压和电流的频率不同，变流器中与频率密切相关的构件(如交流电抗、直流电容等)参数取值也会发生很大的变化，因此不能简单地将 FACTS 控制器使用的电力电子变流器用作 VSC-SSDC，而是需要针对实际情况开展精细的电路设计和参数选取工作。

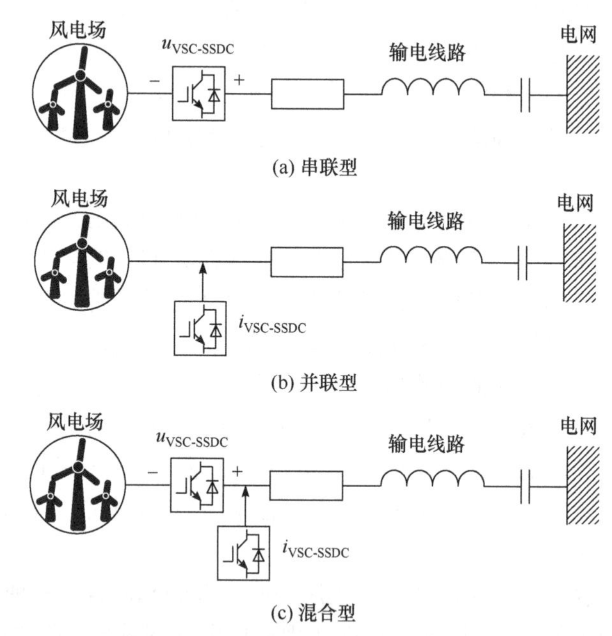

图 8.1　串联、并联和混合型 VSC-SSDC 接入风电系统示意

8.1.2　并联型 VSC-SSDC 的构成

考虑设备成本和实施难度等方面，工程上更“偏爱”采用并联接入方式，因此下面主要讨论并联型 VSC-SSDC。为了与风电机组侧 SSDC 相区分，这里采用网侧次/超同步阻尼控制(器)(grid-side sub/super-synchronous damping control(ler), GSDC)这一名称。简便起见，下面均采用 GSDC 这一缩写。需要指出的是，该缩

写并不代表设备的安装地点或投资主体，仅指代一种控制技术或装备。

并联型 GSDC 构成示意图如图 8.2 所示。它主要由 SSDC、电力电子变流器或 VSC 两部分组成。后者包括变流器自身控制器和变流器主电路。SSDC 采集反馈信号，进而执行内在控制策略产生供给电力电子变流器的电流参考信号 $i_{G\text{-ref}}$；变流器控制接收 $i_{G\text{-ref}}$ 指令并考虑变流器自身控制目标(如直流电压平衡或维持稳定)生成触发脉冲，控制电力电子主电路输出电流 i_G 注入目标电网。$i_{G\text{-ref}}$ 和 i_G 中包含针对 SSSO 的频率成分，适当调控其幅值和相位关系即可达到防控或抑制风电 SSSO 的目的。

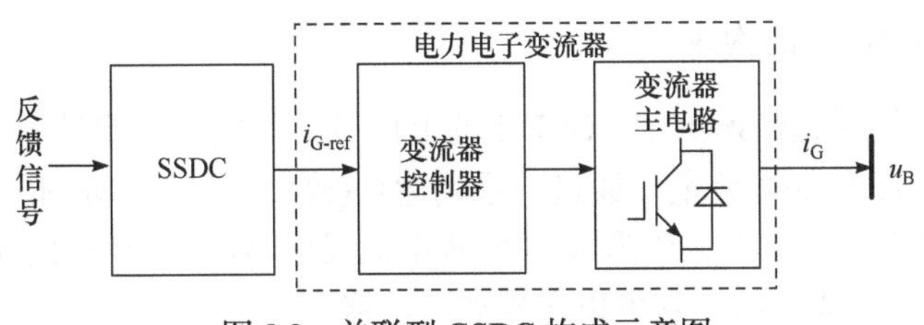

图 8.2 并联型 GSDC 构成示意图

GSDC 中的 VSC 属于中等容量电力电子变流器(数十 MVA 数量)，同时考虑很多风电汇集站和变电站中有 35kV 母线，因此工程中广泛采用 35kV 链式结构的直挂式 VSC。GSDC 的链式变流器示意图如图 8.3 所示。三相桥臂可采用 Y 型接

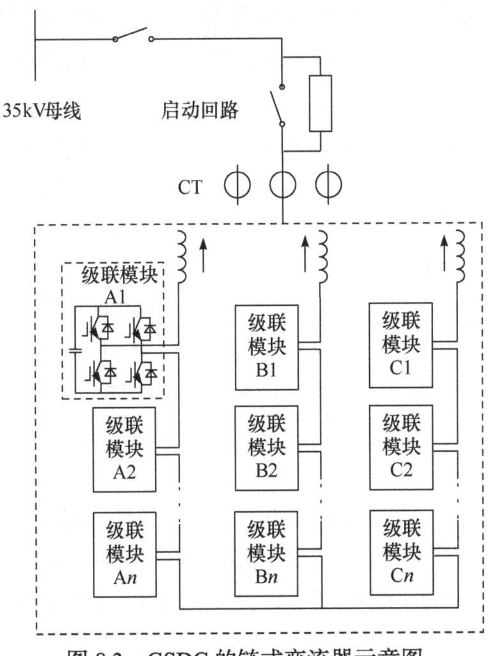

图 8.3 GSDC 的链式变流器示意图

线形式，每相桥臂包括 n 个链式子模块，每个链式子模块是标准的 H 桥电路，内配直流储能电容和四组 IGBT 器件，可输出正、负、零三种状态。每相桥臂电路通过交流电抗器接入 35kV 母线。一般来说，该链式 VSC 还需配备 PT、CT 来采集输出电压、电流，用于监测和控制，以及启动回路。用于变流器启动时，将直流电压预充到一定数值后再进入正常的运行控制工况。

8.2　风电次/超同步阻尼控制器的设计

8.2.1　GSDC-SSDC 的构成

SSSO 阻尼控制器(SSDC)是 GSDC 的上位机。其主要功能是，从适当选取的反馈信号中提取 SSSO 分量，通过一系列运算(放大、移相、求和、限幅)，生成电流参考信号送往下位机，作为次/超同步电流发生器的控制信号。GSDC- SSDC 的功能结构如图 8.4 所示，它可以实现如下功能。

① 信号采集与检测。作为反馈的电压、电流或功率信号需要包含所关注的次/超同步频率分量且易于获得。该环节基于合理设置的 PT、CT 完成对这些电信号的高速采集、精确检测与可靠传输，事先需要对反馈信号做出合理的选择。

② 信号滤波。信号滤波的目的是克服测量噪声、工频信号和其他谐波的干扰，从反馈信号中快速、高精度地提取控制所需的次/超同步频率信息。为达到这一目的，往往需要设置多级滤波器，而各级滤波器的结构和参数是 SSDC 设计的重点之一。

③ 比例放大与相位调节。对滤出的次/超同步信号进行线性放大和移相操作，以使后续输出的电流信号能以适当的幅值和相位注入电网，从而达到抑制振荡的目的。该功能是决定控制效果的核心环节，增益和相位的选择非常关键，需要考虑各种工况进行精细设计。

④ 控制信号求和与限幅。为了提升控制器对各种情况的适应性，往往采用两个或多个控制通道。如图 8.4 所示，采用电压和电流两个反馈信号，对每个反馈信号设置独立的调控通道。这样就会得到两个初始控制信号，对其加和，然后考虑变流器容量限制，对总的控制信号进行必要的限幅，从而得到电流参考信号 $i_{\text{G-ref}}$。

⑤ 输出到变流器的信号接口。电流参考信号需要通过适当的方式传递给 VSC 内部控制器，如数字通信方式和模拟量接口方式。前者需要设计好适当的通信协议，保证数据传输的实时性和可靠性。后者可以采用例如 4～20mA 电流环传输方式，提高数/模-模/数转换精度，避免信号干扰。

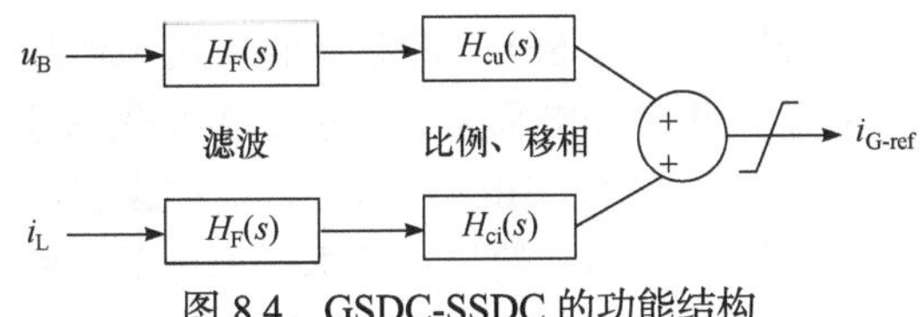

图 8.4　GSDC-SSDC 的功能结构

SSDC 整体上是一个二次控制设备或模块，可作为一个标准控制机箱或柜体实施，与变流器就近安装，也可作为相对独立的功能模块与变流器控制器合并实施，甚至可将两者在功能上进行合成，形成一体化控制设备。

8.2.2　反馈信号的选取

反馈信号选取包括如下主要原则。

① 有足够的信噪比。这里信号是指关注的 SSSO 信号，而噪声除了常规意义上的测量噪声、谐波外，还包括工频信号。因为对于控制所需的 SSSO 信息来说，基波电压、电流及其构成的功率信号可能是最主要的噪声源。

② 适应系统的各种运行方式。系统运行方式(包括并网风电规模、出力、网架结构等)的变化可能导致 SSSO 的频率、电压/电流分布发生较大的变化，而反馈信号的选择需要适应这些变化，以保证在具有 SSSO 风险的方式下正确捕捉振荡信息，并触发控制，从而达到在不同工况下防控振荡风险的目的。

③ 以延时少、可靠性高的本地量测为主。上面两条可以通过基于模型的可观/可控性和/或参与因子分析进行优选，但在各种反馈信号选择中还需注意信号的易测性和可靠性。有些可观性好的信号，如果不是本地量测，则应特别关注远传带来的延时和可靠性问题。SSSO 的频率一般远高于传统的 LFO，信号的通信延时，哪怕只有十毫秒，也可能带来较大的相位延迟，影响控制效果。因此，倾向于使用传输延时小、可靠性高的就地量测信号作为控制输入。

根据以上讨论及本书作者的实际经验，从 GSDC 所在的变电站中选取具有综合信噪比高或可观性好的线路电流(可以多个)和母线电压作为反馈信号比较常见。电压信号能反映变电站所接风电场的综合情况，而线路电流能反映对应支路接入的风电场，两者结合，具有相互补充的效果。

8.2.3　模式滤波器的设计

模式滤波器的功能目标是针对特定的振荡模式，通过信号处理(滤波)方法从反馈信号中提取该模式的信号成分，并尽可能地提高其信噪比，为后续比例放大和移相环节奠定基础。工程实践表明，模式滤波的难点是去除背景信号，即工频分量的影响，因此模式滤波器通常设计成两级串联，一级是针对目标振荡模式的 BPF，另一级是针对工频的窄带型 BSF。典型的如采用式(8-1)和式(8-2)所示的二阶滤波器，其中心频率分别设置为 SSSO 的频率和系统工作频率。两个滤波器的带宽主要取决于其阻尼比，对于 BSF 而言，由于工频变化的范围非常小，因此带宽可以设置得窄一点，如 3Hz；对于 BPF 而言，带宽的设置需要考虑实际系统发生 SSSO 时的频率变化范围，使 BPF 的带宽基本能覆盖关注的振荡频率。为了达到这一目标，需要对现场振荡进行必要的调研统计或者对系统模型进行多工况分析，并有必要考虑风电场和电网的未来扩展。以冀北沽源风电场 2012～2015 年间发生的振荡事件为例，经录波数据分析后发现振荡频率在 4～12Hz 之间，因此设计相应控制器时，BPF 的通带设置为 4～12Hz。

典型二阶 BPF 的传递函数为

$$H_{\mathrm{P}}(s)=\frac{s/\omega_{\mathrm{P}}}{1+2\zeta_{\mathrm{P}}s/\omega_{\mathrm{P}}+(s/\omega_{\mathrm{P}})^2} \tag{8-1}$$

式中，ζ_{P} 为 BPF 的阻尼比；ω_{P} 为 BPF 的中心频率。

典型二阶 BSF 的传递函数为

$$H_{\mathrm{S}}(s)=\frac{1+(s/\omega_{\mathrm{S}})^2}{1+2\zeta_{\mathrm{S}}s/\omega_{\mathrm{S}}+(s/\omega_{\mathrm{S}})^2} \tag{8-2}$$

式中，ζ_{S} 为 BSF 的阻尼比；ω_{S} 为 BSF 的中心频率。

因此，整个模式滤波器的传递函数为

$$H_{\mathrm{F}}(s)=H_{\mathrm{P}}(s)H_{\mathrm{S}}(s) \tag{8-3}$$

值得注意的是，为了更好地消除 LFO 和谐波的影响，还可在式(8-3)的基础上叠加截止频率稍高于低频(如 2.5Hz)的高通滤波器和低于整数次(如 100Hz)谐波的低通滤波器。另外，所有滤波器产生的幅值和相位偏移均需要在后续比例-移相环节中适当补偿。

8.2.4 比例-移相环节的设计

比例-移相环节的功能是对特定振荡模式的信号进行比例放大和相位调节，使最终输出的相应模式电流分量正确、高效地耗散振荡能量，增强阻尼能力。理论上，可采用任何线性或非线性的信号处理逻辑来达到这一目标，但工程上偏向采用线性传递函数。为方便现场参数调节，可在 GSDC-SSDC 中的电流和电压反馈控制通道中分别采用如式(8-4)和式(8-5)所示的二阶传递函数。它的优点是，每个传递函数仅包括增益和时间常数两个参数，前者决定控制增益，后者决定相位偏移，两者对增益和相位的调节是解耦的，便于现场工程人员理解和设定。通过改变时间常数并配合增益符号的变化，可在+180°～−360°之间调节相位，满足各种情况的需要。增益和时间常数的设计关系到整个控制系统的性能，需要全面分析

系统整体的开/闭环特性和多变运行方式的影响，即

$$H_{ci}(s)=K_i\left(\frac{1-T_i s}{1+T_i s}\right)^2 \tag{8-4}$$

$$H_{cu}(s)=K_u\left(\frac{1-T_u s}{1+T_u s}\right)^2 \tag{8-5}$$

式中，K_i 和 K_u 为电流和电压反馈控制通道的增益；T_i 和 T_u 为实现移相调节的时间常数。

8.3　GSDC 链式变流器及其控制系统的设计

8.3.1　GSDC-VSC 的构成

GSDC-VSC 是具有监控功能的一次设备，通常布置在室内或集装箱中。外在功能上，一侧通过信号线(如光纤)与 SSDC 相连，接收参考电流信号；另一侧与所在变电站母线电气连接，输出实际的电流。GSDC-VSC 的构成如图 8.5 所示[6-8]。

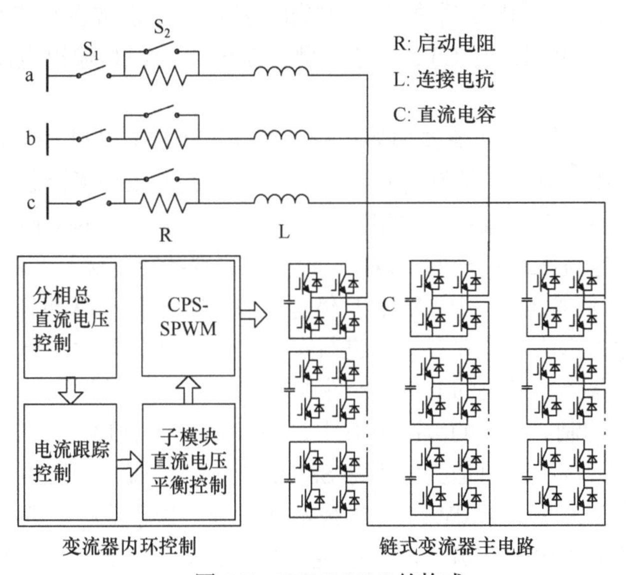

图 8.5　GSDC-VSC 的构成

电力电子变流器通常采用分层控制的理念。其控制系统可分为三个层次，即器件级、装置级和系统级。器件级层次指变流器的底层拓扑和脉冲控制方法，考虑精确到微秒级的电力电子器件的关断与开通，通常称为脉冲控制。系统级层次从网侧稳定性运行要求(即抑制振荡)出发生成所需的待控电流、电压或功率参考

信号，即前述的 GSDC-SSDC。装置级层次作为前两者间桥梁，可以实现从振荡抑制所需电流到变流器触发调控的信号处理过程，即物化 SSDC 电流参考信号与脉冲开关信号之间的非线性关系，实现一定的控制规律，在保证装置安全的前提下，可以很好地跟踪输出从系统稳定角度出发提出的补偿电流。在实际的工业装置中，三个层次的控制可能有一定程度的交叉和整合。对于 GSDC 来说，系统级控制(或外环控制)即 SSDC；脉冲级和装置级控制包含在 GSDC-VSC 中，可统称为变流器内环控制；外环控制和内环控制可以置于同一个控制机箱(柜)中，也可分开布置，通过高速数字通信或其他方式交换信息。

具体来说，GSDC-VSC 包括以下组成部分。

① 链式变流器主电路。链式变流器主电路是 GSDC 的主要载能设备，它将直流侧电容支撑的直流变换为交流侧 35kV 三相电流，输出到变电站的升压变压器，变流器采用电容电压钳位的多电平电路结构，即常说的链式结构：它以适当的模块数和单模块电容电压实现所需要的电压、电流和容量水平，并保证较好的输出谐波特性和跟踪速度。

② 接入设备。为了启动和控制方便，VSC 设置专门的预充电回路，包括预充电电阻(或称为启动电阻)和相关刀闸，以便在设备启动过程中，快速向每个模块的电容提供能量，将其电压升高到一定幅值，然后进入正常逆变控制，加速 VSC 的启动，配备必要的测量 PT/CT，用于检测系统电压、VSC 输出电流等，为变流器控制提供反馈。

③ 变流器内环控制。变流器内环控制包括装置级控制和脉冲级控制。前者包括分相总直流电压控制、电流跟踪控制和子模块直流电压平衡控制，分别完成每相直流电压的均衡、对电流指令的追踪和各子模块直流电压的平衡，以保证变流器的安全和预期电流跟踪目标的实现。后者主要实现特定的脉宽调制功能(如载波移相正弦 PWM，简称 CPS-SPWM)，具体包括脉冲发生器和脉冲分配器，分别完成器件控制脉冲的算法生成和对脉冲进行扩展、互锁及分配的功能。脉冲信号通过光纤送到变流器各子模块的 IGBT 器件上，实施精准的开关控制。

采用 GSDC 抑制 SSSO 的解决方案中，VSC 作为基于 PWM 控制技术的电力电子变流装置，其核心作用是实时跟踪 SSDC 电流参考值，并实现物理的电流输出。因此，理论上凡是基于 PWM 变流技术并可输出频率范围在数赫兹到 2 倍工频范围内电流的电力电子变流电路及装置，均可作为 GSDC 变流器。这里借鉴 STATCOM 和有源电力滤波器的既有拓扑，对变流器的主电路拓扑和参数进行适用于 GSDC 控制目标的针对性优化设计。

8.3.2　GSDC-VSC 的主电路参数设计

不同于 STATCOM 或有源电力滤波器主要输出基波电流，GSDC-VSC 以输出次/超同步频率电流为主。因此，GSDC-VSC 变流器的主电路参数需要考虑这种特殊需求进行设计。下面介绍其主要参数，即每相模块数、连接电抗和模块电容等的选取原则，然后结合沽源风电系统 SSO 抑制的实际需求，以 35kV、10MVA GSDC-VSC 为例具体讨论主电路参数的选择。

1. 主电路参数的设计原则

影响 VSC 主电路参数设计的主要因素如下。

① GSDC-VSC 工作在次同步频率和/或超同步频率下，已有的基于工频的参数设计方法不能再简单照搬，应该考虑对次/超同步频率电压、电流的控制性能来优选参数。同时，风电 SSSO 的一个特点是振荡频率不固定并在一定范围内时变，因此主电路参数设计还需要考虑频率的变化范围。

② 发生 SSSO 时，母线电压可能受到次/超同步分量影响，在一定时段内较高，GSDC-VSC 主电路参数应能适应这种场景，按照实际可能的最高运行电压来设计。因此，需要提前对以往振荡事件中出现的电压进行统计，确定设备运行时需耐受的最大电压值。

③ GSDC-VSC 参数设计要考虑电网发展趋势，具有可扩展性和中长期适用性。特别是，在风电资源密集区域，风电容量增长快，电网结构也会随着变化，将导致振荡频率和稳定性不断变化，VSC 主电路参数要在可预见的未来满足电网需求。以冀北沽源风电并网系统为例，由于风电容量增长，SSO 的频率在 2012～2015 年，从最初的 4～6Hz 逐渐变化为 6～12Hz。

2. 单相模块数的设计

每相模块数设计的基本原则是，保证 VSC 输出电压不小于接入点系统侧电压和连接电抗上的压降之和。其中需要注意以下情况。

① VSC 除了向电网注入次/超同步频率之外，为保证直流电压稳定等工作条件还会与电网交换一定的工频电流。

② 由于不同频率电流在连接电抗上的压降不同，在计算其压降时需考虑频率的影响。

③ 接入点系统电压需考虑工频电压和次/超同步电压的叠加，可取其峰值代数和。

综合以上因素，VSC 相电压峰值 $U_{\mathrm{P\_max}}$ 可按下式计算，即

$$U_{\mathrm{P\_max}} = \sqrt{2}(U_{0\_\max} + U_{\mathrm{S\_max}} + U_{\mathrm{LD\_max}}) \tag{8-6}$$

$$U_{\mathrm{LD\_max}} = 2\pi L(f_{\mathrm{S\_max}} I_{\mathrm{S\_max}} + f_0 I_{0\_\max}) \tag{8-7}$$

式中，$U_{0_\max}$和$U_{\mathrm{S}_\max}$为接入点系统侧工频和次/超同步电压分量的最大值；$U_{\mathrm{LD}_\max}$为连接电抗上压降的最大值；$f_{\mathrm{S}_\max}$为最大的次/超同步频率；f_0为基波频率；$I_{\mathrm{S}_\max}$和$I_{0_\max}$为对应的次/超同步频率和基波频率的电流最大值。

计算每个模块的最小电压峰值$U_{\mathrm{M}_\min}$，即

$$U_{\mathrm{M}\_\min}=M(1-\lambda)U_{\mathrm{dc}} \tag{8-8}$$

式中，M为调制比；λ为直流电压波动率；U_{dc}为每个模块的直流电压。

根据前述原则，可由式(8-6)和式(8-8)计算 VSC 每相电路所需的最少模块数，工程上可适当增加一些模块数实现冗余和提高可靠性，即

$$N_{\min}=\mathrm{Roundup}\left(\frac{U_{\mathrm{P}\_\max}}{U_{\mathrm{M}\_\min}}\right) \tag{8-9}$$

式中，Roundup( )为向上取整函数。

以上假设 VSC 采用星形连接拓扑，如果采用三角形连接也可对应计算。

3. 连接电抗器的设计

GSDC-VSC 连接电抗的设计需要考虑频率变化区间，保证在设定频率区间内均可达到对控制精度的要求。需要注意，如按照频率下限确定连接电抗，则在频率上限时，连接电抗压降增大，导致 VSC 输出电压上升。为避免输出电压“削顶”，将不得不降低输出容量或电流。如果按照频率上限确定连接电抗，则在频率下限时，连接电抗压降变小，控制精度将会降低。换言之，VSC 输出的次同步电流起始值将变高，调控分辨率将降低。

1)　VSC 电流和电压控制精度对连接电抗(L)的限制条件

VSC 通过 PWM 控制其端部电压实现对输出电流的调控，而电流控制精度一般要求考虑检测误差等工程实际情况来设置，如 CT 测量误差参数采用I_ε为电流综合误差的最大允许值，若已知U_ε为 VSC 输出次/超同步电压的控制精度，则连接电抗器应满足下式，以保证足够的电流控制精度，即

$$L\leqslant\frac{U_\varepsilon}{2\pi f_{\mathrm{S}\_\max}I_\varepsilon} \tag{8-10}$$

式中，$f_{\mathrm{S}_\max}$为 SSSO 频率的最大值。

2) 电流上升率对连接电抗(L)的限制条件

为保证控制效果，IGBT 应在每个调制周期内动作一次，即要求电流误差信号与三角载波在每个调制周期内存在交点，因此电流的最大上升率应小于三角载波斜率。设 VSC 采用单极性 PWM 调制方式，三角载波的幅值为M_Δ、周期为T_Δ、频率为f_Δ，则其斜率k为

$$k=\frac{M_\Delta}{T_\Delta/4},\quad T_\Delta=\frac{1}{f_\Delta} \tag{8-11}$$

或

$$k=4M_\Delta f_\Delta \tag{8-12}$$

设连接电抗器上的压降峰值为 $U_{L\_\max}$，则输出电流的最大上升率为

$$\frac{\mathrm{d}i}{\mathrm{d}t}=\frac{U_{L\_\max}}{L} \tag{8-13}$$

根据上述关于电流上升率的限制条件，可知 L 的取值满足

$$L\geqslant\frac{U_{L\_\max}}{4M_\Delta f_\Delta} \tag{8-14}$$

设 λ 为变流器直流电压波动率，则连接电抗器最大压降瞬时值为

$$U_{L\_\max}=N(1+\lambda)U_{\mathrm{dc}}+U_{\mathrm{S}\_\max} \tag{8-15}$$

式中，N 为 VSC 每相子模块数；U_{dc} 为模块的直流电压；$U_{\mathrm{S}\_\max}$ 为接入系统侧的电压峰值。

综上，可得连接电抗器 L 取值的另一个限制条件，即

$$L\geqslant\frac{N(1+\lambda)U_{\mathrm{dc}}+U_{\mathrm{S}\_\max}}{4M_\Delta f_\Delta} \tag{8-16}$$

式(8-10)和式(8-16)分别给出连接电抗选择的两个限制性条件，实际工程中还可能有其他对连接电抗的约束。连接电抗的选择需要综合考虑这些约束，并按照有利于提高 SSSO 抑制性能的目标进行优选。以冀北沽源风电并网系统为例，考虑其频率范围偏低且往往是由风速下降引发的，起始振荡电流幅值较小，如果 GSDC-VSC 能快速输出较大的电流则有利于抑制振荡的发散，因此推荐电抗器参数在其约束范围内选择较小数值。

4. 模块电容值的设计

当系统发生 SSSO 时，GSDC-VSC 为抑制振荡将输出次/超同步频率电流，会“吞吐”非工频的瞬时功率，进而引起直流电压波动。模块电容设计的基本原则是，保证在进行 SSSO 抑制时，直流电压波动在设备允许的安全范围内。设计时需考虑频率为 f_{S} 的次/超同步电流引起频率是 f_{S} 的互补频率，即 $f_0\pm f_{\mathrm{S}}$ 的功率波动。它们对直流电压波动有较大的影响，一般来说，同等振荡幅值下频率越低，导致的直流电压波动会越大。

模块直流电容的功率平衡关系式为

$$\frac{1}{2}C\frac{\mathrm{d}(U_{\mathrm{dc0}}+\Delta U_{\mathrm{dc}})^2}{\mathrm{d}t}=p_{\mathrm{m}} \tag{8-17}$$

式中，U_{dc0}为模块直流电压的稳态值；ΔU_{dc}为直流电压的增量；p_{m}为该模块吸收的瞬时功率值。

稳态时，p_{m}围绕零值小幅度变化，当进行 SSSO 抑制时，p_{m}可能在某个时段(设为[0, T])持续大于或小于 0，导致电容电压持续上升或下降，产生较大电压偏差，设

$$CU_{\mathrm{dc0}}\Delta U_{\mathrm{dc\_max}}\approx\frac{1}{2}C\left[(U_{\mathrm{dc0}}+\Delta U_{\mathrm{dc\_max}})^2-U_{\mathrm{dc0}}{}^2\right]=\int_0^T p_{\mathrm{m}}\mathrm{d}t \tag{8-18}$$

如果电容电压的允许偏差值为$\Delta\bar{U}_{\mathrm{dc}}$，则根据式(8-18)，电容应满足

$$C\geqslant\frac{\max\left\{\left|\int_0^T p_{\mathrm{m}}\mathrm{d}t\right|\right\}}{U_{\mathrm{dc0}}\Delta\bar{U}_{\mathrm{dc}}} \tag{8-19}$$

另外，也可参考文献[9]推导的计算公式，即

$$C=\frac{m_{\mathrm{a}}I_{\mathrm{m}}}{2\omega_{\mathrm{S}}\Delta U_{\varepsilon}} \tag{8-20}$$

式中，ΔU_{ε}为电容电压波动的峰谷差值；m_{a}为调制比；I_{m}为输出电流幅值；ω_{S}为输出次/超同步电流的频率。

式(8-20)将电容值跟振荡频率关联起来，频率越低，允许的直流电压波动值越小，输出的电流越大，因此需要采用更大的电容值。

8.3.3　GSDC-VSC 的容量设计

GSDC-VSC 的容量对控制器参数和控制效果均有较大影响。研究表明，GSDC-VSC 容量增加，GSDC-SSDC 的控制增益绝对值也可相应增大，在同样运行条件下可取得更好的振荡抑制效果。与此同时，设备投资和运行损耗也就会越高，因此必须兼顾有效性和经济性对 GSDC-VSC 的容量进行设计。

在工程实践中，GSDC-VSC 的容量选择还可参考以下经验。

① 在非短路故障的系统扰动下，VSC 输出不宜被限幅，以保证在电网正常工况和运行操作下的振荡稳定性，得到容量下限值。

② 考虑在系统可能发生的最严重故障下，GSDC 能跟保护配合(必要时可配合切机等)有效抑制 SSSO，保证电网安全稳定，此时可能出现输出限幅的情况。

③ 容量设计需要考虑机组的各种组合和电网的拓扑变化，满足各种运行工况的要求。

④ 考虑电网未来发展，如新增机组的需要，VSC 容量设计要有一定的裕度和兼容性。

8.3.4　GSDC-VSC 的控制

如图 8.5 所示，GSDC-VSC 需具备多个相互关联的内部控制环节，在保证自身安全可靠运行的基础上实现系统级 SSSO 抑制功能。

1. 分相总直流电压控制

该控制将每相直流电压作为一个整体进行控制，使各相所有级联模块的直流侧电压之和或其平均值跟踪设定参考值。单相直流电压控制的典型逻辑如图 8.6 所示。在 dq 同步坐标系进行，包括两个控制环。外环由直流电压偏差经 PI 控制产生 d 轴参考电流 i_d^*，内环由电流偏差经 PI 控制产生电压参考值。后者再经过 dq/abc 变换转化为静止坐标的三相电压参考值，进而改变 VSC 跟系统交换的基波功率来给直流侧电容充放电，实现对每相总直流电压的控制，保证 VSC 直流侧电压的整体平稳。

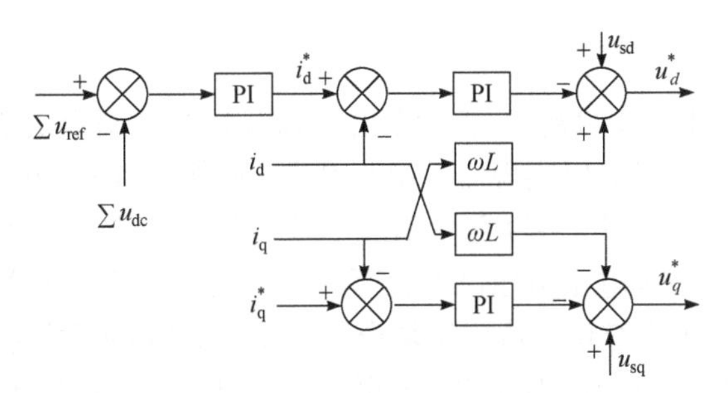

图 8.6　单相直流电压控制的典型逻辑

2. 电流跟踪控制

追踪GSDC-SSDC传递过来的电流参考值是VSC控制的核心任务，也是SSSO抑制的关键。针对这一典型的电流跟踪控制问题，目前有较多的解决方案，如三角载波控制、滞环控制和无差拍控制。由于 GSDC 在实际应用中可能需要较大的装置容量，希望变流器的开关频率恒定可控，避免开关频率不固定引起较大的损耗，因此推荐采用无差拍电流控制方法。典型策略为[10]

$$
\begin{cases}
u_{\text{a}}^*(k+1) = u_{\text{sa}}(k) - \dfrac{L}{T_{\text{s}}}\left(i_{\text{a}}^*(k) - i_{\text{a}}(k)\right) - Ri_{\text{a}}(k) \\
u_{\text{b}}^*(k+1) = u_{\text{sb}}(k) - \dfrac{L}{T_{\text{s}}}\left(i_{\text{b}}^*(k) - i_{\text{b}}(k)\right) - Ri_{\text{b}}(k) \\
u_{\text{c}}^*(k+1) = u_{\text{sc}}(k) - \dfrac{L}{T_{\text{s}}}\left(i_{\text{c}}^*(k) - i_{\text{c}}(k)\right) - Ri_{\text{c}}(k)
\end{cases}
\tag{8-21}
$$

式中，k 为采样时刻；u_a^*、u_b^*、u_c^*为三相参考电压；u_{sa}、u_{sb}、u_{sc}为并网点三相电压；i_a^*、i_b^*、i_c^*为 GSDC-SSDC 给出的三相参考电流；i_a、i_b、i_c为三相输出电流。

3. 子模块直流电压平衡控制

GSDC-VSC 包含多个 H 桥子模块。各模块的差异性和实际控制中存在的脉冲延迟等因素可能导致各模块的直流电压不平衡，偏离预设的平均值，因此需要对各模块的直流电压进行补偿控制，以保证均衡。这是通过分别调节各个模块电压参考值，进而吸收或释放一定的有功功率来实现的。典型的调制策略为

$$u_{\mathrm{d\_m}}^* = (u_{\mathrm{dc\_ref}} - u_{\mathrm{dc\_m}})\left(k_{\mathrm{p}} + \frac{k_{\mathrm{i}}}{s}\right) + U_{\mathrm{dc}}/N \tag{8-22}$$

式中，$u_{\mathrm{dc_ref}}$为子模块的设定值；$u_{\mathrm{dc_m}}$为第 m 个子模块的电压；N 为每相总模块数。

4. 载波移相正弦 PWM

前述三个控制环节的输出均会转化为脉宽信号，并传送到载波移相正弦 PWM(CPS-SPWM)环节，以实现对 IGBT 的开关操作。CPS-SPWM 是一种适用于大功率电力电子变流器的调制方法。在链式变流器中，它不但能利用级联单元多电平输出的优点，减少输出电压谐波，而且可以在较低开关频率下实现较高的等效开关频率，适用于大容量变流应用场合。CPS-SPWM 的基本原理和实现方式已在变流器控制的教科书中详细介绍，不再赘述。GSDC-VSC 的电流控制采用无差拍电流控制与 CPS-SPWM 的结合，可实现高精度和高速度的电流跟踪效果。

8.3.5 GSDC-VSC 的等值传递函数模型

在运行过程中，GSDC-VSC 仅从电网吸放少量的基波有功功率来维持直流电压稳定。其输出的主体是追踪 GSDC-SSDC 给定的参考值，实现 SSSO 抑制的次/超同步频率电流。综合考虑 GSDC-VSC 及其控制策略的动态响应特性，可在系统层面将 GSDC-VSC 整体表达为一个具有延时特性的传递函数，即

$$H_{\mathrm{d}}(s) = \frac{i_{\mathrm{G}}}{i_{\mathrm{G\text{-}ref}}} = \frac{K_{\mathrm{d}}}{1 + T_{\mathrm{d}} s} \tag{8-23}$$

式中，$K_d \approx 1$ 为增益；T_d为 VSC 的总时间常数。

8.4 GSDC-SSDC 参数的全工况优化设计

在确定 GSDC-VSC 容量和基于其内部控制实现对参考电流信号的高性能跟

踪后，GSDC 的振荡抑制性能主要取决于 SSDC 的参数，即电压和电流控制环的增益和时间常数。作为系统级控制，SSDC 的参数需针对具体应用工程及其工况变化进行优化设计。

8.4.1　设计目标和要求

针对 SSSO 问题，GSDC-SSDC 参数设计的期望目标和效果如下。

① 全工况抑制功能。GSDC-SSDC 应在系统所有可能的运行工况下表现出足够的阻尼控制能力。具体而言，应在考虑风速、并网机组台数、电网拓扑结构等各种条件变化的情况下保证被控系统 SSSO 的收敛性。

② 总体控制效果最优。GSDC-SSDC 的比例、移相参数设计应综合考虑运行方式、风险模式和扰动形态等因素，充分发挥 GSDC 的次/超同步抑制能力。

③ 适应性和/或鲁棒性。GSDC-SSDC 应能适应系统运行工况的变化，并在大小扰动等多场景下有效抑制振荡。同时，对于未建模动态和不确定性场景应具有足够鲁棒性。

为满足上述要求，需要对 GSDC-SSDC 参数进行全工况优化设计。具体思路为，首先基于全工况线性化模型进行定量优化设计，在非线性电磁暂态模型上进行时域仿真验证，然后通过硬件在环实验进行性能测试，最后在控制器并网后进行现场实验，通过特定场景下的开闭环对比实验，验证控制效果。

8.4.2　基于阻抗网络模型的全工况优化设计原理

根据前几章的介绍可知，SSSO 的分析可采用阻抗(网络)模型，即可将 SSSO 问题转化为阻抗(网络)对应的复频域传递函数的稳定性问题。当风电机组或风电场的阻抗与串补电网的阻抗联立后得到的系统总阻抗在次/超同步频段存在不稳定的零点时，会导致不稳定的 SSSO 风险。上一节的分析表明，GSDC 在电网接入点等效为一个采用风电场母线电压 u 和线路电流 i 作为反馈信号的受控电流源或阻抗，进而在次/超同步频段改变系统整体的阻抗特性，当控制适当时，将原来不稳定的闭环零点消除，从而达到抑制振荡的目的。

如图 8.7 所示，当 GSDC 未接入时，风电场等值阻抗可表示为

$$Z_{\mathrm{W}} = \dot{u}_{\mathrm{B}} / \dot{i}_{\mathrm{W}} \tag{8-24}$$

当 GSDC 接入时，风电场等值阻抗可表示为

$$Z'_{\mathrm{W}} = \dot{u}_{\mathrm{B}} / (\dot{i}_{\mathrm{W}} - \dot{i}_{\mathrm{G}}) \tag{8-25}$$

可见，GSDC 的接入可以改变系统整体的等值阻抗。考虑 GSDC 的输出电流是 SSDC 控制参数和 VSC 特性的函数，因此可将 GSDC 模型代入式(8-25)，将系统整体的阻抗模型写成 GSDC 控制参数(增益和时间常数)的函数，通过分析阻抗

特性将控制参数与 SSSO 控制性能(频率和阻尼)联系起来。另外，考虑风电机组或风电场阻抗本身是随工况时变的，因此可研究 GSDC 控制在不同工况下的阻抗特性和SSSO的稳定性。换言之，考虑GSDC的系统阻抗(网络)模型构成了从SSDC控制参数到振荡抑制效果之间的桥梁，因此可将 GSDC-SSDC 参数的全工况设计难题转化为阻抗网络模型在次/超同步频率下的标准优化问题。

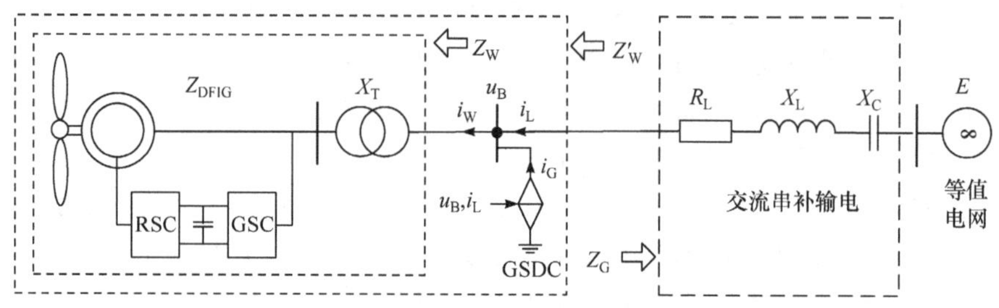

图 8.7　基于阻抗(网络)模型分析 GSDC 控制性能的原理

8.4.3　包括 GSDC 的系统阻抗网络模型

以冀北沽源风电系统为例，介绍如何构建包括 GSDC 在内的系统阻抗网络模型。在特定工况下，阻抗网络模型是由各设备或子系统(包括风电机组/风电场、输电线、串补、等值电网等)频域阻抗模型按照网络拓扑互连构成的。

1. 风电机组/风电场的阻抗模型

某风电场包括 m 台并联的风电机组，并经升压变和汇集线送出，则阻抗模型可由下式表示，即

$$Z_{\mathrm{WF}} = Z_{\mathrm{WTG}}/m + Z_{\mathrm{WT}} + Z_{\mathrm{WL}} \tag{8-26}$$

式中，Z_{WTG} 表示单台风电机组的阻抗模型，可以是异步风力发电机组的阻抗模型 Z_{SEIG}、双馈风力发电机组的阻抗模型 Z_{DFIG} 或直驱风力发电机组的阻抗模型 Z_{PMSG}；Z_{WT} 为升压变的阻抗；Z_{WL} 为汇集线的阻抗。

此外，可在近似条件下采用简化形式，如 SEIG、DFIG 和 PMSG 等类型的风电机组的阻抗模型表达式，即

$$Z_{\mathrm{SEIG}} = \left[r_r s(s - j\omega_r)^{-1} + sL_r \right] // (sL_m) + R_s + sL_s \tag{8-27}$$

$$Z_{\mathrm{DFIG}} = \left[\frac{(K_p + r_r)s}{s - j\omega_r} + sL_r \right] // (sL_m) + R_s + sL_s \tag{8-28}$$

$$Z_{\mathrm{PMSG}} = R_{\mathrm{PMSG}} + sL_{\mathrm{PMSG}} \tag{8-29}$$

式中，r_r、ω_r、L_r、L_m、R_s、L_s、K_p 为 SEIG 或 DFIG 发电机的转子电阻、

转子转速、转子电感、激磁电感、定子电阻、定子电感、控制环节中的比例参数；R_{PMSG} 和 L_{PMSG} 为直驱风电机组的等值电阻和等值电抗。

2. 电网元件的阻抗模型

目标系统的网络元件包括非串补线路、串补线路、变压器和主网等值系统，相应的阻抗模型分别为

$$Z_{NL} = sL_{NL} + R_{NL} \tag{8-30}$$

$$Z_{CL} = sL_{CL} + R_{CL} + 1/(sC) \tag{8-31}$$

$$Z_{T} = sL_{T} + R_{T} \tag{8-32}$$

$$Z_{SYS} = sL_{SYS} + R_{SYS} \tag{8-33}$$

式中，L、R、C 表示电感、电阻、电容；下标 NL、CL、T、SYS 表示非串补线路、串补线路、变压器、等值系统。

3. GSDC 的模型

根据图 8.4 和式(8-25)，GSDC 可视为以线电流 i_L 和母线电压 u_B 为反馈信号的受控电流源，即

$$i_G = H_i(s)i_L + H_u(s)u_B \tag{8-34}$$

式中，$H_i(s) = H_F(s)H_{ci}(s)H_d(s)$；$H_u(s) = H_F(s)H_{cu}(s)H_d(s)$；$H_F(s)$、$H_{ci}(s)$、$H_{cu}(s)$、$H_d(s)$ 如式(8-3)～式(8-5)、式(8-23)所示。

4. 系统整体的阻抗网络模型

根据冀北沽源风电系统的电网拓扑，可得其整体阻抗网络模型，如图 8.8 所示。各风电场以放射接线方式接入沽源变电站，因此可由简单的串并联组合得到沽源变电站以下风电部分的总阻抗模型 Z_W，沽源向系统侧看的视在阻抗模型也可经过星-三角等效变换得到，设为 Z_G，则系统整体的阻抗(网络)模型可聚合为

$$Z_\Sigma = Z_G + Z_W \tag{8-35}$$

式中，$Z_W = \left[{Z_{WF1}}^{-1} + \left(Z_{GC} + Z_{WF2} \right)^{-1} \right]^{-1}$，$Z_{WF1}$、$Z_{WF2}$、$Z_{GC}$ 表示两个等值风电子系统的阻抗模型及其之间联络线路的阻抗模型。

GSDC 接入后，系统整体的阻抗(网络)模型可表示为

$$Z'_\Sigma = Z_G + Z'_W \tag{8-36}$$

式中，$Z_W = \left\{ \left(Z_{WF1} \right)^{-1} + \left[Z_{GC} + Z_{WF2}(1+H_i(s))/(1 - Z_W H_u(s)) \right]^{-1} \right\}^{-1}$。

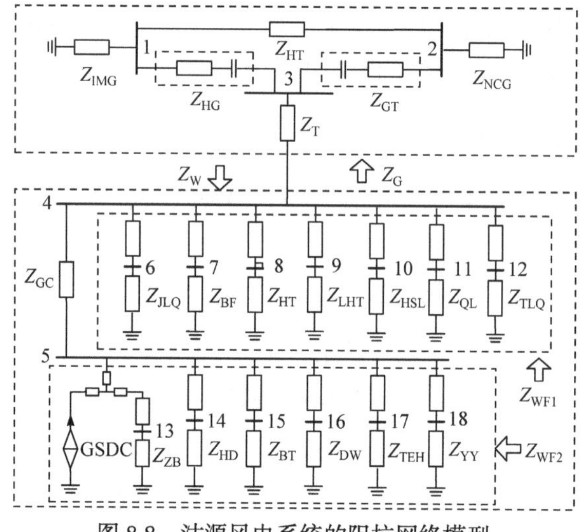

图 8.8　沽源风电系统的阻抗网络模型

8.4.4　SSDC 参数设计的优化问题

考虑 SSDC 控制参数设计的要求，将其规范为如下式所示的约束优化问题，即

$$
\begin{aligned}
&\min \ f = \max\{\sigma_1, \sigma_2, \cdots, \sigma_N\} \\
&\text{s.t.} \ \begin{cases} |K_i| \leqslant K_{\mathrm{up}i}, \quad |K_u| \leqslant K_{\mathrm{up}u} \\ 0 \leqslant T_i, \quad T_u \leqslant T_{\mathrm{up}} \end{cases}
\end{aligned}
\tag{8-37}
$$

式中，性能函数 f 为各个工况下所关注 SSSO 模式对应零点实部 $\sigma_i (i=1,2,\cdots,N)$ 的最大值，控制目标是最小化 f，即具备最强的阻尼能力；σ_i 可由对应工况的阻抗网络模型求出；N 为可覆盖全工况的评价工况数目；K_i和K_u 为 SSDC 的电压和电流控制环增益；$K_{\mathrm{up}i}$和$K_{\mathrm{up}u}$ 为其绝对值上限值；T_i和T_u 为非负的时间常数；T_{up} 为其上限值。

评价工况的选取非常重要，基本原则是覆盖全工况和典型性，可考虑不同风速 W、不同并网机组台数 M，以及不同电网拓扑或系统强度 S 等多种因素的组合。将每个因素在合适的颗粒度下设置多个离散取值，如待评价的风速集合 $W \in \{W_1, W_2, \cdots, W_{n_W}\}$，待评价的并网机组台数集合 $M \in \{M_1, M_2, \cdots, M_{n_M}\}$，待评价的电网拓扑/系统强度集合 $S \in \{S_1, S_2, \cdots, S_{n_S}\}$，则可组合形成总的评价工况集合，其包含的评价工况数目等于各因素内所含情况数目的乘积，即 $N = n_W n_M n_S$。在每种工况下，可得目标系统的阻抗(网络)模型，进而通过频域分析得到其对应闭环系统的 SSSO 模式。

8.4.5　优化问题的求解

优化问题(8-37)的目标函数是一个非常规的隐式函数，涉及高阶矩阵的特征值计算、模式选择和多运行方式下模式的筛选比较等操作，无法得到该隐式函数的一阶或高阶导数，而且工况数目多，一般遍历搜索方法也难以奏效，因此难以采用常规的数学优化方法来求解。为应对这些问题，本书采用 GASA 求解[8]。

遗传算法(genetic algorithm，GA)是一种基于适者生存思想的高度并行、随机和自适应的优化算法，它将问题的求解表示为染色体的适者生存过程，通过染色体的一代代进化(包括复制、交叉、变异等操作)，最终收敛到最适应环境的个体，从而得到问题的最优解或满意解。GA 的编码技术和遗传操作比较简单，优化不受限制条件的约束，且隐含并行性和全局解空间搜索。模拟退火(simulated annealing，SA)算法是基于门特卡罗迭代求解策略的一种随机寻优算法。其思路是基于物理中固体物质的退火过程与一般组合优化问题之间的相似性。SA 算法理论上具有概率的全局优化性能，通过赋予搜索过程一种时变且最终趋于零的概率突跳性，可有效避免陷入局部极小并最终趋于全局最优的串行结构优化算法。大量实际应用表明，两种方法都有自己的局限性，即 GA 在收敛准则设计不好时，易于出现进化缓慢或早熟收敛的现象；SA 算法的优化行为对退温历程具有很强的依赖性，在各温度下需要有足够多次的抽样，而理论上的全局收敛对退温历程的限制条件很苛刻，导致优化时间较长。GA 和 SA 对算法参数具有很强的依赖性，参数选择不当将严重影响优化性能。考虑 GA 和 SA 的互补性，因此将其结合起来应用，构建 GASA 优化算法。它是标准 GA 和并行 SA 算法的统一结构。在进程层次上，GASA 在各温度下依次进行 GA 和 SA 搜索，其中 SA 的初始解来自 GA 的进化结果，SA 经过抽样过程得到的解又成为 GA 进一步进化的初始种群。在空间层次上，GA 提供并行搜索结构，使 SA 转化为并行 SA，从而提高算法的时间性能，避免早熟收敛现象，提高搜索能力和范围，降低对参数选择的依赖性。

基于 GASA 的 GSDC-SSDC 控制参数优化流程如图 8.9 所示。实现细节可参考文献[11]，不再赘述。控制参数(增益和时间)的初值可在其取值范围内随机生成，或再加入一组验算有效的初始参数来提高求解效率。

8.4.6　沽源风电并网系统 GSDC-SSDC 参数的优化设计

1. 评价工况集

以沽源风电并网系统为例，其评价工况集如表 8.1 所示。考虑风速、并网风电机组比例、系统等值阻抗三个主要因素，在各自的取值范围内逐级取不同“挡位”，共计 $9\times9\times4=324$ 种代表性工况。当然，也可以加入其他影响因素并进行更细颗粒的分档设置。

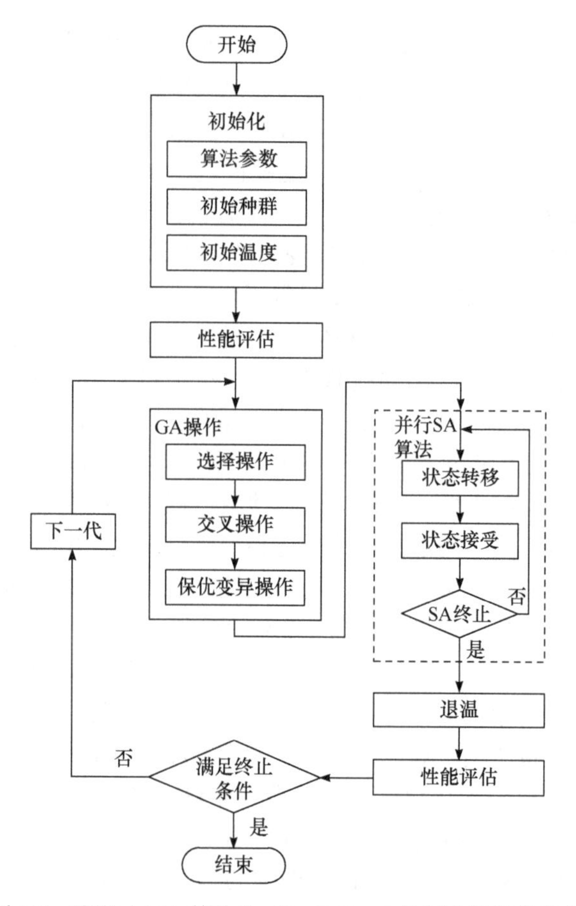

图 8.9　基于 GASA 算法的 GSDC-SSDC 控制参数优化流程

表 8.1　评价工况集

名称	最小值	最大值	间隔	工况数
风速/(m/s)	4	12	1	9
并网风电机组比例/%	10	100	10	9
系统等值阻抗/pu	0.03	0.06	0.01	4

2. 优化控制参数

在式(8-37)的优化控制问题中，根据 GSDC 的容量和预先的暂态仿真情况，取增益上限值 $K_{\text{up}i}=K_{\text{up}u}=10$，时间常数上限值 $T_{\text{up}}=1$。优化的 GSDC-SSDC 增益和时间常数如表 8.2 所示。

表 8.2　优化的 GSDC-SSDC 增益和时间常数

参数	K_i	K_u	T_i	T_u
优化参数值	2.23	−3.96	0.74	0.01

3. 优化控制参数的效果分析

采用前述基于聚合阻抗模型的稳定性分析方法，分别计算有、无 GSDC 控制情况下系统的主导 SSO 模式。如图 8.10 所示，考虑风速为 10m/s、6m/s、4m/s 的情况下，并网风电机组比例在 10%～100%之间以 1%为间隔变化。可见，在无 GSDC 时，部分风速较低、在线机组台数较多的工况下，SSO 模式的实部 σ 大于 0，表明其不稳定；在优化 GSDC 投入后，SSO 模式在所有工况下实部 σ 均小于 $-1.0s^{-1}$，具有足够的阻尼，表明 GSDC 能保障目标风电系统 SSO 的稳定性，从而验证设计方法的有效性。

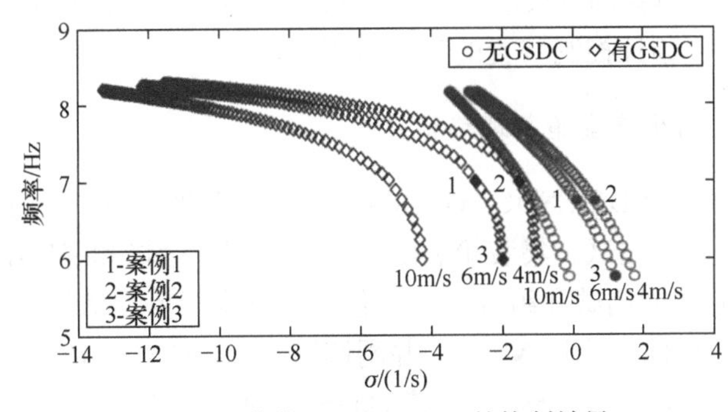

图 8.10　优化 GSDC-SSDC 的控制效果

8.5　GSDC 装置的研发、测试与应用

8.5.1　研发历程

2012 年前后，冀北沽源风电系统偶发频率 3Hz 附近的振荡。2015 年前后，随着风电装机容量的增加，振荡事件频发，振荡频率迁变为 6～12Hz。2013 年开始，在国网冀北电力有限公司等的支持下，本书团队着手研发 GSDC 装置，大致历程如下。

1. 分析振荡机理并提出初步控制策略

这一阶段在调研风电 SSO 事件的基础上，对其机理和特性进行分析，明确主要影响因素及其作用原理，提出初步的次同步阻尼控制策略。

2. 基于离线仿真平台的控制设计与验证

这一阶段在离线仿真平台上构建目标风电系统(包括双馈风电机组、直驱风电机组、串补输电网络)的电磁暂态模型，并复现现场发生的振荡现象，然后完成 GSDC 的数字模型设计，包括反馈信号选择、滤波器设计、比例移相设计、变流器拓扑及其电力电子控制设计。基于阻抗网络模型分析和电磁暂态仿真，验证 GSDC 在各种工况下抑制 SSO 的效果。

3. 物理控制器设计、实现与实验室硬件在环测试

这一阶段完成 GSDC-SSDC 的软/硬件设计与实现，并在 RTDS 中搭建目标系统和 GSDC-VSC 的模型。GSDC-VSC 的控制器先基于 RTDS 实现，然后采用物理控制器，将 GSDC-SSDC 控制器与 GSDC-VSC 控制器，以及 RTDS 联立起来构成闭环控制系统，通过控制硬件在环测试验证 GSDC 在各种工况和扰动形态下的控制性能，改进控制策略和硬软件，完善 GSDC 装置功能和性能。同时，通过第三方检测方式全面验证控制装置的工程可用性。

4. 工业样机的生产实施与现场调试

这一阶段包括 GSDC-SSDC、GSDC-VSC 及相关辅助设备(电源、冷却、开关)等工业设备的生产、测试、集装箱装配、出场测试、运输和现场组装，然后进行设备/模块各自的功能调试和组合测试，包括但不限于反馈信号接入调试、SSDC 与 VSC 控制器的通信联调、VSC 的并网调试、GSDC 的开环动态性能测试，最后进行 GSDC 与风电场-串补输电系统的联合调试。由于现场发生 SSO 需要一定的外部条件，联合调试需预先与电网和风电企业协调，人为设定实验环境或等待时机进行测试工作，验证控制系统的有效性。

8.5.2　主电路参数设计及仿真分析

根据 GSDC-VSC 主电路参数设计原则与方法，结合沽源风电并网系统 SSO 抑制需求，考虑工程约束和既有设备条件，对 VSC 主电路进行了优化设计。GSDC-VSC 主电路设计的约束条件和元件参数如表 8.3 所示。

表 8.3　GSDC-VSC 主电路设计的约束条件和元件参数

参数名称	参数值
等效容量	10MVA
额定电流	0.165kA
额定电压	35kV

续表

参数名称	参数值
最高工作电压	40.5kV
输出次同步电流的频率范围	4～12Hz
连接电抗器	78mH
模块数	42 个
模块电容	6408μF

采用时域仿真软件对设计的 GSDC-VSC 进行详细的电磁暂态仿真，以验证其控制和输出性能是否满足设计目标。在保持一定的 50Hz 工频电流抵消 VSC 损耗的基础上，设置不同次同步频率的参考电流，检验 VSC 的输出电流跟踪性能和直流电压维持能力。GSDC-VSC 的电磁暂态仿真结果如图 8.11 所示。仿真系统稳定后(2.0 s)，先设置初始参考电流为最低频率 4Hz，在 3.1s 前后切换为最高频率 12Hz。观察仿真曲线可知，工频维持电流约为 0.033kA，容量占比很小；2～3.1s 的 VSC 输出电流可紧密跟踪 4Hz 的次同步电流指令，直流电压波动为 9.3%；3.1～4s 的 VSC 输出电流可快速跟随 12Hz 次同步电流指令变化，直流电容电压波动约为 10%，均达到预期目标。

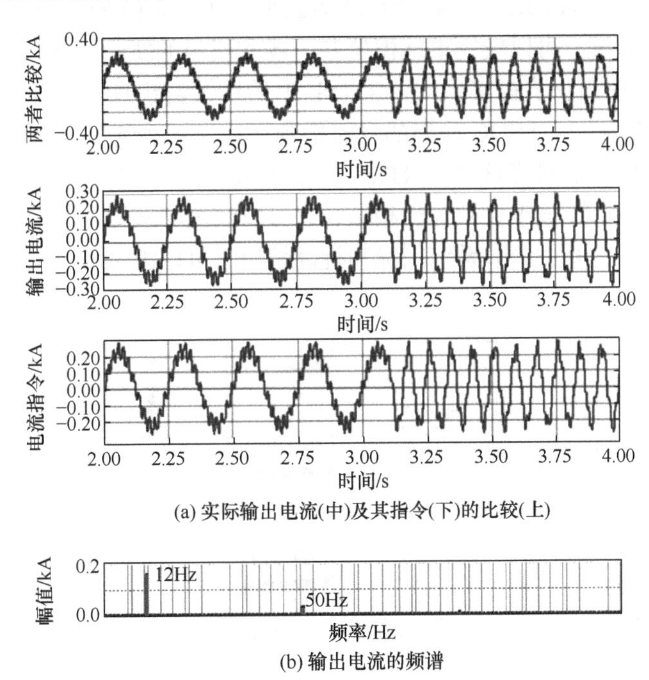

(a) 实际输出电流(中)及其指令(下)的比较(上)

(b) 输出电流的频谱

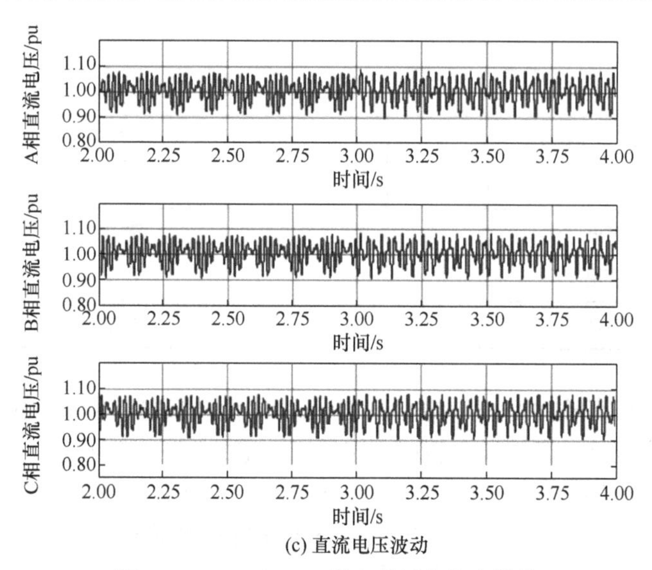

(c) 直流电压波动

图 8.11　GSDC-VSC 的电磁暂态仿真结果

8.5.3　控制硬件在环测试

1. 基于 RTDS 的控制硬件在环测试平台

基于 RTDS 的 GSDC 控制硬件在环测试平台如图 8.12 所示。目标系统为冀北沽源风电并网系统，可以较完整地模拟各风场和机组的实际情况；VSC 是基于设计的拓扑并参考工业装置实现的。RTDS 中的反馈输出通过功率放大器连接到 SSDC 信号采集端口，SSDC 输出的电流指令通过光纤送到 VSC 控制器，后者生成的脉冲控制信号通过光纤接入 RTDS，控制 VSC 主电路产生所需的次同步电流，实现振荡抑制目标。该平台硬软件相结合，可以实现 GSDC 与受控系统的实时闭环运行。进一步，通过调节系统工况和扰动情况，可以测试 GSDC 在各种场景下的控制性能。

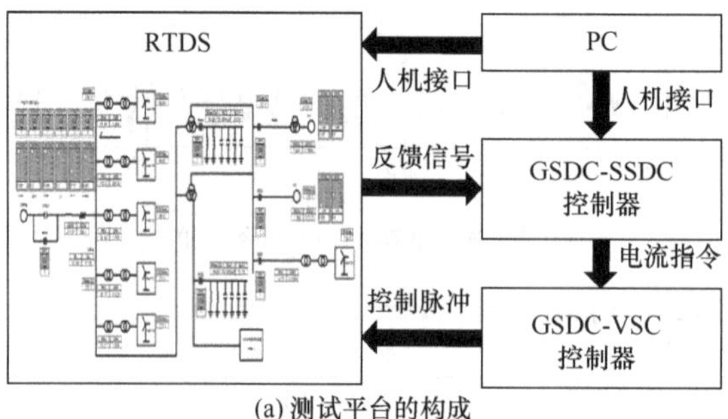

(a) 测试平台的构成

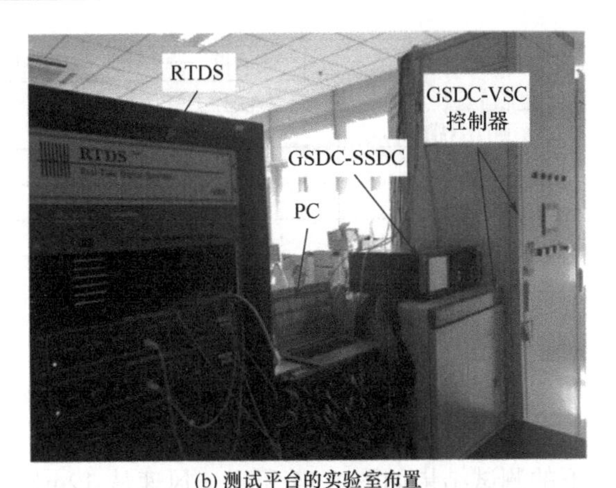

(b) 测试平台的实验室布置

图 8.12　基于 RTDS 的 GSDC 控制硬件在环测试平台

2. 基于 RTDS 的控制硬件在环测试

GSDC 硬件在环测试内容非常广泛，包括模块级、装置级和系统级的，静态和动态的，以及大、小扰动的测试内容。下面重点介绍串补投入、风速变化和三相短路故障等系统级扰动下 GSDC 控制性能的测试情况。

1) 串补投入

如图 8.13 所示，无 GSDC 时，出现不稳定的 SSO，导致风电功率和电流出现大幅波动；在 GSDC 投运后，串补投切造成的波动被很快抑制，未出现 SSO 现象，说明 GSDC 可在串补投入的扰动下有效抑制振荡。

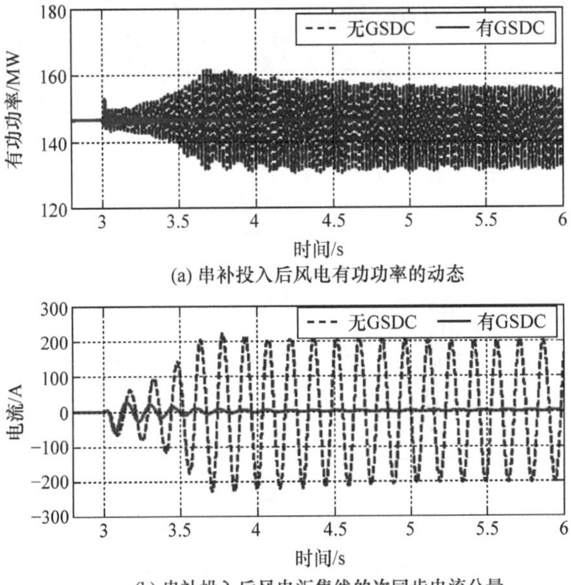

(a) 串补投入后风电有功功率的动态

(b) 串补投入后风电汇集线的次同步电流分量

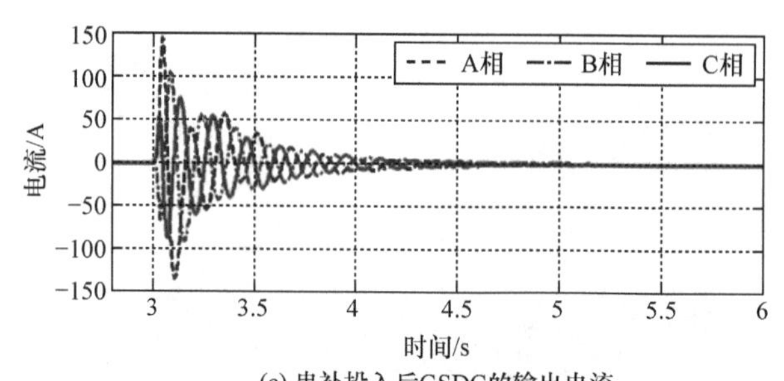

(c) 串补投入后GSDC的输出电流

图 8.13　串补投入情况下的测试结果

2) 风速变化

风速变化情况下的测试结果如图 8.14 所示。风速从 12m/s 降至 4m/s 的工况下，图 8.14 给出了风电有功功率、风电次同步电流，以及 GSDC 输出电流的情况。同样，GSDC 可有效抑制风速降低激发的不稳定 SSO，保证电网的安全稳定性。

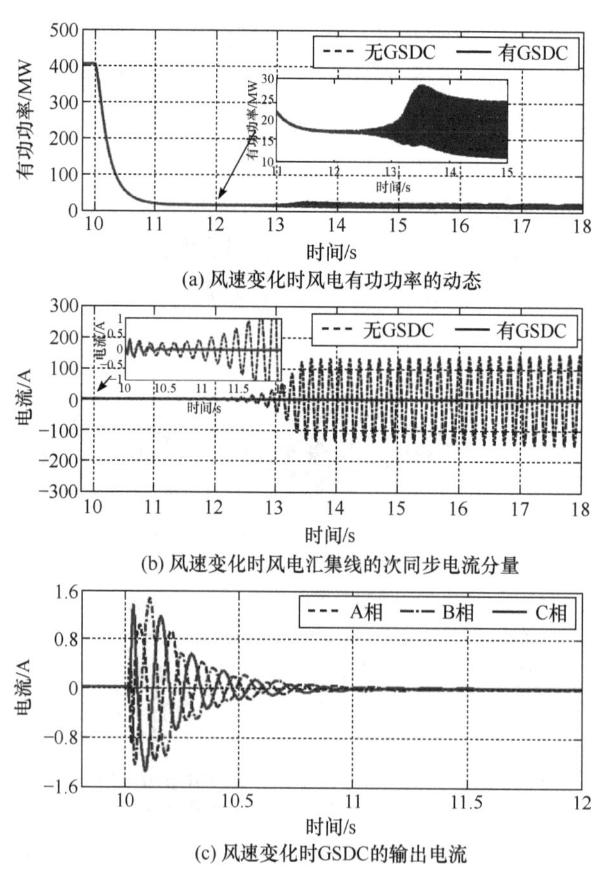

(c) 风速变化时GSDC的输出电流

图 8.14　风速变化情况下的测试结果

3) 三相短路故障

三相短路故障情况下的测试结果如图 8.15 所示。测试结果表明，GSDC 在三相短路故障等大扰动工况下仍然能有效抑制 SSO。

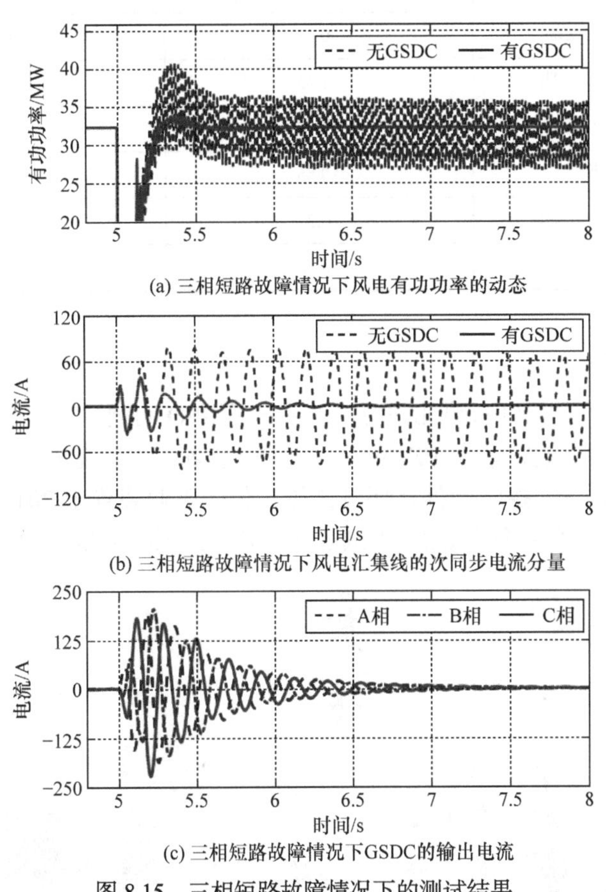

(a) 三相短路故障情况下风电有功功率的动态

(b) 三相短路故障情况下风电汇集线的次同步电流分量

(c) 三相短路故障情况下GSDC的输出电流

图 8.15 三相短路故障情况下的测试结果

3. 主要测试结论

除上述典型扰动外，各种测试情况下的次同步电流衰减率如表 8.4 所示。在整个测试过程中，次同步阻尼控制器工作正常可靠，能高精度检测和高速处理反馈信号，准确输出次同步电流，实现预期的控制功能。GSDC 的响应时间在 20ms 以内，将受控系统 SSO 模式的阻尼提高 $1.5s^{-1}$ 以上，闭环系统的次同步电流分量衰减率大于 $0.5s^{-1}$。测试表明，采用全工况优化设计的控制参数可在各种工况和扰动情况下有效抑制风电系统 SSO，保障受控电网的安全稳定。

表 8.4　各种测试情况下的次同步电流衰减率

扰动工况	无 GSDC 次同步电流衰减率/s^{-1}	有 GSDC 次同步电流衰减率/s^{-1}
串补投入 4Hz 振荡	−3.70	2.01
串补投入 8Hz 振荡	−0.63	0.88
串补投入 10Hz 振荡	−1.45	0.52
串补投入 12Hz 振荡	−2.18	0.69
风速降低	−0.85	2.35
并网风电机组台数变化	−0.21	3.27
风速升高	−0.32	3.01

8.5.4　现场应用

从 2016 年开始，针对冀北沽源风电系统的 SSO 问题，“产-学-研-用”联合攻关，研发了首台等效容量为 10MVA 的 GSDC 装置，先后完成理论分析、数值仿真、原理样机研发、控制硬件在环测试等工作。工业装置于 2018 年安装在察北变电站(图 8.16)，经现场调试后投入试运行，实现了对该地区风电 SSO 的集中治理。

图 8.16　安装在察北变电站的 GSDC 装置

参考文献

[1] Liu H, Xie X, He J, et al. Subsynchronous interaction between direct-drive PMSG based wind farms and weak AC networks. IEEE Transactions on Power System, 2017, 32(6): 4708-4720.

[2] Liu H, Xie X, Gao X, et al. Stability analysis of SSR in multiple wind farms connected to series-compensated systems using impedance network model. IEEE Transactions on Power System, 2017, 31(9): 2751-2759.

[3] Moharana R, Varma R. SSR alleviation by STATCOM in induction-generator-based wind farm

connected to series compensated line. IEEE Transactions on Sustainable Energy, 2014, 5(3): 947-957.

[4] El-Moursi M, Bak-Jensen B, Abdel-Rahman M. Novel STATCOM controller for mitigating SSR and damping power system oscillations in a series compensated wind park. IEEE Transactions on Power Electronics, 2010, 25(2): 429-441.

[5] Varma R, Auddy S, Semsedini Y. Mitigation of subsynchronous resonance in a series compensated wind farm using FACTS controllers. IEEE Transactions on Power Delivery, 2008, 23(3): 1645-1654.

[6] Wang L, Xie X, Jiang Q, et al. Centralized solution for subsynchronous control interaction of doubly fed induction generators using voltage-sourced converter. IET Generation Transmission & Distribution, 2015, 9(16): 2751-2759.

[7] Xie X, Wang L, Guo X, et al. Development and field experiments of a generator terminal subsynchronous damper. IEEE Transactions on Power Electronics, 2014, 29(4): 1693-1701.

[8] Xie X, Jiang Q, Han Y. Damping multimodal subsynchronous resonance using a static var compensator controller optimized by genetic algorithm and simulated annealing. European Transactions on Electrical Power, 2012, 22(8): 1191-1204.

[9] Gultekin B, Ermis M. Cascaded multilevel converter-based transmission STATCOM: system design methodology and development of a 12kV±12MVAr power stage. IEEE Transactions on Power Electronics, 2013, 28(11): 4930-4951.

[10] Mohamed Y, El-Saadany E. An improved deadbeat current control scheme with a novel adaptive self-tuning load model for a three-phase PWM voltage-source inverter. IEEE Transactions on Industrial Electronics, 2007, 54(2): 747-759.

[11] 谢小荣, 韩英铎, 郭锡玖. 电力系统次同步谐振的分析与控制. 北京: 科学出版社, 2015.